前言

工业设计发展的历史形象地反映了人类文明的演进，综合地体现了不同历史阶段的社会、经济、文化和科学技术的特征。了解工业设计史，对于我们汲取历史文化的精华，借鉴过去的经验教训，正确把握工业设计的未来都有一定的意义。

本书不仅叙述了历史中特别是工业革命以来设计演变的脉络，包括各种设计学派、设计风格、著名设计师及其作品，而且从社会和文化的角度介绍了设计发展的历史条件，这对于正确理解和把握工业设计发展的内在动力与源泉是十分必要的。

工业设计是一门古老而年轻的学科。作为人类设计活动的延续和发展，它有悠久的历史渊源；作为一门独立完整的现代学科，它经历了长期的酝酿阶段，直到 20 世纪 20 年代才开始确立。 工业设计产生的条件是批量生产的现代化大工业生产和激烈的市场竞争，其设计对象是以工业化方法批量生产的产品。通过形形色色的工业产品，工业设计对现代社会的人类生活产生了巨大的影响，并构成了一种广泛的物质文化，提高了人民的生活水平。

工业设计是商品经济的产物，它具有刺激消费的作用。工业设计使商品与使用者之间存在一种除单纯使用功能以外的新关系。这种消费刺激，成了现代社会经济运转的必不可少的重要因素之一，从而推动了社会的前进。 研究工业设计发生和发展的历史是一个极为复杂的课题。由于工业设计所具有的文化特征，它的变化反映着时代的物质生产和科学技术的水平，也体现了一定的社会意识形态的状况，并与社会的政治、经济、文化、艺术等方面有密切关系。因此，为了了解工业设计历史演化的特点，就必须研究工业设计发展的社会背景，并把握工业设计的真正动力与源泉。这样做并不否认设计师工作的重要性，优秀的设计师正是将各种先决的社会经济和文化条件，与个人的信念、天赋和技巧相结合，创造出富于个性的成功作品，从而推动了工业设计的进步。整书各部分环环相扣、案例丰富、图文并茂，可作为教材或艺术设计行业的参考书目。

本书由华东交通大学熊璐教师主编，南昌大学罗坤明老师、华东交通大学朱华亮老师、湖南工艺美术职业学院周洁老师担任副主编。工业设计史是一个不断完善的过程，本书希望能够提供一些有价值的积累，限于编者的水平与经验，书中难免有不足之处，恳请广大读者提出宝贵意见，以便今后进一步提高。

编　者

2018 年 9 月

高等院校“十三五”应用型艺术设计教育系列规划教材　总主编　罗高生

工业设计史

主　编　熊　璐
副主编　罗坤明　朱华亮　周　洁

合肥工业大学出版社

图书在版编目（CIP）数据

工业设计史/ 熊璐主编.—合肥：合肥工业大学出版社，2018.9
高等院校“十三五”应用型艺术设计教育系列规划教材
ISBN 978-7-5650-3714-6

Ⅰ.①工…　Ⅱ.①熊…　Ⅲ.①工业设计-历史-世界-高等学校-教材　Ⅳ.①TB47-091
中国版本图书馆CIP数据核字（2017）第316060号

工业设计史

主　　编：熊　璐
责任编辑：王　磊
出　　版：合肥工业大学出版社
地　　址：合肥市屯溪路193号
邮　　编：230009
网　　址：www.hfutpress.com.cn
发　　行：全国新华书店
印　　刷：安徽联众印刷有限公司
开　　本：889mm × 1194mm　1/16
印　　张：11
字　　数：360千字
版　　次：2018年9月第1版
印　　次：2018年9月第1次印刷
标准书号：ISBN 978-7-5650-3714-6
定　　价：58.00元
发行部电话：0551-62903188

目录

contents

第一章　设计的萌芽阶段

设计是人类为了实现某种特定的目的而进行的一项创造性活动，是人类得以生存和发展的最基本的活动，它包含于一切人造物品的形成过程之中。从这个意义上来说，从人类有意识地制造和使用原始的工具和装饰品开始，人类的设计文明便开始萌发了。

设计的萌芽阶段从旧石器时代一直延续到新石器时代，其特征是用石、木、骨等自然材料来加工制作成各种工具。由于当时生产力极其低下，并受到材料的限制，人类的设计意识和技能是十分原始的。

第一节　设计概念的产生

在设计概念的产生过程中，劳动起着决定性的作用。劳动创造了人，而人为了自身的生存就必须与自然界作斗争。人类最初只会用天然的石块或棍棒作为工具，以后渐渐学会了拣选石块、打制石器，作为敲、砸、刮、割的工具。这种石器便是人类最早的产品。由于人类能从事有意识、有目的的劳动，因而产生了石器生产的目的性，这种生产的目的性，正是设计最重要的一个特征。

图 1-1　东非坦桑尼亚奥杜威手斧（大英博物馆藏）

人类早期使用的石器一般是打制成型的，较为粗糙，并通常称打制石器时代为“旧石器时代”。通过观察世界各地遗址中发现的石器，人们可以了解人类设计概念产生和演化的过程。世界上最早的石器（图 1-1）是在非洲的坦桑尼亚发现的，距今有 300 万至 50 万年，现藏大英博物馆。它们已体现了一定程度的标准化，这既是为了适应使用要求，也是由于要适于当时的技术和材料所限定的条件。与后来的石器相比，这些石器显得有些粗糙，但已表明了原始人类对于石料的特点以及打击成型方法的清楚认识。这些石器种类很少，主要是手斧、削刮器和杵等，每种类型都适于其特定的工作，事实上整个人类的设计文明就已在这里萌发了。

随着历史的发展，人类在劳动中进一步改进了石器的制作，把经过选择的石头打制成石斧石刀、石锛、石铲、石凿等各种工具，并加以磨光，使其工整锋利，还要钻孔用以装柄或穿绳，以提高实用价值。这种磨制石器的时代，称之为“新石器时代”。经过磨制的精致石器显示了卓越的美感和制作者对于形的控制能力。但是，这些精致的片状石器并不仅是因其悦目而生产出来的，而是工具本身在使用中被证明是有效的。例如用作武器的石器的基本形状大致相同，但有不同的尺寸系列。小的是箭头，较大的则被用作标枪头，这些武器都是根据猎物的不同种类而设计的。原始社会的人们在制作石器时，在石材选料上十分注意硬度、形状、纹理的选择，以符合不同的使用和加工要求。例如石刀呈片状，所以多选用片页岩，以便于剥离。在制作上，多应用对称法则。湖北出土的钻孔石铲（图 1-2），在蓝灰色的石料上布满了浅灰色的天然纹理，弧形的铲口与圆形的钻孔十分协调，而这种曲线又与铲两边的直线形成对比，显得格外悦目。

将实用与美观结合起来，赋予物品物质和精神功能的双重作用，是人类设计活动的一个基本特点。早在 17000 年前，生活在北京周口店的山顶洞人就已开始利用钻孔、刮削、磨光技术，并采用石块、兽牙、海贝等自然材料来制作装饰品。它们是原始人类审美观念的反映，体现了人们对于生活的信念和热爱。从遗存的大量石器造型来看，原始先民已能有意识地、有控制地寻找、塑造一定的形体，使之适应于某种生产或生活的需要，这些形体为有意识的物化形态，体现了功能性与形式感的统一。形式感中的对称、曲直、比例、尺度等因素尽管还处于幼稚阶段，但对后来的设计已产生了巨大的影响，尤其是新石器时代磨制的石工具的造型设计，体现出相当成熟的形式美。需要指出的是，对于工具符合规律性的形体的感受和对于美的自觉追求，两者不但有漫长的时间距离，而且在性质上也是根本不同的。劳动工具和劳动过程中符合规律性的形式要求（如节律、均匀、光滑等）和主体感受是物质生产的产物，自觉的美的追求则是精神生产的、意识形态的产物。人们对于线和形体的审美感在一开始并不是自觉的，而是在物质生产的基础上，经过漫长历史阶段的升华，才成为自觉的追求，这是人类设计文明的一个飞跃。

图 1–2　湖北出土的钻孔石铲

第二节　生存设计

远古时代，人类的生存环境是极为严酷的，人们不但受到洪水、严寒等自然灾害的威胁，还常常遭到野兽的袭击。因此，人类最早的设计工作就是在受威胁的情况下为保护生命安全而开始的。早期设计的如猎具、衣物、掩体、武器等，都是为了抵御自然灾害和野兽的袭击。在这种情况下，设计便成了生死攸关的问题。按照达尔文适者生存的理论，人类作为自然物种之一，其生存取决于适应自然环境的能力，这种“适应”必须包括设计制造有用的工具来保护自己。在危急条件下，由生存的愿望和能力就会产生出生存设计。这种设计的质量决定了设计者的生与死，因而常常是很成功的设计。如果设计失误，后果将是致命的。因此，这些失误会马上得到纠正。经过无数次反复修改的过程，早期人类的设计在当时人们的物质条件下达到了很高的水平。无论是澳大利亚土著居民所使用的飞镖，还是格陵兰人所用的兽皮筏都是这样。尽管这些设计在技术上都是极为简单的，但在实际使用上却非常有效。人类的设计就是在满足生存最基本需求的工具的基础上发展起来的。

一旦最基本的需求得到了满足，其他的需求也就会不断出现。另外，原有的需求也会以一种比先前的方式更先进的形式来得到满足。随着温饱的解决和危险的消失，使生活更为舒适的欲望就会油然而生，人们发现自己是有感情的，他们的需求需要有一种感情上的内涵。这样，人类设计的职能便由保障生存发展到了使生活更为舒适和有意义。随着社会生产力的发展，人类由设计的萌芽阶段走向了手工艺设计阶段。

2 第二章　手工艺设计阶段

距今七八千年前，人类出现了第一次社会分工，从采集、渔猎过渡到以农业为基础的经济生活，并有了产品交换。这一时期，人类发明了制陶和炼铜的方法，这是人类最早通过化学变化用人工方法将一种物质改变成另一种物质的创造性活动。随着新材料的出现，各种生活用品和工具也不断被创造出来，以满足社会发展的需要，这些都为人类设计开辟了新的广阔领域，使人类的设计活动日益丰富并走向手工艺设计的新阶段。

手工艺设计阶段由原始社会后期开始，经过奴隶社会、封建社会一直延续到工业革命前。在数千年漫长的发展历程中，人类创造了光辉灿烂的手工艺设计文明，各地区、各民族都形成了具有鲜明特色的设计传统。在设计的各个领域，如建筑、金属制品、陶瓷、家具、装饰、交通工具等方面，都留下了无数的杰作，这些丰富的设计文化正是我们今天工业设计发展的重要源泉。

手工艺设计阶段有两个重要的特点：一是由于生活方式和生产力水平的局限，设计的产品大都是功能较简单的生活用品，如陶瓷制品、家具以及各种工具，其生产方式主要依靠手工劳动，一般是以个人或封闭式的小作坊作为生产单位，生产者和设计者往往就是一个，生产者可以有自由发挥的余地，因而生产出的产品具有丰富的个性和特征，装饰成了体现设计风格和提高产品身价的重要手段。这一点与现代批量生产的方法完全不同。二是由于设计、生产、销售一体化，使设计者与消费者彼此非常了解，这就在设计者与使用者之间建立了一种信任感，使设计者有一种对产品和使用者负责的责任心，努力满足不同消费者的不同需要，因而产生了众多优秀的设计作品。

设计反映着时代的思想，它既体现了人民生活方式和审美意识的演变，又体现了社会生产水平和人在自然界所处地位的变迁。由于各国不同的社会历史发展特点，形成了各自不同的设计发展轨迹，为此本章将分中国手工艺设计和外国手工艺设计两部分来简述手工艺发展的概况。

第一节　中国的手工艺设计

中国的手工艺设计渊源流长，古代劳动人民用智慧创造了极其光辉夺目的艺术作品，并在整个人类设计史上具有重要地位。中国的建筑、园林、陶瓷、家具、染织等设计，不仅对日本、东南亚各国，而且对西方近代设计也产生了重大影响。中国手工艺设计的发展是一个庞杂的体系，以下按时间顺序，并选择不同时代中具有代表性的一类手工艺产品进行介绍，以便描绘出中国手工艺设计发展的轮廓。

1. 陶器

陶器的发明是氏族社会形成后的一项重要成就。在这之前，人类只能对自然材料进行加工，并只在于改变外在形状。而制陶则是通过火的应用，使泥土改变其内在的性质。这是人力改变天然物的开端，是人类发明史上重要的一页。陶器的出现不仅丰富了生活用具，而且也加强了定居的稳定性。制陶是一种专门技术，应根据不同用途对原料进行加工。一般要选取细腻的黄土，淘去杂质，如需高温火烧，则要掺入砂子以防燥裂。制作陶器最早是用手捏制，对于较大的器物，则搓成泥条，再盘筑成器形。后来又逐渐发展成转轮成形。在仰韶文化时期即有初级形式的陶轮出现，其结构简单，转动很慢，一般称为慢轮，当时陶器的成型、修坯甚至某些纹饰的制作，就是借助于这种慢轮进行的。

农业和定居生活的发展，谷物的贮藏和饮水的搬运，都需要新兴的容器，陶器这种新材料和新技术的出现，正好满足了新的功能要求。但一开始，人们并没有找到一种新的形式来反应新材料、新技术的特点，早期的陶器在造型上显然是模仿其他材料做成的习见器物——如篮子、葫芦和皮袋的形状，在装饰上也留有模仿的痕迹，如席纹、绳纹的广泛使用之后来才逐渐发展成具有自身特点的器皿。

陶器表面加工有多种方法：压模即用平滑的石头在陶坯上压磨使之光滑；施加陶衣，进而加以彩绘；压印，用特制工具在陶坯上压出绳纹或条纹，既使陶壁坚实，也使压纹成为一种装饰，增加美观。此外还有堆贴和刻划等多种加工方式。

新石器时代晚期，制陶技术已发展到了很高水平，能制作出非常优美的彩陶。所谓“彩陶”是指一种绘有黑、红色装饰花纹的红褐色或棕黄色陶器。彩陶多用手工捏制，然后打磨绘色，再入窑烧制。彩陶造型优美，装饰精巧，反映了先民的艺术创造力。

在陕西半坡遗址中有各种造型和不同功能的陶器，如水器、饮食器、储盛器及炊器等，这些器皿的造型已初步标准化，其中以卷唇圜底盆最为典型。这种陶盆造型简洁优美，而又非常实用，与现代盆器很相似。卷唇的边缘既可增加强度，也方便了使用，隆起的圜底则使盆能在土坑中放置平稳。这种陶盆通常饰有鱼形花纹，是半坡彩陶最有代表性的装饰纹样。这种纹样起先用的是写实手法，后逐渐演化为鱼体的分割组合，使其抽象化、几何化和程式化，形成了横式的直边三角和线纹组成的装饰图案。

图 2-1　小口尖底彩陶瓶

彩陶中另一类常见的陶器是用于汲水和存水的小口尖底瓶（图 2-1）。其所以为尖底，是由于这种瓶是固定于土坑中使用的，瓶的两耳位置适当，可用绳系住，口部也结有一根绳，以便提起时掌握重心，利于倒水和汲水，还能控制倒水量，因此使用功能很好。同时在瓶体上绘以各种图案，使实用与美观统一于一体。

彩陶的装饰艺术水平很高，特别注意装饰与器皿的使用条件和造型相适应。原始人类应用这些装饰效果，达到了审美的满足，使外在对象和内在感情得到统一。这里便涉及了设计的一个基本点，即实用功能与形式美感的结合。彩陶在功能、造型和装饰三个方面达到了完美统一，并且适当地反映了材料和制作工艺的特点。

陶器的造型，一般是为了适应生活实用而设计的。鬲是陶器中最常见的煮食器皿，其形象并非模拟或写实，因为自然界并无三脚兽，而是源于生活实用。它的三条肥大而中空的款足是由早期陶鼎的三足演化而来的，这样便在火上使用时扩大了受热面积，缩短了烧煮时间。同时三条款足也起着灶的作用，形成稳定的支撑，使用方便。在造型上也颇有特色。簋是陶碗加上一个方形的座，圆和方的造型产生形式上的对比，而在使用上则更加稳定。

从陶器发展中可以了解到，产品的目的性来源于人类生活和劳动的需要，没有需要就不会去生产。从这一意义上说，产品的功能是基本的，它决定了产品的基本形体，如盆与罐的功能不同，基本的形体就不同。尽管如此，人们还是可以在由功能决定的基本形体内创造各种各样富有特征和美感的形态。

陶器的设计赋予了器物以物质功能和精神功能，后者集中体现在彩陶的装饰上。纹饰不单是装饰艺术，而且也是氏族共同体在文化上的一种表现，是一定的人群的标志，在多数场合下是作为民族图腾或其他崇拜的符号而存在的，相当于象形文字的雏形，具有表征的作用。

随着制陶工艺的发展，陶器的品种日益增多，人们已能熟练把握和精心制造各种造型的陶器，如各种比例的圆、方、长、短、高、矮的器物，其中线和形体的美感便随之产生，并日益成为这一时期很高水平审美艺术的中心。

2. 青铜器

铜是人类最早冶炼和使用的金属，起先人们炼出的是纯铜，后来用铜和锡制成合金青铜。金属工具和用品的出现，使设计进入新的历史阶段。青铜在我国商代得以广泛应用。早期青铜器大都是直接仿自陶器，体壁较薄，多为平底，足作成锥柱状，以后又逐渐演变。

熔铸法的发明，使人们可以随意制造出各种不同形式的铜器，并体现出青铜材料的特点。熔铸法制作青铜器首先要制范，有了范，人们便可以铸造出形式和尺寸完全一样的规范化产品，如兵器、铸币等。早期的制范法为陶范法，根据泥模制成内范，浇注后得到与泥模一样的制品。到了战国时期，失蜡法出现，这是我国古代金属铸造工艺的一项伟大发明，并至今仍为精密铸造法的一种方式。失蜡法是用蜡制成器形，然后用泥填充和加固，待干后再倒入铜液，蜡受热后融成液体流出，原来有蜡处即形成铸造物。用失蜡法铸造的青铜器花纹精细，表面光滑，精度很高。

商周时代的铜器多为礼器，形制精美，花纹繁密而厚重，多用细密的花纹为底，衬托高浮雕的主要纹饰。最习见的纹饰有云纹、雷纹、饕餮纹、蝉纹、圆圈纹等，这些精巧的雕饰，给人以富丽严肃的印象。花纹的题材可能与鬼神迷信相联系，也可能是反映民族徽记的残余。图 2-2 所示的商代四羊方尊，是用分铸法制造的，造型极为精美。

图 2-2　商代四羊方尊

战国时，素器开始流行，到了汉代，铜器已向生活日用器皿方面发展，并取得了高成就。战国时已有铜灯，到汉代铜灯制作达到鼎盛，其中虹管灯（称为釭灯）的设计水平极高。釭灯有虹管，灯座可以盛水，利用虹管吸收灯烟送入灯座，使之溶于水中，以防止室内空气污染，这说明两千年前人们在设计中已有了科学的环境意识。汉代铜灯造型丰富多彩，灯体优美，既实用，也符合科学原理；既可作灯，又可作室内陈设，体现了卓越的设计艺术构思。

3．漆器

汉代的漆器在技艺上达到了顶峰。图 2-3 所示为西汉的云纹漆鼎，是木胎质地的，表面层为黑漆朱纹。汉代漆器的生产有专门机构管理。漆器的生产过程也有了明确而细致的分工，共有制作漆胎灰底的素工、在漆胎上涂漆的髹工、作彩绘的画工等 11 类工种，这就使漆器能以较大规模进行批量的手工生产。

图 2-3　西汉云纹漆鼎

汉代漆器的制作，体现了卓越的设计思想。它从实用出发，考虑到使用方便、放置的容积以及图案多样化的统一，富于装饰性。汉代漆器的设计已有了系列化的概念，如食器、酒器等，很多都是成套设计的。漆器的包装设计也颇具匠心，如多子盒，亦称多件盒，往往有 9 子、11 子之多，即在一个大圆盒中，容纳不同形状的小盒，既节省空间又美观协调。图 2-4 所示是长沙出土的双层九子漆奁，奁是盛梳妆用品的。漆奁分为上下两层，下层有凹槽 9 个，分别放置圆形、椭圆形、马蹄形和矩形小盒 9 个，小盒内分别盛放梳妆用具和胭脂一类化妆品。在装饰上则是考虑整体效果。汉代漆器是实用和美观的典范，对我们的设计有很大启发。

图 2-4　长沙出土的双层九子漆奁，脱胎漆器

4. 瓷器

中国是瓷的故乡，早在商代就出现了原始的瓷器，经过长期发展，在宋代达到了鼎盛时期，也可以说宋代是“瓷的时代”，人们简称“宋瓷”。从总体上来看，宋瓷造型简洁优美，器皿的比例、尺度恰当，使人感到增一分则长，减一分则短，因此设计上达到了十分完美的程度。

北宋建立统一政权后，农业得到迅速的恢复和发展。宋朝的手工业分工细密，科学技术和生产工具有了较大进步，活字印刷术就是在这一时期发明的。宋代作坊规模扩大，并且多集中于集市，促进了城市的繁荣，国际贸易也很活跃。文学艺术方面，一般作品呈现着工整、细致和柔美、绚烂的风格，这种倾向也反映在各种手工艺品的创作中。

中国陶瓷与中国书画艺术、园林艺术一样，深受中国传统文化的影响，在设计上崇尚自然。宋瓷在满足实用功能的前提下，在造型和装饰上多采用自然的题材。如钧窑所产海棠花盆即采用海棠花造型，形式优美，色泽可爱，体现了设计与使用目的的和谐统一。安徽宿松出土的宋代影青执壶（图 2-5），带有温酒器，是一件精美的制品，壶体上有细长的壶嘴和把手，壶盖作覆杯状，其上塑出蹲兽作盖纽，温酒器作花瓣状的碗形，碗底还有一环堆贴的垂瓣。胎质洁白精细，釉色明澈青翠。这种师承自然的设计方法与欧洲 19 世纪末 20 世纪初流行的新艺术运动的设计思想颇有相似之处。此外，陶瓷的画花工艺将陶瓷艺术与国画艺术结合起来，为后来的绘瓷开创了新纪元，不仅对明清时期的陶瓷装饰艺术产生影响，而且还对欧洲的陶瓷艺术产生了

图 2-5　宋代影青抓壶

一定影响。宋代陶瓷工艺还利用釉在烧制过程中“窑变”现象所产生的不规则色彩和裂纹作为瓷器的自然装饰，而不附加任何别的装饰，显得朴素大方，很具特色。

宋瓷在设计上的另一个特点是印花工艺的广泛应用。印花，是用刻有花纹的陶模，在瓷坯未干时印出花纹，一般多用模压阳文。有花纹的部分，往往有一定厚度，在白色器面上可以产生微妙的光度深浅变化。印花的装饰图案多用花草。这种印花可以使人领略到精巧的艺术效果，而印花产品达到如此清晰工整的程度，也反映了宋瓷在刻模和脱模工艺上的高超水平。从设计角度上看，这种印花工艺是标准化的萌芽，与现代瓷器执壶生产的印刷贴花工艺类似。采用印花工艺，可以批量生产图案完全一致的产品，并提高了生产效率。到了明代，青花瓷成了瓷器的主流，尤以江西景德镇宣德青花瓷最为出色。宣德青花瓷胎洁白细腻，青花颜料采用南洋输入的“苏泥勃青”，色调深沉雅静，浓厚处与釉汁渗合成斑点，产生深浅变化的自然美。由于青花瓷器在制作工艺上是先在瓷胎上绘制图案，再上釉烧制，从而使图案受到保护，经久不坏（图 2-6）。青花瓷器从 17 世纪初大批运销海外，因此在欧洲出现了许多仿中国青花瓷的瓷器。同时，为适应外贸的需要，中国的瓷器中也出现了一些西洋绘画装饰，这是中西方在设计史上的一次重要交流。

图 2-6　明代宣德青花枇杷绶带鸟盘

5. 明代家具

我国家具工艺的历史虽然悠久，但是种类并不是很多。唐以前人们大多席地而坐，宋时才渐渐采用桌椅。随着生活方式的改变，促进了家具工艺的发展，在明代达到了鼎盛。

图 2-7　明代炕桌

明代家具大致有以下几大类：①椅凳类，有官帽椅、灯挂椅、圈椅、方凳等；②几案类；③床榻类；④台架类；⑤屏座类。其中主要的特色是：①注意材料质地，多用硬质树种，所以又称硬木家具；②充分体现木材的自然纹理与色泽，不加油漆；③注意家具造型，采用木构架的结构，与中国传统建筑的木构架很相似。例如方或圆形的脚好似建筑的柱，横档撑子好似梁，在脚与档的交接处用牙子连接并加固。边框则多用卷口，以表现曲线的变化，形成直线和曲线的对比。明代家具十分讲究节点的设计，多用榫而少用或不用钉和胶。明代家具的“攒边”技法颇具特色。它是在四边用 45° 格角榫攒起来，中心板出榫装四边通槽，这不仅使木板结构稳定，而且有伸缩余地，同时也可使木板不露截板纹，增加了美观。明代家具由于造型所产生的比例尺度，以及素雅质朴的美，使家具设计达到了很高的水平，成了中国古代家具的典范，对后世的家具设计产生了重大影响并波及海外。例如图 2-7 和图 2-8 所示的炕桌和方几，造型就很精巧。

图 2-8　明代方几

明代家具发展的原因主要有：

其一，园林建筑兴起。我国园林自五代两宋发展到明代已极为兴盛。家具作为园林建筑室内陈设的重要组成部分，自然也需要相应发展，园林荟萃的苏州成了家具制作的中心。明代家具的类型和式样除了满足了生活起居的需要外，也与建筑有了更紧密的联系。一般厅堂、卧室、书斋等都相应地有几种常见的家具配置，并出现了成套的家具。在园林建筑中，往往把家具作为室内设计的重要组成部分，在建造房屋时就根据建筑物的开间、进深和使用要求，考虑家具的种类、式样、尺度等进行成套配制。

其二，木材丰富。明代自郑和下南洋后，与东南亚各国交往更加密切，而这个地区是出产优质木材的地方，因此，热带成长的花梨木、红木、紫檀等材料，得到了较充裕的供应。这些木材具有质地坚硬、色泽和纹理优美的特点，因而在制作家具时，可采用较小的构件断面，制作精密的榫卯，并进行细致的雕饰与线脚加工，这就为家具生产提供了良好的物质条件。

其三，木工工具的发展。明代手工艺进步，锤锻技术已大为提高，木工工具种类增多，质量较高，使精细的家具加工制作成为可能。

明代家具的艺术特色，可以用四个字来概括，即简、厚、精、雅。简是指它造型洗练，不烦琐，不堆砌，落落大方。厚是指它形象浑厚，具有庄穆、质朴的效果。精是指它做工精细，一线一面，曲直转折，严谨准确，一丝不苟。雅是指它风格典雅，令人耐看，不落俗套，具有很高的艺术格调。

明代家具所以取得高度的艺术成就，从设计上来说有四方面重要因素：

（1）注意意匠美，“巧而得体，精而合宜”。在整体的设计构思上既满足功能要求，在形式上又有鲜明特色。明代椅子的靠背为一整体造型的木板，其曲线与人体脊柱相吻合，既简洁明快，又使人坐上去感到舒适（图 2-9 所示扶手等的设计也十分自然、圆润，这种有机的形态给人一种亲切感，富有浓郁的人情味）。

（2）注意材料美，即充分利用木材的本色和纹理而不加遮饰，深沉的色调，坚而细的质感，达到了稳定而调和的艺术要求，反映了设计者忠实于材料、体现材料自身特点的思想。

（3）注意结构美，不用钉、胶，在不同部位应用不同形式的榫，反映了木制家具特有的风韵和设计者的匠心。

（4）注意工艺方面的处理，有适当的比例与尺度，线的运用，简洁利落，在造型结束处和转折部位，加以不同的变化，产生丰富的造型形式。此外，用牙子、卷口等作出重点装饰，增加了家具的形体美。

清代家具在造型与结构上仍然继承了明代的传统，但同时又存在烦琐堆砌、格调低下的情况。木家具的装饰和雕刻大量增多，并利用 玉石、陶瓷、珐琅、贝壳等做成镶嵌，这反而破坏了家具的整体形象、比例和色调的统一和谐。这种趋势到清代后期更为明显，使产品往往流于庸俗和匠气，在艺术上缺乏较高的美学境界。清代绘画式装饰占有主导地位，这种装饰手法无论在与产品使用功能的结合方面，还是在与器物的协调上，都有很大的不足之处。特别是宫廷工艺更是矫饰造作，雕琢过分。这不仅对我国后世的设计，而且对充满妖媚柔靡贵族趣味的西方洛可可设计风格的产生也有一定影响。清代特别是晚清的装饰设计，总体上说是格调不高，这正是王权衰退走向没落的一种反映。

图 2-9　明代圈椅

第二节 国外手工艺设计

现代工业设计是从国外发展起来的，要探求工业设计的流源，就必须了解国外，特别是欧洲手工艺设计发展的脉络。

设计总要适应它所依附的材料、结构、技术等条件，要适应实际的功能与环境。但是，在手工艺设计时代，设计作为一门艺术，仍有很大的独立性，由此敏锐地反映着不同时代的思想和文化潮流。工业革命前的外国设计中，设计的风格远比其功能、技术的发展变化丰富得多。在这一点上，国外手工艺时代的设计发展与中国有较大不同。中国由于两千年儒家文化的一家独尊和大一统的中央集权统治，设计风格的演变十分缓慢，各历史时期的设计虽各有侧重，特色不一，但总的来说还是一脉相承，较少有重大的突破与创新。中国建筑设计的发展便生动地体现了这一点。从汉代中国建筑体系基本确立以来，以木构架、斗拱和大屋顶为基本特征的中国建筑形制便一直延续到 20 世纪初，以致若非古建筑专家，很难辨认出建筑的年代。而在欧洲，从庄严宏伟的希腊神庙，到中世纪巍峨的哥特式教堂；从文艺复兴式的穹顶到巴洛克式的断裂山花；从新古典到新艺术，不同时期的建筑艺术丰富多彩，令人目不暇接，呈现出巨大反差而各领风骚。其他设计领域由于受到建筑艺术的影响，在不同时期也风格各异，这是学习国外设计史应该了解的。

在设计发展的进程中，世界各国的发展是不平衡的，它们的设计通常不在一个水平上。每一个历史时期，往往只有少数几个国家，代表着当时设计发展的主流。当然，暂时落后的国家也有自己的成就，也会对先进国家有所贡献，也曾丰富了世界的设计文化，但在此只能叙述发展的主线。

就像中国家具的发展受到建筑艺术的影响一样，建筑作为一种“大艺术”，对于国外设计的发展也有重要而直接的影响，如中世纪的哥特式建筑直接影响了哥特式家具；17 世纪的洛可可建筑又直接影响了洛可可式的家具和其他家用产品，现代建筑对于工业设计的影响更是不言而喻。因此，学习外国设计史，有必要了解建筑的发展及其对其他设计艺术的影响。

一、古代埃及的设计

埃及是世界上最古老的国家之一。法老时代的埃及从公元前 3000 年的王国初期第一代君主的美尼斯开始，到公元前 1310 年的第十八王朝，延续了 1000 多年。法老时代形成了中央集权的皇帝专制制度，有很发达的宗教为其政权服务，并且在建筑艺术上追求镇慑人心的力量，创造出了气度恢宏的金字塔和阿蒙神庙。

古埃及金字塔最成熟的代表是公元前 27 ～ 26 世纪建于今开罗近郊的吉萨金字塔群，它由三座巨大的金字塔组成。它们都是精确的正方锥体，形式极其单纯，其中最大的一座是胡夫金字塔，高 146.6m，底边长 230.6m，是人类设计史上最辉煌的杰作之一。

金字塔位于沙漠边缘，建造在高约 30m 的台地上。在广阔的沙漠前方，只有金字塔这样高大、稳定、庄严、简洁的形象才有其纪念性，金字塔也因为在这样的环境里才有表现力，金字塔的艺术构思反映着古埃及的自然和社会特色。这时的古埃及人还保留着氏族社会的原始拜物教，他们相信高山、大漠、长河都是神圣的。早期的皇帝利用了原始的拜物教，皇帝被宣扬为自然神。于是，就把高山、大漠、长河的形象的典型特征赋予皇权的纪念碑。在埃及的自然环境里，这些特征就是宏大、单纯。这样的艺术思维是直觉的、原始的，金字塔就带着强烈的原始性，仿佛是人工堆垒的山岩，它们因此与尼罗河三角洲的风光十分协调，大漠孤烟，长河落日，何其壮观！作为太阳神标志的方尖碑也以高耸的构图和简洁而富于表现力的体型，成为后世纪念碑的典范。

古埃及的手工艺制作也很发达。石头是埃及主要的自然资源，劳动人民以异常精巧的手艺用石头来制造生产工具、日用家具、器皿甚至极其细微的装饰品。到中王国时期，青铜工具出现，铜质的锯、斧、凿、锤等工具开始使用，从而大大推动了手工艺的发展。由于埃及干燥的气候，使许多古代的埃及手工制品得以完好无损地保留至今。同时古代埃及盛行厚葬之风，从法老和贵族的墓地中挖掘出来的随葬品不计其数，这为我们研究古埃及的手工艺设计提供了极其丰富的宝贵资料。

从埃及的壁画和雕刻中，可以看到大量手工制品制作场面的描写，图 2-10 所示就是古埃及壁画中描写的当时家具工场的制作情景。制作的主要材料是本地的刺槐、无花果树、河柳等，同时还从叙利亚进口了西洋杉、杜松，并从南方国家进口了黑檀。当时的木工工具有斧、凿子、木槌、拉锯、刀等。由于没有刨子，家具的抛光是利用沙石制成的磨光器。当时盛行的工艺是一种镶板，即用木钉将小木片联合成大型的平板来制作家具，最薄的镶板只有 6mm 厚。从图坦卡蒙墓中出土的一个柜子便是由大约 33000 块小木块镶制而成的。家具的结构已出现复杂的榫接、辅以皮带条的绷制技术和兽皮的蒙面技术。当时已经有油漆类的涂料出现，同时还有一种在石膏的表面用填泊拉（Tempera，一种用蛋黄混合油漆来作画的方法）作为装饰的画法，经常描写有关帝王征战和宫廷生活的大型场面。表面装饰中最常见的是雕刻和镶嵌。雕刻的形象除了狮首和兽足之外，还有太阳神、鹰神、河马神的形象，这反映出埃及社会的多神崇拜和人神同形的社会意识。

图 2-10 古埃及壁画中的家具工场

现存埃及旧王朝时期的家具有从著名的吉萨金字塔中出土的赫特菲尔斯女王的随葬床和椅（图 2-11）。这些家具大约生产于公元前 2686 年之后，床的造型非常别致，靠头的一端要稍稍高出。整个床用铜制的零件加以连接，必要时可以拆卸。埃及家具几乎都带有兽形样的腿，而且前后腿的方向一致，这是古埃及家具与后来古希腊、罗马家具的一个重要区别。

埃及家具最光辉的范例要算第十八王朝的年轻国王图坦卡蒙的随葬家具了。这些大约距今 3200 多年的产品的精湛技艺使人叹为观止。其中最著名的应是那件金碧辉煌的法老王座（图 2-12）。玉座靠背上的贴金浮雕表现出墓主人生前的生活场景，王后正在给坐在王座上的国王涂抹圣油，天空中太阳神光芒四射。人物的服饰都是用彩色陶片和翠石镶成的，其结构严整，制作技术表现出了高度的精密性。

埃及的家具种类很多，床、椅、柜、桌、凳样样俱全。其中有不少是折叠式或可拆卸式的，这说明埃及的室内布置是经常更换的。早期的家具造型线条大都僵挺，包括靠椅的靠背板都是直立的。后期的家具背部加有支撑，从而变成弯曲而倾斜的形状（图 2-13），这表明埃及的设计师开始注意到了家具的舒适性。这种认识在世界家具发展史上有极其重要的意义。

图 2-11　赫特菲尔斯女王的随葬床和椅

图 2-12　图坦卡蒙的法老王座　图 2-13　加有斜撑的埃及靠椅

埃及的家具给后世家具的发展奠定了坚实的基础。几千年以来家具设计的基本样式都未能完全超越古埃及设计师的想象力。无论是从数量上或质量上埃及家具都可称为古代家具设计最优秀的楷模，并为后人研究埃及艺术史提供了丰富的材料。即使在现代化生产的今天，从埃及家具的研究中我们仍可以得到许多有益的启示。

二、古希腊、罗马的设计

希腊和罗马的设计文化两千多年来一直没有因历史的变迁而中辍，它实际上成了欧洲设计渊源流长的基础，时至今日，其影响依然存在。因此，欧洲人习惯于把希腊、罗马的文化称之为古典文化。

（1）古希腊的设计

公元前 8 世纪起，在巴尔干半岛、小亚细亚西岸和爱琴海的岛屿上建立了很多很小的奴隶制国家。它们向外移民，又在意大利、西西里和黑海建立了许多国家。它们之间的政治、经济、文化关系十分密切，总称为古代希腊。

古希腊是欧洲文化的摇篮。由于希腊人的聪明才智和奴隶主民主的社会结构，使古希腊在艺术、文学、哲学、科学诸方面都有辉煌的成就。古希腊在设计上同样也是西欧设计的开拓者，特别是建筑艺术，深深地影响着欧洲两千多年的建筑设计。古希腊手工业发达，古代诗人荷马的史诗中曾经提到了镀金、雕刻、上漆、抛光、镶接等工艺技术，并列举了桌、长椅、箱子、床等不同品种的家具。

古希腊时期留存下来的手工制品主要是陶器，其中以绘有红、黑两色的陶瓶最为有名。这些陶瓶造型和工艺制作都极为精美。陶瓶上的绘画多反映当时人民生活和征战的情景，并以人物为主。这些瓶画成了研究古希腊艺术和生活的珍贵资料。瓶画上的人物刻画非常典雅，以线描为主，在表现方式上仍保留了古埃及绘画的特征，人物面部多以侧面表示。从设计上来说，这些陶瓶使用功能很好，并且有了一定程度的标准化，瓶画大多绘在一系列标准化的体型上，每一种瓶的造型都有其特定的使用目的，不同的形状具有不同的用途。

早期希腊家具除了石制品之外，几乎没有幸存至今的实物。公元前 7 ～前 5 世纪的古典时期和公元前 5 ～前 4 世纪的雅典时期留下了为数不多的家具实物。这时期的希腊家具基本上还是继承了古代埃及家具的风格，其线挺直，装饰有狮首和斯芬克斯的形象。

希腊家具中最杰出的代表是一种称为克里斯姆斯（Klismos）的靠椅（图 2-14）。靠椅线条极其优美，从力学角度上来说是很科学的，从舒适的角度上来讲也是很优秀的，它与早期的希腊家具及埃及家具那种僵直线条形成了强烈对比。在任何地方只要有一件受希腊风格影响的家具存在，则它一定是这种优美线条的再现。这种式样的椅腿非常结实，很可能是采用了加热弯木的方法，而不是用大块木头砍制出来的。在等级社会中，座椅是最有等级性的家具。

图 2-14　希腊克里斯姆斯靠椅

（2）古罗马的设计

古罗马的设计直接继承了古希腊设计的成就，并把它大为向前推进。古罗马设计繁荣的第一个原因是它统一了地中海沿岸最先进、富饶的地区，统一之后的文化交流融合，促进了新的高涨。第二个原因是，从公元前 2 ～公元 2 世纪，为古罗马奴隶制度的极盛时期，生产力达到古代世界的最高水平，经济发达，技术空前进步。古罗马凭借着强大的生产力，创造了光辉的设计成就。

图 2-15　庞贝出土的三角凳

古希腊陶器多为轮制，到了古罗马时代，随着青铜翻模技术日趋成熟开始用翻模方法大量生产优质仿金属陶器。这些陶器在不同的生产中心生产出来，输出到广泛的地区。由于每件陶器都是翻模制成，而不是在转盘上拉制成型的，因此保证了大量生产的产品具有完全相同的特征。这种生产方法已体现出了工业化生产的特点，使产品的设计与生产分离开来，并且出现了专门的设计师，从而大大推动了设计的发展。古罗马翻模陶器的设计与后来手工设计家用制品强调设计、制作者个性的浪漫思想形成了对照，前者显然更加接近于今天工业设计的概念。

罗马家具的基本造型和结构表明它是从希腊家具直接发展而来的，但是它也有自己的一些独到的特点，其中最突出的应是青铜家具的大量涌现。罗马人喜欢壮丽的场面，所以罗马的建筑比希腊的更加雄伟壮观，如巨大的角斗场和万神庙等，这种爱好也同时反映在家具的设计中，其中从庞贝遗址挖掘出来的铜质家具是最杰出的代表。从形式上来看，它们基本上没有脱离希腊家具影响，尤其是三脚的鼎和凳还保持着明显的希腊风格（图 2-15），但在装饰纹样上显出一种潜在的威严之感。罗马家具的铸造工艺已经达到了使人惊叹的地步，许多家具的弯腿部分的背面都被铸成空心的，这不但减轻了家具的重量，而且强度也较高。

公元 4～5 世纪，罗马帝国日趋衰落。东北方野蛮民族的入侵使罗马文化遭到空前浩劫。公元 476 年，西罗马最后一个皇帝被推翻，使欧洲历史进入漫长而黑暗的封建时代，设计风格也因此发生强烈的变化。

三、欧洲中世纪的设计

直到 14～15 世纪资本主义制度萌芽之前，欧洲的封建时期被称为中世纪。在这个时期，自然经济的农业占统治地位，农民自给自足，生产的范围很狭窄。在此经济基础上，欧洲四分五裂，古罗马光辉的文化和卓越的技术成就被遗忘了。

欧洲封建制度主要意识形态和上层建筑的集中表现是基督教，它宣扬世俗生活是罪恶，人欲是万恶之源，并有意识地抵毁含有现实主义和科学理性的古典文化。教会不仅统治着人们的精神生活，而且控制人们生活的一切方面。封建分裂状态和教会的统治，对欧洲中世纪的设计发展产生了深刻的影响。

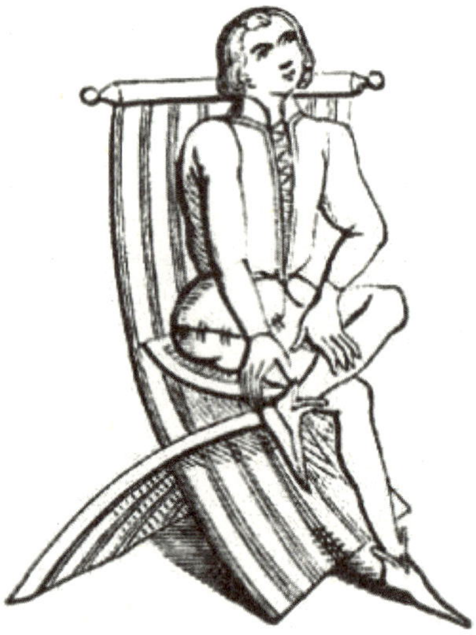

图 2-16　中世纪的折叠椅

19 世纪英国工艺美术运动的代表人物反对机械化大工业生产，一贯声称在中世纪找到了他们的理想，坚信建立一个可接受的设计标准的唯一方法，就是回归到中世纪手工艺产品对质量的尊重，并回到中世纪的形式。因此，考察一下欧洲中世纪的设计是很有意思的。日耳曼人征服罗马后，由于罗马文化的优秀遗产大部分已在战火中焚毁，所以中世纪早期的手工制品无法与古典文化的产品相比，在设计上明显带有北方蛮族的粗野形态。此外，由于教会宣扬禁欲，鼓吹清教徒般的生活方式，各种生活用品的制作都是很朴素甚至是简陋的。当时的家具很多是用粗糙的木板制成的，贵族所用的家具也不例外。另一方面，由于不必在繁复的装饰细节上下功夫，中世纪的制作者们一般都长于结构的逻辑性、经济性和创造性，这些正是后来包豪斯的家具设计师们所追求的东西。图 2-16 所示是一把中世纪折叠椅，看起来简直就像陈列在现代荷兰家具通览中的一件展品。

在中世纪的手工业生产中也存在着高度的标准化。许多的英制度量单位在这一时期就已固定下来，从 12 世纪早期起，英尺就一如今天所用那样。这自然会影响到建筑物的形状和比例以及许多标准家用品的尺寸。中世纪手工业是有一定组织化的，一般是按不同的行业成立同业行会，并在行会内制定了设计标准。在英国，陶业制定了一个标准的形态系列（图 2-17），同样的形状又有大小不同的尺寸系列。所有的陶制品都制作有标志，以表明生产者对质量负责。

中世纪遗留下来的手工制品不多，但中世纪对设计的态度依然出现于 17—18 世纪的手工工场中。当人们今天看到一套完整的烛台时（图 2-18），往往会将其误认为是一种典型的工艺品，因为灯芯草蜡烛已早为电灯所取代。但是如果加以仔细观察，就会发现这些烛台设计是很实用的，它们能以一种安全、稳定的形态来支承一条浸在烛脂中的灯草，即使一个现代设计师遇到相同的问题，也难于找到一个更好的基本设计方案。

图 2-17　中世纪英国陶业的标准形态系列

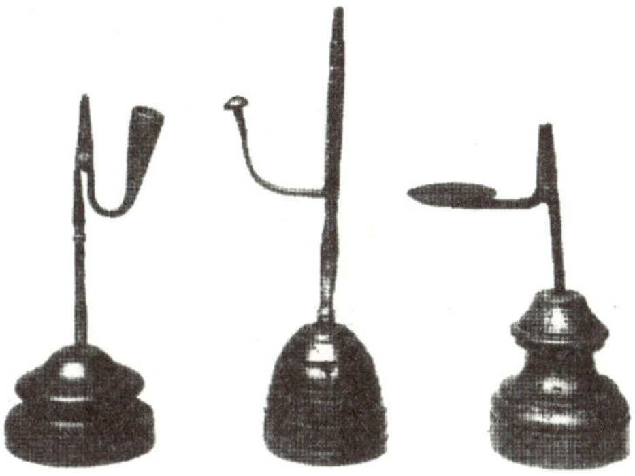
图 2.-18　18 世纪的铁质烛台

中世纪设计的最高成就是哥特式教堂。13 世纪后半期，以法国为中心的哥特式建筑风格风靡欧洲大陆。哥特式又称高直式，是以其垂直向上的动势为设计特点。哥特式建筑以尖拱取代了罗马式圆拱，宽大的窗子上饰有彩色玻璃宗教画，广泛地运用簇柱、浮雕等层次丰富的装饰。这种建筑符合教会的要求，高耸的尖塔把人们的目光引向虚渺的天空使人忘却现实而幻想于来世。法国的巴黎圣母院、德国的科隆大教堂等都是哥特式建筑设计的杰出代表。

图 2-19　哥特式家具

哥特式风格对于手工艺制品，特别是家具设计产生了重大影响。哥特式家具着意追求哥特式建筑的神秘效果。最常见的手法是在家具上饰以尖拱和高尖塔的形象，并着意强调垂直向上的线条（图 2-19）。

设计与生产过程相分离是工业设计的显著特点。随着中世纪后期以手工生产为基础的早期资本主义的出现，设计的专业化不断得到加强。中世纪商业的增长是向专业化演进的重要阶段，在西欧发达的都市，如佛罗伦萨、威尼斯、纽伦堡等地，大型工场发展起来，以满足宫廷、教堂和富有的商人对于高档产品的需要。虽然传统的技巧和手艺仍是主要的，但它们已更加专业化。这些城市手工艺人所生产的不少作品都具有很高的水平，艺术家与手工艺人之间的界限已经很模糊，他们的差别仅在于发展的程度不同，而其训练和技艺的基础是相同的。这些都为即将来临的文艺复兴运动打下了基础。

四、文艺复兴后的设计

这一时期应划分到 18 世纪上半叶为止。西欧资本主义因素是从 14 世纪起在意大利开始兴起的，15 世纪以后遍及各地。由于社会劳动分工而促进了生产技术的革新，商品生产和商业日趋兴旺，城市新兴的资产阶级要求在意识形态领域开展反对教会精神统治的斗争，因此形成了以意大利为中心的为资本主义建立造舆论的“文艺复兴运动”。文艺复兴的中心思想是所谓“人文主义”。它主张文学艺术表现人的思想和感情，科学为人生谋福利，提倡个性自由以反对中世纪的宗教桎梏。文艺复兴运动促进了普遍的文化高涨，设计也随之进入了一个崭新的阶段，众星灿烂，繁花如锦，其影响所及直达 20 世纪。

文艺复兴时代一反中世纪刻板的设计风格，追求具有人情味的曲线和优美的层次，并把眼光重新投向古代艺术，试图从希腊和罗马的古典艺术中吸取营养。早期的文艺复兴时期家具主要的技艺和结构还是因袭中世纪的式样，但却显示出更大的自由度，曲线被广泛地应用。家具的轾伏层次更加明显，呈现出一种使人亲近的感情（图 2-20）。文艺复兴时期的科学技术也有了较大发展，各种工程技术机械的设计相当发达。技师们勤苦研究运输方法、军用机械及水力工具等，以求得提高生产效率。文艺复兴的达・芬奇（Leonardo da Vinci，1452—1519）甚至设计了飞行器，并绘制了飞行器的结构原理图，但因为条件所限，未能建造。由于建设巨大建筑物的需要，出现了各种用途的建筑机械，它们设计得很精巧。建筑师桑加洛（Gioliano da Sangallo，1445—1516）在 1465 年的笔记里画着 12 种建筑用的起重机械，都使用了复杂的齿轮、齿条、丝杠和杠杆等。1488 年，米兰人拉美里（Agostino Ramelli）在巴黎出版了一本书，名为《论各种巧妙的机器》，书中列举了当时设计的各种机器。

图 2-20　意大利文艺复兴时的靠椅

商业和贸易的不断发展，导致了生产单位在规模上的扩大，同时也带来了竞争的压力，从而产生了对革新的要求，以使产品能更具特色，更加吸引消费者兴趣，这就刺激了对设计的要求。16 世纪初期，首先在意大利和德国，新兴的设计师们开始用图案书籍来满足这种需求。这些书籍都是用新的机器印刷方法大量出版发行的，书中插图包括装饰方法、图案以及花纹等，通常为染织和家具行业所用。图案书籍中的装饰设计可以重复应用到不同的场合，它们在工业设计史中的重要性就在于通过出版的形式，设计师与其设计的应用分离开了。

五、浪漫时期的设计

到 17 世纪时文艺复兴运动衰落，由此欧洲的设计进入了一个新的历史时期，史称浪漫时期。浪漫时期的设计风格主要是巴洛克式和洛可可式，这两种风格的流行时间和地点都有所不同。

16～17 世纪交替的时期，巴洛克设计风格开始流行，其主要流行地区是意大利。“巴洛克”（Baroque）的原意是畸形的珍珠，专指珠宝表面的不平整感。后来被人们用来作为一种设计风格的代名词。这种风格一反文艺复兴时代艺术的庄严、含蓄、均衡而追求豪华、浮夸和矫揉做作的表面效果，它突破了古典艺术的常规。这种设计风格集中体现于天主教的教堂上，并影响到了家具和室内设计。

巴洛克设计刻意追求反常出奇、标新立意的形式。其建筑设计常采用断裂山花或套叠山花，有意使一些建筑局部不完整；在构图上节奏不规则地跳跃，爱用双柱，甚至以三根柱子为一组，开间的变化也很大。在装饰上，巴洛克喜用大量的壁画和雕刻，璀璨缤纷，富丽堂皇，富有生命力和动感。当代西方流行的后现代主义设计思潮，就常常把巴洛克作为模仿的对象。

早期巴洛克家具的最主要特征是用扭曲形的腿部来代替方木或旋木的腿。这种形式打破了历史上家具的稳定感，使人产生家具各部分都处于运动之中的错觉（图 2-21）。这种带有夸

图 2-21　17 世纪早期巴洛克风格方桌

张效果的运动感，很符合宫廷显贵们的口味，因此很快地成了风靡一时的潮流。后来的巴洛克家具上出现了宏大的涡形装饰，比扭曲形柱腿更为强烈，在运动中表现出一种热情和奔放的激情。此外，巴洛克家具强调家具本身的整体性和流动性，追求大的和谐韵律效果，舒适性也较强。但是，巴洛克的浮华和非理性的特点一直受到非议。

17 世纪时，随着欧洲的贸易中心从地中海区域转移到大西洋沿岸，国家的权力集中于君主制政府中，这一点集中体现于路易十四王朝。为了表现绝对君权的统治，以古罗马帝国建筑为范本的古典主义形成，其典型代表是凡尔赛宫。古典主义风格的特点是简洁、和谐、合理并富有纪念性，与同时期意大利巴洛克风格的混乱与堆砌形成鲜明对比。但是，就像意大利文艺复兴之后出现了巴洛克式一样，法国在古典主义之后，随着君权的衰落，出现了洛可可式。

洛可可（Rococo），原意是指岩石和贝壳，特指盛行于 18 世纪法国路易十五时代的一种艺术风格，主要体现于建筑的室内装饰和家具等设计领域。其基本特征是具有纤细轻巧的妇女体态的造型、华丽和烦琐的装饰，在构图上有意强调不对称。装饰的题材有自然主义的倾向，最喜欢用的是千变万化的舒卷着、纠缠着的草叶，此外还有蚌壳、蔷薇和棕榈。洛可可式的色彩十分娇艳如嫩绿、粉红、猩红等，线脚多用金色。

从发展根源上说，洛可可式是巴洛克式风格的延续，同时也是中国式设计风格严重浸染的结果，所以在法国，洛可可又称为中国装饰。路易十五是法国历史上著名的昏君，沉溺于凡尔赛宫中奢靡的生活，一切都为宫中女宠所左右。因此，这个时代的家具式样都随宫中贵妇的爱好而转移。在洛可可式家具中，17 世纪那种粗大扭曲的腿部不见了，代之以纤细弯曲的尖腿（图 2-22）。洛可可式家具多用平面的贝壳镶嵌和沥粉镀金，这些手法完全是从中国学来的。这时期家具的油漆成为重要的工艺手法，一种是中国式的黑漆上面有镀金纹样，另一种是纯白或浅色底上有镀金纹样，两者同样都显得华贵和高雅。

由于巴洛克式和洛可可式风格中过度的修饰而使其逐渐沦入虚饰主义的泥坑。到了路易十五时代，这种追求形式完美的装饰观念已经是登峰造极，不可能再出现什么新花样。尔后，欧洲和美洲的设计风格都只好一再重复历代设计的旧调，从而迹入了一个由历史式样走向近代工业设计的混乱的过渡时期。

图 2-22　法国 18 世纪的洛可可式家具

3 第三章 工业革命后的工业设计

第一节 18 世纪的设计与商业

18 世纪下半叶，英国的工业革命使纺织、金属和陶瓷工业出现了新的组织和生产方式，与此同时中产阶级崛起，并产生了对新的商品的要求。早在 17 世纪末，就已存在着一种普遍的富足感，即使英国社会中最下层人民也能负担得起一些小的奢侈品，如花边、缎带、纽扣等，用于窗帘、餐巾、桌布等织物的消费显著增加，当时 10% ～ 15% 的家庭开支是用来购买纺织品，这是衡量家庭生活水准的一项标志。这种普遍的富足感的原因是显而易见的，同样的工资可以购买更多的商品，随着海外贸易的增长，各种进口商品充足。尽管形成工业革命的若干技术上的进步在当时也为欧洲大陆上的科学精英所知，但由于英国享有政治稳定、中央政府、自由企业和实用哲学等背景，并且拥有丰富的自然资源，所有这些使得英国能首先获得由工业所带来的商业上的利益。由于英国先于其他国家面临工业革命所产生的社会和艺术上的后果，这使英国的工业设计首先发展起来：随着国内市场对商品需求的不断增长，英国从一个农业国家转变成了一个工业化的国家，农村人口大量流向城市中的工厂，由于制造业不再依靠水力以及以家庭为单位的手工作坊，生产开始在工厂内进行。随着伦敦成了商业中心，银行家、商人以及与商业有关的其他一些人士大量在首都定居。

文化方面，法国在 18 世纪上半叶依然左右着人们的审美情趣，许多商品为洛可可风格所支配。到 18 世纪末，意大利成了设计师们寻求灵感的所在，新古典 （Neo-classicism ）成为时代的风尚。18 世纪各种流行的风格此起彼伏，从巴洛克、洛可可、中国风、哥特式直到新古典，表明了日益扩展中的市场对于新奇的不断追求。18 世纪的审美趣味由于竞相提高自己身份的思想而广为传播，贵族所喜好的任何东西都很快为中产阶级模仿，那些新兴的暴发户如商人、银行家更是如此。他们渴望用消费“情趣高雅”的商品来表现他们新近聚敛起来的财富，显示其社会地位和艺术趣味。社会底层的人们也亦步亦趋。制造商们充分认到了这一新的巨大的市场，在向社会其余阶层推出其产品之前，他们小心翼翼地力图使他们的产品满足贵族的要求，并与时尚相吻合。这表明了在批量生产开始之时，制造商和设计师已意识到了产品风格的意义。这种发展是很关键的，因为把文化引入工业是工业设计的开端，它标志着简单工作的手工艺人将逐渐从经济中消失。

18 世纪时，市场开发和广告宣传作为竞争的手段开始兴起，社会中各阶层相互渗透融合，一个日益增长的“大众市场”逐渐形成 . 这些都使得统一设计的产品能为社会所接受。

一、劳动分工与设计专业出现

18世纪前所未有的广大市场使“时尚”“趣味”等成了设计演变中的关键因素；另一方面，商品生产中的劳动分工也促使了设计的专业化，推动了设计的发展。正如苏格兰经济学家亚当·斯密（Adam Smith，1723—1790）所说的，劳动分工使制造业更有利可图，随着市场的扩大，劳动分工成了批量生产的一个重要特点。

现代工业和交通系统出现之前，大多数商品的生产只是满足地方上的要求，例如18世纪的英国乡村，人们仍保持着自给自足的自然经济。由于技术和经济的限制，手工艺人只能按照古代相传的形式来制造必需品，手工生产活动常常是以行会的形式组织起来的。例如在建筑业中，这种行业体制也依然存在。但在其他一些领域，行会的作用逐渐消失，因为商业资本家动摇了行会的统治，使它们失去了支配权。在挣脱了行会控制的行业中，新的商业结构鼓励专业化的工作，劳动分工迅速发展，并随着工厂化体制的发展而巩固下来。

18世纪末至19世纪初，机器成了工业中的新成员，许多技术性的工作由大量未受过传统手工艺训练的工人来承担，由于机器重复生产的准确性，这些工人不可能在产品生产过程中对产品设计产生个人的影响，只能按照预先制定的设计进行大批量的重复生产，这就使得在机械化的工业中，产品的设计与生产进一步分开，产品的设计与投产之间的时间延长，生产过程也标准化了，从而导致了对产品进行仔细规划的风气，设计师的作用更加受到重视。例如，陶瓷业中样品和制模的设计，以及花布印刷中的花样制版设计都趋于专业化，其设计的好坏直接影响到厂家的经济利益，但是，就这些供应较低级市场的产品而言，其外观形态很大程度上是由技术因素决定的。

二、18世纪的设计风格

18世纪的设计风格是非常矛盾的。工业革命后，新的材料、技术和新的生产方式不断出现，传统的设计已不能满足新时代的要求，人们以各自的方式探索新的设计道路，在这一过程中，混乱是难免的，由于传统的风格和形式在长期的实践中已定型、成熟，当人们改用全然不同的材料进行商品生产时，还不熟悉新的可能性，起初总是要借鉴甚至模仿习见的传统形式。这就在旧形式和风格与新的材料和技术之间产生了矛盾，这种矛盾从18世纪下半叶一直延续到19世纪末。

由于受到建筑风格的影响，复古思潮统治着18世纪下半叶的设计活动，这期间比较流行的是新古典和浪漫主义：它们的出现，主要是新兴的资产阶级有政治上的需要，他们之所以要利用历史式样，是企图从古代文化中寻求思想上的共鸣，用借来的语言，导演出世界历史的新场面。

新古典是指资本主义初期最先出现在文化上的一种思潮，在建筑和设计史上是指18世纪60年代开始在欧美盛行的古典形式。18世纪前的欧洲，巴洛克和洛可可风格盛行一时，其烦琐的装饰与贵金属的镶嵌逐渐引起了人们的厌恶。在探求新的设计风格的过程中，希腊、罗马的古典建筑成了当时的创作源泉。1750年，罗马庞贝遗址被发掘，在欧洲引起了研究古典艺术的热潮，人们认识到古典艺术质量远远超过巴洛克与洛可可，促成了新古典的产生与流行。

图3-1 新古典座钟

新古典追求古典风格和简洁、典雅、节制的品质以及“高贵的纯朴和壮穆的宏伟”。在建筑上追求建筑物体形的单纯、独立和完整，细节的朴实，形式的符合结构逻辑，并且减少纯装饰性的构件，显示了人们对于理性的向往。新古典在各国的发展虽然有共同之处，但多少也有些差异，大体上在法国是以罗马式样为主，而在英国、德国则是希腊式样较多。新古典风格也体现于当时的产品上，其特点是放弃了洛可可过分矫饰的曲线和华丽的装饰，追求合理的结构和简洁的形式，构件和细部装饰喜用古典建筑式的部件。如图 3-1 所示是一种新古典座钟，即采用了古典柱式，整体形态简洁利落。但是将一件实用品模仿建筑物来设计，未免小题大作，喧宾夺主。

英国新古典家具的成就很大，其中涌现了一大批优秀的设计师，他们长于设计朴素、实用的形式，加上适度的装饰细节，以防止单调。乔治二世（George Ⅱ，1683—1760）的衣橱基本上是一个朴素的四方盒子（图 3-2 ），但这种四方形又被顶层抽屉下的腰线和托架的底座所减缓，底座上的脚将柜子稳当地放置在地板上而不显沉重。这种典型的英国风格显示出来的朴素感在欧洲是罕见的。在柜子的制造方面，出现了以玻璃门为主要特点的大型立柜（图 3-3 ）。这种立柜力图表现木材本身的纹理美，柜体完全以直线贯穿首尾，这大概可称得上是现代家具的先声。

图 3-2　衣橱

图 3-3　大型立柜

英国的谢拉顿（George Sheraton, 1751—1806 ）是当时新古典的家具大师，他的椅子设计重点装饰放置于靠背之上，变化很多，但椅腿却很少有曲线装饰，表现出单纯的结构感。谢拉顿于 1791 年出版的《家具制造师与包衬师图集》和 1802 年出版的《家具辞典》是家具设计的百科全书，对整个家具界贡献巨大。

浪漫主义（Romanticism ）是 18 世纪下半叶至 19 世纪上半叶活跃于欧洲艺术领域中的另一主要艺术思潮，在设计上也有一定的反映。浪漫主义始源于工业革命后的英国，一开始就带有反抗资本主义制度与大工业生产的情绪，它回避现实，向往中世纪的世界观，崇尚传统的文化艺术。浪漫主义在要求发扬个性自由、 提倡自然天性的同时，用中世纪艺术的自然形式来对抗机器产品。浪漫主义追求非凡的趣味和异国情调，特别是东方的情调。由于浪漫主义反对工业化生产，也就无法解决工业条件下的设计问题，并且对后来反对机械化的英国工艺美术运动产生了深远影响。

18 世纪的设计师们在处理产品的功能与设计的关系上是暧昧的。他们一方面对产品的坚固性和实用性很关心，另一方面又对装饰有浓厚的兴趣。这既是为了用装饰来体现设计者和生产者的水平，以提高产品的身价，也是为了满足当时人们对于装饰的要求。由于流行趣味的影响，不少产品，特别是家用产品都必须附加一定的装饰才有市场。如果产品是为达官显贵制作的，或以贵重材料制作的，装饰就更加华丽。这一时期的家庭中很少有机具，当然这些机具是今天已完全淘汰了的东西，例如没有一个现代家庭认为纺车会是一件必需品。18 世纪中叶的标准纺车是木材制成的，非常结实。其形式经过很长时间的演化过程才确定下来。腿上和轮辐上有车花，反映了制作者对于装饰的爱好。图 3-4 所示是稍后一段时间制作的一架纺车，设计雅致，线条简洁，用桃花心木镶以椴木制成。但它只是一件客厅的摆设，因为当时机器已经完全代替了纺车。图 3-5 所示是同一时期用青龙木制成的手摇胡椒磨，它很坚固实用，之所以选用珍贵的木料，既是因为它非同寻常的坚固性，也是为了它漂亮的质地。这种坚固性使得胡椒不至于把磨子损耗得太厉害。装饰这件漂亮玩意儿的精致手工艺，是制作者内心感情的体现，也就是珍贵的木材以及稀罕的胡椒两者都应以某种方式得到称颂。

图 3-4　英国 1790 年生产的纺车

图 3-5　英国 18 世纪晚期的胡椒磨

图 3-6　银质显微镜

18 世纪是一个追求理性的时代，设计师们生产了多种多样的仪器用于不同的目的，其中一些还是相当复杂的。他们有时难以克制对于装饰的激情，特别是这件仪器是为某一显赫人物订做的时候更是如此。如为英王乔治三世（George III,1738—1820 ）制作的极为奢华的银质显微镜（图 3-6 ）就通身饰以极为复杂的人物和花草。显然，在这种情况下，装饰的特征影响了仪器的使用效率。这种对于装饰的爱好一直延续到 19 世纪末。

在许多方面，18 世纪影响英国设计的因素与欧洲大陆有所不同。这是一个设计图集兴盛的时代，许多主要的艺术家为形形色色的物品提供了设计。但是，主要的差别在于大陆的绝对王权从未在英国建立起来，商业自由的经济价值观和私有财产进一步发展，并受到议会保护。这说明了为什么大多数与这一阶段设计和产品密切相关的有名人物并不是艺术家或设计师，而是诸如切普代尔（Thomas Chippendale, 1978—1799）、魏德伍德（Josiah Wedgwood, 1730—1795）和保尔顿 （Matthew Bowlton, 1728—1809）这样的企业家和发明家，他们率先在艺术与工业之间架起了桥梁。值得提出的是，在工业革命之初，尽管在机械化和新的商业组织形式上发生了变化，但产品的种类，特别是日常生活用品的类型并无显著变化，仍然是家具、陶瓷和小五金一类的产品。

三、切普代尔与18世纪的家具业

与建筑业一样，18 世纪的家具生产仍然是以传统的手工艺为主。家具业已不再是一种地方性的工业，但又没有完全商业化。从行会禁锢中解放出来的英国家具业中，自由企业纷纷成立，这就导致了销售渠道迅速地重新改组。企业家在组织生产和销售两个方面起着越来越重要的作用。不少企业家以伦敦为中心，积极推销产品。他们的家具主要是为新兴的中产阶级市场生产的，而不是像先前那样为贵族阶层订做产品。早在 1700 年，家具行业的专业化就已开始，并有了各种不同的工匠，负责不同的生产工艺，如细木工、刻花工、玻璃工、制镜工、金工、包衬工等。随着市场的扩大，家具生产者开始组织成生产企业，专业工匠们能全部承担室内的装饰。这方面切普代尔的公司是有先驱性的，它集合了许多专业化的工种，在 18 世纪下半叶从事家具和室内装修业务。

切普代尔出身木匠世家，他于 1753 年在伦敦开设了自己的产品展厅，就此开创了自己的事业。1754 年，他出版了样本图集《绅士与家具指南》，作为公司的广告宣传。这本书中的家具插图包括了从古典式、洛可可式、中国式直到哥特式的各种风格，显示了这家公司吸引潜在顾客的花样与技巧，为新兴的商人阶层提供了使其能炫耀自己的财富和情趣的饰品。切普代尔有名的风格之一是出自中国的所谓“中国式”（图 3-7），这种风格是随着东方贸易的开展而发展起来的，在 1750—1760 年间成了女性闺房中极为时髦的式样。1700 年后，新古典成了占统治地位的风格，十分讲究合适的比例以及严格的视觉效果。切普代尔的家具有自己的一贯手法，16 把切普代尔生产的椅子（图 3-8 ）所有的靠背均不同，但腿则都遵循一种基本形式，前腿是直的，后腿略为向外弯曲，其中有 5 把支持椅腿的木撑也是按同样的方式布置的，其余的变化也很小。这些椅子中，人们可以看到一种肯定的结构逻辑的意识。

图 3-7　切普代尔生产的椅子

图 3-8　切普代尔生产的椅子

四、魏德伍德与陶瓷工业

18 世纪家具制造业最重要的一个方面是劳动的不断专业化，这推进了在生产前进行产品规划的思想，使设计、绘图员成了家具公司的雇员。这些公司越来越重视在全国范围内积极推销产品，而不限于满足当地的需要。大多数公司都在伦敦繁华区设立了产品展销厅，以扩大影响。

18 世纪的陶瓷工业与家具行业有很大的不同，其组织化程度要先进得多。这一方面影响了陶瓷工业的商业结构，另一方面也影响了它的生产，使陶瓷工业在 18 世纪下半叶迅速扩展。生产的发展是由于需要的增加，即当时越来越多的人习惯了饮茶或咖啡，另一个社会原因也促进了陶瓷生产，就是越来越多的英国人开始喜欢吃热菜。

首先对这些变化作出反应的人是魏德伍德。魏德伍德 1730 年出身于一个陶匠家庭，他在将以家庭手工生产为基础，产品十分粗糙的陶业转变成大规模工厂化生产的巨大转变中，起着关键性的作用。正如他墓碑上写的："他将一个粗陋而不起眼的产业转变成了优美的艺术和国家商业的重要部分。"魏德伍德于 1769 年建立了他的新工厂，他的成功首先应取决于他的商业眼光，他有意识地将生产分为两个部分，以适应不同市场的需要。一部分是为上流阶层生产的极富艺术性的装饰产品；另一部分是大量生产的实用品。前者在艺术上的巨大成功，使魏德伍德作为当时陶瓷生产领域的杰出人物而获得国际荣誉。但是，如果没有大批量产品生产所提供的人力、技术和财力基础，生产更多的装饰产品则是不可能的，这说明实用产品本身也是值得关注的。针对国内不同阶层及国际上不同国家，魏德伍德采用了不同的营销技术，并精心组织生产不同风格的产品以适应不同的市场。从 1773 年起，他印制了产品目录广为散发，后来还加上了英文原版的法、荷、德文译本。他还建立了长期的展销场所以方便顾客选择定货。由于这些积极主动的市场战略，魏德伍德的瓷器很快就风行欧美，影响至今。因此，他作为现代市场学的先驱是当之无愧的。这些商业技巧使设计不仅在生产中而且在市场开拓中成了关键因素。对于魏德伍德来说，设计是一种自觉的手段，通过设计所具有的"趣味价值"使不同的产品能适应不同的市场需求。

魏德伍德不仅是一位有远见的企业家，也是一位实验科学家，他在陶瓷工艺上进行了多种技术革新，还被皇家学会接纳为会员，以表彰他在测高温技术方面的成就。18 世纪中叶，英国陶瓷工艺上有两大革新：一是通过洗的方法及改善陶泥混合比使陶更洁白，使之接近于瓷器；二是在模具中重复浇铸泥浆的成型方法。 魏德伍德的工作可以看成是这两种革新的继续和综合。为了扩大生产规模；他在工厂中使用了机械化的设备，并实行了劳动分工。这些革新对设计过程产生了重大影响，重复浇模的准确性，使产品的形态不再由操作工人负责，生产的质量完全取决于原型的设计，因此熟练的模型师和设计师很受重视。到了 1775 年，魏德伍德已有 7 名专职设计师。此外，他还委托不少著名的艺术家进行产品设计，以使产品能适合当时流行的艺术趣味，从而提高产品的身价。当时著名的新古典雕塑家弗拉克斯曼（John Flaxman,1755—1826）、画家莱特（Joseph Wright）和斯多比斯（George Stubbs ）都应邀为魏德伍德设计过产品。如果没有他的努力，这些艺术家就不会与工业联姻，成为最早的工业设计师。批量生产实用陶器需要一种比手工更快的装饰方法，魏德伍德使用了花边图集来表明标准的花边图案，使得熟练的工匠能依样复制，但这种装饰方法仍很费时。1752 年，利物浦一家公司发明了一种将印刷图案转印到陶器上的技术，魏德伍德马上采用，以生产适合自己需要的花型。转印技术的使用，使手工艺设计的因素完全从日用陶器生产中消失了。

魏德伍德的产品是与新古典相联系的。新古典不只是影响设计风格，它也寓意着一次意味深长的理性变化，是与正在兴起的理性主义思潮齐头并进的，即设计依赖于一系列的原理、规则和方法。这样，设计就不再是某种捉摸不定的东西了。

魏德伍德的装饰用品不少是用一些特殊的矿物质烧制的，特别适于模仿古典的硬石雕刻。其中最有名的是 1790 年生产的“波特兰”花瓶，其原型是公元 1 世纪罗马时期制作的。这些仿古陶制品满足了新生的中产阶层对于古董的爱好，还有一些炻器产品也充满了罗马式古典复兴的气息（图 3-9）。魏德伍德最大的成就之一是于 1763 年开始生产的一种乳白色日用陶器，后来被赐予“女王”牌陶器称号的这种陶器是革命性的，开辟了现代陶瓷生产的新纪元，迄今仍是魏德伍德陶瓷公司的重要产品（图 3-10）。“女王”陶器把高质量与低廉的价格结合起来，并由于容易翻模成型，使大规模的工厂化生产成为可能。在回顾自己早期的工作时，魏德伍德曾写道：“关于形式的优美在当时是一个极少受关注的课题”。他后来常常描述自己的理想是“优美而简洁”。但是，他早期的实用陶器（大约始于 1760 年）却很少达到这一理想。魏德伍德在 1774 年的产品目录中所列的设计显露出了适度的洛可可风格的影响，毫无疑问，这应归咎于许多产品或多或少地直接模仿当时的银器，在一些情况下甚至可能是直接从金属制品上脱模的。设计史上无数次重演的以廉价的材料模仿昂贵材料形式的陈年老剧，在这里又得到了再现。在 18 世纪的工业设计中装饰是一个不可分割的部分，魏德伍德这样的先驱性人物也难于免俗。

图 3-9　炻器产品

图 3-10　“女王”牌陶器

然而，也有例外的情况，如魏德伍德的设计师率先推出了权威的茶壶形式，简洁而实用，自 1768 年以来一直在不断生产。这是一小部分杰出的设计超越常见风格的范畴而成为永恒佳作的特例。

到 19 世纪初叶，“女王”陶器的形式大部分变得非常朴素，这反映了材料自身及其生产工艺的特点达到了魏德伍德“优美而简洁”的理想。“女王”陶器的优点之一是它能用在不同的地方，既能置于优雅的茶几之上，也可用于厨房。魏德伍德公司生产的厨房用品，它们非常简洁，具有朴实无华的特色。魏德伍德在近代设计史上占有重要地位，不仅由于他是合理组织工业生产的先驱，也由于他以产品的形式赋予合理化本身以一种可见的物质表现，为我们提供 18 世纪下半叶与 20 世纪现代设计间的活生生的联系。

五、保尔顿及其小五金工业

在 18 世纪下半叶英国工业变革过程中，新技术起了关键性的作用，例如使用蒸汽机就是机械化的第一步。在发展蒸汽机，并使之适用于制造产业方面的一位中心人物就是保尔顿，他也是使英国小五金商业化的重要人物。

金属材料，特别是钢铁的广泛应用是工业发展的基础。18 世纪中叶，由于军备的需要和造船业的扩展，加上冶铁业不再依赖于木炭，生铁生产有了很大发展，冶铁业成了大规模的产业。1779 年，冶铁业的重要基地柯尔布鲁克代尔建造了第一座大型的铁结构桥梁。这座桥梁提供了一个使用新材料的范例，从而使整个设计的手法发生了变化。同期，金属工业发展的另一个方面是随着消费需求的增长，各种五金产品的生产迅速扩大，特别是以伯明翰为中心的日用小五金产品增长很快。早在 17 世纪末，以生产各种金属小饰物为特色的小五金行业就已发展起来，以满足越来越多的人对于奢华和时尚物品的消费需求。到了1786年，鞋带开始流行，于是鞋扣成了当时极为时髦的物品。鞋扣的设计多迎合贵族的趣味，以适应新兴的市场对于时尚的需求。

伯明翰的小五金产品种类很多，主要有金属纽扣、扣环、表链、墨水台、别针、牙签盒、烛台等，这些产品是伯明翰的大宗贸易商品。18世纪中叶，尽管在不同的生产阶段存在着高度的专业化，但制造业仍以传统的方法和小型作坊的网络为基础。保尔顿于1759年继承父业后，决心面对市场的激烈竞争，生产出比对手质量更高、更便宜的产品，而当时其他生产者应付市场膨胀的方法仅是价廉但质次。为此，保尔顿引进了以机械化为主的大规模生产，他于1761年在索活购置了适于建造大型车间的场地，这里临近河流，以便利用水力机械。索活铸造厂建成之际，生产能力已相当可观，雇用工人超过600名。该厂以水作为机械动力也有一个麻烦，因为河水时而枯竭，尚需畜力作补充。为解决这一难题，保尔顿结识了一直在研究蒸汽动力的詹姆斯·瓦特（James Watt, 1736—1819），并决定投资于蒸汽机。保尔顿1773年在索活安装了一台试验性蒸汽机，瓦特为此在那里进行了两年的调试工作。从1776年起，瓦特和保尔顿将蒸汽机应用到了许多工业生产之中。先前不少机械以水为动力，工厂必须临水而建，而蒸汽机取代水动力之后，就使工厂可以建在基本条件更好的地方。这一革新的作用是十分重大的，使得新的批量生产方式迅速发展起来。

索活工厂的主要产品一直是当时大众市场流行的小商品，而且价格颇具竞争性。保尔顿开发了一些新的生产方法，如用一种廉价的方式在铜基上镀银，后来又发展到在黄铜坯上镀仿金合金等。有些批量产品是为大众市场生产的，有些则使用昂贵的材料和高水平的手工技巧，显然是为有鉴赏力的顾客而生产的。这种多样化是符合逻辑的，而设计则是其中的关键因素。

保尔顿的设计方法是迎合市场的流行趣味。他写道："时尚与这些产品有极大关系，目前时尚的特点是采用流行的优雅装饰而不是擅自创造新的装饰。"有时尚性和价格便宜成了商业成功的信条。崇尚时髦的市场需要有广泛的选择，由于保尔顿的产品也在国际市场上销售，因而特别注意不同市场上的不同需要和不同爱好。在他的产品中，既有仿洛可可风格的水瓶（图3-11），也有新古典简洁优雅风格的烛台，体现了保尔顿多样化的市场策略。在索活整理出来的设计图集中包罗了多种源流的纹样，保尔顿经常从朋友和熟人处借作品以进行分类和测绘。他在国外的代理人也提供了大量的样品、书籍和草图。此外他还从当时有名望的艺术家那里购买模型和图案。尽管人们对于索活的绘图师和技术工人知之甚少，但保尔顿的多数设计似乎是根据从别处收集来的图案和样本设计出来的，而不是委托厂外设计师设计的。

图3-11 仿洛可可风格的水瓶

保尔顿生产的最好的作品都受到新古典风格的影响。商业上的机遇和新古典时尚的结合是特别幸运的，因为新古典崇尚几何的简洁性，古典花纹图案的重复使用有助于大批量的生产。保尔顿在这方面进行了探索，他的策略是建立一支技术高超的手工艺人队伍，他们既能在批量生产部门保持产品的高标准，也能将他们的天赋应用到要求更高，更富于个性的产品生产之中。两类产品的基本设计和部件能够通用，模具可以适应不同的金属。尽管这种方法是工业化的，但个人的技艺仍然十分重要。花费在较精致产品上的大量手工艺劳动使得这类产品出类拔萃。这些豪华产品并不特别有利可图，但为保尔顿带来了质量上的声誉，并使他结交了大批艺术界和社会上的名流，从这些交往中不断获得新的构思和设计，反过来又滋养了利润较丰的批量生产部门。

保尔顿和魏德伍德的工厂有几个预示着未来设计发展的特点。两者相比较，基本的差别在于它们批量生产的类型不同。保尔顿的工厂是为趣味变换很快的时尚市场生产的装饰品，而魏德伍德所生产的产品则必须将美学形式与实用和耐久的要求相协调。这两类有着不同设计含义的消费品范畴将随着工业化的发展而扩大。另外两个重要特点是两家共有的：首先，尽管美学价值是重要的，但它从属于商业上的考虑，支配产品的准则是“它们能否销出”；第二，两者的设计都主要源于厂外与生产过程无关的艺术家、建筑师以及包含有图案、花纹的出版物。在大多数情况下，设计被应用到了生产过程之中，而不是来自生产过程。在这两家工厂特定的适中规模和基本生产单元的情况下，这种设计与生产的割裂可能被克服，但随着生产厂家在规模、复杂性和专业化等方面的发展，设计与生产之间的脱节就会变得越来越严重。这里应该指出，工业化的过程并不总是伴随着在生产技术上的根本变化。如果说在某些工业中，例如纺织业，机械化带来的变化是巨大的，那么其他一些行业，大型的生产单位建立起来了，但生产技术仍是以手工艺为基础。例如家具工业发展了许多大型工厂，可是直到 20 世纪以前还没有大规模地引进机械化。有些工业，传统的小型手工艺方式仍然占主要地位，但变得更加专业化和多样化，作坊的布局也集中了。在这些不同的组织形式中，共同的因素不是机械化，而是生产的商业化。

18 世纪社会需求的增长使新的消费产品不断出现，但产业的迅速发展主要体现于组织化的水平之上，也就是强化劳动分工和重视市场营销，而不仅在于新技术的影响。魏德伍德和保尔顿一直在为自己批量生产的产品寻求市场，不再是仅依赖于顾主的委托定制。这种新的供求关系标志着设计与市场营销之间更为密切的结合，以及更加强调商品流通中趣味和时尚的作用。在商业化的过程中，设计的重要性是不言而喻的。随着时尚的法则影响越来越多的商品，趣味成了引导公众消费的主要因素，实用和其他最基本的要求反倒退居其次。在 18 世纪，人们认识到了艺术在工业中的重要性，但艺术与工业之间的结合是生硬的，艺术被认为是某种可以买来附加在产品之上的东西，这一点特别体现于家用消费品之中。人们对于美付出的代价不仅是金钱，也是时间和使用的不便。追求时尚之风不仅盛行于那些乐于此道的上层人士之中，也影响到了那些一直在试图提高自己地位的新的消费阶层。对于他们来说，附庸风雅有着特别重要的意义。一些有远见的企业家，如魏德伍德、保尔顿等，正是将自己的产品瞄准这一市场。

他们将产品的“艺术质量”与大批量生产相结合，从而保证了他们的顾客能以可承受的代价获得适当的社会象征。在整个 18 世纪，时尚的风格既非常明确，又易于学到手。因为从事图案及外形设计的“艺术家”或“设计师”们出版自己的设计图集已有悠久的传统，那些希望生产流行风格产品的工厂能方便地获得，并从中获取资料。

随着商业化的发展，手工艺体系分崩离析，由于越来越多的人追求时尚的消费品，设计图集的影响波及了许多先前一直是注重实用而不图虚饰的产品。例如瓷器曾是宫廷的专用品，在设计中强调艺术质量和精湛的手工艺水平。宫廷除了任用艺术家进行设计外，主要是依靠图集来指导设计。而陶器一直是作为粗陋的实用品，不登大雅之堂，但魏德伍德把装饰设计引入陶器工业中，因而提高了产品的身价，即时尚的风格使它们成了豪华的物品。

在 18 世纪，“设计”一词仍然具有一种将纸上的计划与完成的作品紧密联系在一起的意义。这个概念的定义源于文艺复兴时代，它既可以指设计图集上的图样，也可以指物品本身。早期的设计图集既是产品广告，也是供别的工厂或工人使用的蓝图。图集是传播设计风格和流行趣味的重要媒介，它在 18 世纪的设计中起着举足轻重的作用。

魏德伍德印制了自己的设计图集，这既是为了仿制正在流行的物品，也是为了在创造自身的风格方面起积极主动的作用。而保尔顿的产品比起魏德伍德的实用产品来说，更富追求时髦的色彩，产品的生命周期很短，因此极其有赖于设计图集为他的工人们提供范本但标准的范本。也只有在流行的趣味已蔚然成风，生产厂家和设计师确信这种趣味已为贵族所接受，并为中产阶层所追随时才能发挥作用。值得一提的是，在 18 世纪下半叶，许多有关中国传统设计的图集在欧洲出版，包括马休 · 达利（Matthew Darly ）的一套有关中国设计的刻板图集，其中有人物、建筑物、家具及山水、花鸟鱼虫等装饰内容。这本图集无疑对当时出现的众多“中国风”的产品产生了巨大影响。魏德伍德的一些产品就饰有中国山水和花鸟的图案。

18 世纪的商业化使设计师作为风格的创造者或追随者在消费品业中起着重要作用，但考察一些非消费性的工业产品，如机器、仪器和工具等，就会发现工业革命对工业设计带来的大变化，在这些生产领域中，由于较少受到流行风格的影响，甚至很少有设计师的有意参与，因而产生了一种直接而坦率的设计语汇，即强调产品的使用功能和效率。这一点对于今后设计的发展有重大意义，并标志着设计开始与传统分道扬镳。这种趋势首先出现于英国。由于受到哲学家们关于美学思辨的论著的影响，整个 18 世纪充满了理性的气息。这些哲学家们所反复研讨的重要课题之一就是实用性、适宜性与美的关系。整个国家对于机器的革新和工业的进步充满了好奇与兴趣。这就意味着一个美学问题：如何将美与机器的效率协调起来？不少哲学家就这个问题进行了积极的探索。史密斯指出：“任何观察过自然美的构成的人都会认识到，实用是美的主要源泉。”新兴的工程师、技师、仪器制造师也极为推崇实用性和适宜性，出于经济上和机器效率上的考虑，他们在机器和仪器的设计中倾向于简洁的几何形态和最经济的结构方式，全然没有装饰，于是产生了一种抽象的形式美。这一切当然不是在一夜之间发生的，在 18 世纪中叶，技术性的机器、工具、仪器很多都采用了当时流行风格的形式和装饰。但从 1750 年起，一些新型的设计出现了。它们从传统的形式中解脱出来，在设计中强调简洁、合理的形式。这一点充分体现于一些科学研究用的仪器之中。1755 年，由伦敦著名仪器制造师约翰 · 多伦德（John Dollond）研制成的天文尺（图 3-12 ）是用来测量太阳直径及恒星间距的，其设计简洁、明确，真实地反映了仪器的材料、结构和用途。所有零件都直接而坦率地表现出来，抛弃了任何形式的装饰，预示着将来功能主义设计的出现。这件天文尺显然是件实用品，它的形式与其科学研究的目的是一致的，因而反映了理性思维的特点，与前述乔治三世的显微镜形成了鲜明对比，后者仅是一件王公的玩物而已。

图 3-12　约翰 · 多伦德研制成的天文尺

从 19 世纪开始，机器开始大量进入各种产业之中，由此，在各种非家用的机器和产品的设计中，功能主义的趋向便愈加明显地发展起来。

第二节　19 世纪的机械化与设计

在整个 19 世纪，机械化一直是人们讨论设计理论与实践问题的焦点。无论是欢迎它还是反对它的人都参与了讨论机器作用的大论战。人们一方面为机制产品寻求一种合适的美感，另一方面也在思考机器对社会各方面带来的深远影响。关于后者的讨论主要是在劳动力充裕的英国及欧洲大陆，在美国由于劳动力匮乏而机器大受欢迎。机器作为一种节省劳动力的手段似乎成了美国包治百病的灵丹妙药。

机器与工业产品设计之间的关系是极为复杂的，机器代替手工劳动所带来的变化，并没有像商业化在生产组织方面所带来的变化那么明显。随着各种专门机器的不断出现，以及生产中劳动分工的不断加强，设计与制造过程不可避免地分离开了。手工艺人的作用逐渐消失，设计师成了复杂的相关过程中的一个环节。但随着生产的进一步扩大，制造商们竭力寻求一个包括社会各阶层的广大市场，他们开始抛弃设计师的专业技能，转而根据图集或通过模仿别的厂家来生产自己的商品。这些商品的销售是依靠低廉的价格和购买方便取胜。这一点特别体现于美国。美国市场比起英国来要均匀得多，没有很多的社会等级，并且产品的“艺术”质量并不是很关键的。在这种情况下，产品的设计几乎完全是由技术决定的。设计被看成一件后期工作而不是应事先计划的工作。由于标准化和可互换性零件在美国发展起来，设计过程从此便与生产完全分开了。

机械化对设计的影响似乎更多地体现于工程方面。工程师们的贡献是巨大的。正当设计师们沉溺于纯形式的风格与时尚的时候，19 世纪的工程师们一直在默默追求自己的革命之路，他们设计并建造了铁路时代伟大的工程作品，这些作品与旧有的风格毫不相干，他们的成功应归于他们在解决前所未有的难题中所采用的新材料和新技术。在整个 19 世纪的成就中，正是这些伟大的工程作品，如铁路、厂房、悬索桥、铸铁穹隆才真正经受了时代的考验。只是当有建筑师的介入，或者工程师屈从于某种建筑风格的影响，这些作品才会摇摆不定并流于某种形式。同样，正是 19 世纪的技术，而不是 19 世纪的艺术，为工厂生产了良好的发动机，为铁路生产了性能优异的机车。这些机器朴实无华，唯一美的追求就是科学地应用了各种材料，达到最高的效率，一种全新的美学观念正是在这些机器中萌发。

一、英国的纺织业

18 世纪中叶，正当机械化的浪潮席卷美国之际，英国朝着机械化跨出了第一步。英国机械化首先开始于纺织业，其影响是极富戏剧性的。纺织工业成了上演人类技术变革这场大剧的奇异舞台，任何生产技术的根本性变革都会对生产者及其周围的社会产生很大的影响。新技术对某些人来说意味着财富和成功，而对别的人来说则可能意味着失业和贫困。因此，对于机械化就有两种截然不同的态度，或者大唱颂歌，或者横加指责。

当机械化的社会效应受到广泛关注之时，它在批量生产的商品上的影响也是很大的。纺纱工厂是纺织业中最早机械化的部门。1769 年，阿克莱特（Richard Arkwright, 1732—1792）的水力纺纱机开创了革命性的变革。1770 年，哈格瑞夫斯（James Hargreaves）发明了珍妮多轴纺纱机。1780 年后，克罗卡顿（Samuel Cropton，1753—1827 ）发明了“骡子”纺纱机。这些发明使传统的家庭式和作坊式的生产方式被淘汰，逐渐走向集约化的工厂生产。水力以及后来蒸汽动力的应用，促进了集约化的趋势，虽然在这些工厂中仍存在着部分手工劳作。就设计而言，随着机械化生产方式日益复杂化，制造商要么必须在生产开始之前仔细地考虑设计问题，要么干脆让技术决定一切。

纺织业机械化的第二个阶段是织布机的出现。先是使用飞梭。到了 19 世纪上半叶，机动织布机开始投入使用。但是，对设计活动影响最大的是 19 世纪 20 年代由法国引入英国的杰柯德织布机。这种新型织布机是根据一套编程系统来工作的，机器使用打孔纸卡进行操作，小孔的位置确定了所要织出的花纹的特征。编制程序需要由专人将设计师的构思转换在纸卡上，这样设计师就必须了解生产机器，以使自己的设计能与之相适应。动力织布机的发展相当缓慢。尽管杰柯德织布机早在 1789 年就获得了专利，但这种机器直到 19 世纪中叶才得以完善并得到有效的应用，产品主要是供应低收入阶层。

无论在机器生产中是否有设计师参与，手工艺人都逐渐为没有传统技艺的工人所取代。市场的特点对纺织业的影响是巨大的，机械化满足了扩大生产的需要，反过来又刺激市场的进一步扩展，及至低收入的社会底层。商品生产中的设计因素渐次消失了，时尚的风格被简单地转化为某种适应机器生产的东西，产品的形式完全取决于机器生产、价格和图集等方面的因素，而不是依赖于创造性的设计，甚至各种花鸟画集也被作为主要的抄袭对象，用于装饰产品。对于普通大众的市场而言，以合适的价格买到实用商品比时尚更为重要，而在贵族和中上阶层的市场上，已有的设计和生产体系无多大变化，手工毛、丝织物依然在生产，以满足上流社会的需求。

花布印染工业为机械化与设计的相互关系提供了一个有趣的实例。滚筒印花技术最早出现于 1783 年，但直到 1830 年以后才得到广泛应用，并形成了一种高度机械化的行业。在这一过程中，设计师逐渐为一批默默无闻的专业人员所代替，这些人有的专事“绘花”，有的“制版”，还有的则从事“印制”工作。在 1830 年，英国设计仍受法国趣味的影响，但在供应上流阶层的“时尚”产品和供应低收入阶层的更加强调市场导向的产品之间的差别已经出现。用当时一位印花布厂主的话来说，“时尚必须考虑它所迎合的对象”。如果有擅长绘画的艺术工匠能复制所需的东西，厂家就不必聘请设计师来设计创新的图案，除了无名工匠的制作之外，在一定程度上，滚筒印花工艺本身也由于小型图案的重复而形成了自己的特点（图 3-13）。英国第一个机械化的浪潮是发生在这一传统的工业领域之中。因此，尽管生产方式在更新，传统的设计仍在使用，只是在必要时才略加修改以适应机器生产，这样就出现了新老市场并存而融汇在一起的局面。

图 3-13　英国 19 世纪初的印花图案

二、技术与设计

工业革命不仅改变了传统的手工艺设计，而且随着技术革新步伐的加快，建立起了许多新的工业，这些工业将机械化过程应用到大量新产品的生产上，如果按传统的艺术准则来衡量，这类工业产品应被排除于美学考虑的范畴之外，一些工程师和设计师在新工业中也同样有意排斥传统美学的影响，否认美学在其作品中的任何作用。这种观点的典型来自一位土木工程师柯本（Zarah Colburn）。他在一篇题为《机车工程与铁路机械化》的论文中，表明了一种毫不含糊的实用主义：“商业上的成功是工程的主要目标，因此不必虑及与此无关的因素。”他藐视美学的主题，坚持任何一位渴望成为工程师的人都不应鼓励在纯粹机械的形式和比例上玩弄花哨，而应专注于最佳的机械方式，使得任何既定的目的得以实现。与这种极端的观点不同，德国建筑师散帕尔（Gottfride Semper，1803—1879 ）建立了一种新的美学理论，既接受工业化不可避免的事实，又正视艺术与工业的关系。1848 年，普鲁士革命流产后，散帕尔作为难民于 1851—1854 年滞留在伦敦。这期间他不能作为建筑师开业，便转而研究久感兴趣的应用艺术，并执教于学校，与当时一些设计改革家相从甚密。1852 年，他出版了一本名为《科学、工业与艺术》的小册子，主要基于他对前一年举行的“水晶宫”国际工业博览会的印象。在那次博览会上，许多工业产品的设计都极为烦琐。与许多观察家一样，他也是展品的批评者。但是，他认为这个问题是与科学和技术进步相联系的，并且意识到了当时艺术与工业相分离的状况。他提出，过去的遗产，特别是手工艺的传统，在有可能创造出一门新艺术之前必须被消除干净。这种新艺术应建立在接受和采用机械化的基础上，他坚信社会各方面都会由此发生重大变化。

散帕尔理论是以广泛的历史研究，特别是以实用艺术及其技术的历史为基础的，这使得他的思想与当时学究们的观点大相径庭。他认为，风格不是时代各种特有形式的融合，而是在设计一种产品时基本构思的艺术升华。产品的基本形式主要受到材料及其加工工艺的限制，同时也受到“许多在产品本身之外，而又对其设计起重要作用的因素的影响”，包括地域、气候、时间、习俗以及设计作品服务对象的地位等，装饰作为这些影响的表现，是一种综合的因素。他的著作产生了重大影响，在寻求更适当地反映和体现现代技术形式和理论的过程中，许多设计师把目光转向机器，把工业装备及其产品作为他们理论的典范，并强调与功能主义哲学相联系的抽象几何形式。散帕尔关于产品基本形式的原则对工业设计的发展是很有意义的，这些原则是接受并使用机器，以生产超越时尚而具有几何简洁性的功能产品。

19 世纪生产的某些机器和产品是朴实无华和几何性的，其形式源于结构和机器的功能要求。现藏于伦敦科学博物馆的一架瓦特蒸汽机（图 3-14 ）产生于 19 世纪初，整个机器简洁而朴素，没有任何附加的装饰，其结构形态能真实反映出各部分的实际功能，显示了设计者对于自己创造的充分自信。工业技术的发展提出了更高的精度要求，因此数学成了基本的工具，几何学提供了获得必要的精确性所需的三度空间形式，因而产生了一种新的设计语言。但是，尽管有机械功能和使用上的限制，形式的处理和安排仍有多种可能性，这就为美学判断甚至装饰提供了机会。因此，也有一些机器设计带有时尚的烙印。例如，使用古典柱式作为早期蒸汽机的框架，就很难说是机器功能的必然体现。设计师认为这类具有几何特点的流行形式作为一种装饰手段是合适的，它并不会有损于实用功能。

图 3-14　瓦特蒸汽机

根据散帕尔的历史观中最基本的思想，设计是特定需求的反映，特别是对于产生这种需求的时代、地域和社会条件的反映。如果以这种思想来全面考察 19～20 世纪初的设计，有一点是很清楚的，大量的工业产品并不是偏重于美学或实用价值，而是寻求两者的协调。

19 世纪机床设计的演变，对于研究技术革新与设计的关系以及早期功能主义的发展是很有意义的。工业革命后最早出现的大型机器几乎全是用木材制造的，特别是机器的框架更是如此。发明家们全神贯注于实现机器的机械功能而无暇顾及机器的外观，因而机器的肥梁胖柱和硕大的连接螺栓给人一种十分简陋、粗糙的印象，并无多少美可言。19 世纪初，布鲁内尔（Marc Isambard Brunel，1769—1849）为普茨茅斯

图 3-15　布鲁内尔设计的机床

皇家船厂大批量制造滑轮设计了一系列机床（图 3-15），这是机床设计发展的一个里程碑。先前的滑轮在很大程度上是手工生产的，而当时英国皇家海军每年需用大约 10 万套，供需矛盾突出。因此布鲁内尔设计的系列滑轮机床很快为当局所采用，这些机床全是用金属制造的，很坚固，加工精度也高，并成了后来机床生产的范本。这套机床于 1807 年制成，由 10 名未经训练的工人操作，但其效率胜过 110 名熟练的手工艺人。由于设计和制造水平很高，其中一些机床在 20 世纪中叶仍在使用。为了适应流行的趣味，布鲁内尔在他的机床中使用了一种最简洁的柱式——塔斯干（Tuscan）柱式。这既是传统审美观念的余波，也是 19 世 纪追求功能与形式和谐的体现，即把质朴的功能形式与浪漫的艺术形式融合在一起。机床的框架采用建筑上的形式在 19 世纪是颇为寻常的，但就布鲁内尔的机床而言，其塔斯干柱式仅仅是过去传统的“余波”而已，它在设计中不起支配作用，并不至于使机器成为一种装饰性的玩物。

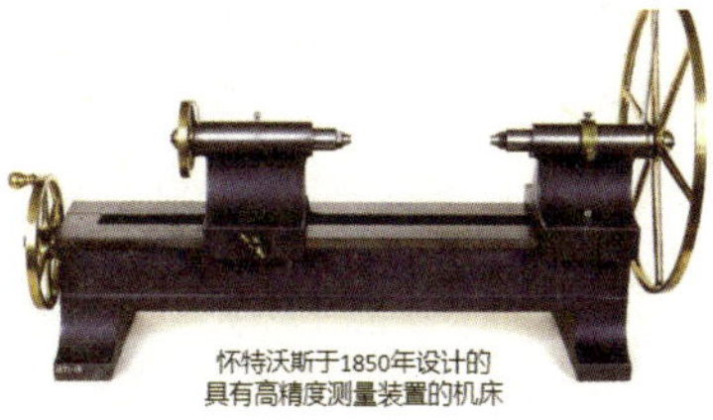

图 3-16　怀特沃斯的机床

19 世纪以来，传统形式的残迹渐渐消失，而越来越多的新功能形式出现于机床设计之中。在这一进程中值得一提的重要人物是怀特沃斯（Joseph Whitworth，1803—1887 ）。作为一位机床制造商，他对于生产工艺的精确性和机床质量极为关注。为此，他发明了一种新工艺以确保工件的平整度，并改进了测量方式。1856 年，他展出了一种精度达百万分之一英寸的度量机具。怀特沃斯在机床床身的设计中，已完全抛弃了建筑风格的影响。他发展了一种整体式的机床设计，采用中空的箱式床身，并增加所用金属的重量以保证稳定性（图 3-16）。曾几何时，使用诸如建筑部件和曲腿之类的艺术样式被认为是使机器产生美感的唯一可行方式，后来的工程师又试图通过将质量减至最小限度，使每一个部件恰好能完成其功能来获得某种功能性的美感。而怀特沃斯的设计则通过采用整体而稳重的箱式底座来达到精确加工的目的，这同时也改变了机床的外形与其各部分的比例。他采用了标准化的方法来制造机床，达到很高的质量水准，并成为世界性的通用标准。现代机床稳重、质朴和严格的功能性等特点，正是源于怀特沃斯的设计。

铁路提供了另一个与新技术有关的设计演化的实例。横贯英国及欧洲大陆的铁路网比其他任何东西都能更加反映出 19 世纪工作和生活的变化。大型的新工业建立起来以制造机车和各种类型的铁路装置和部件。在许多方面，这些产品的设计都是独创的。不过，这种独创性并不一定是自觉产生的，而是由于无先例可循。当然，并不是所有的生产都是革新性的，有些生产仍然是依靠传统技术的改进。由于这些原因，在机车设计和车厢外观设计之间形成了鲜明的对比。最早的机车多少具有原始的试验性质，主要的目的是开发一种有效的机械化运输工具。它们的制造技术局限于当地木匠和铁匠的能力，外形则反映了它们的真实特点。 1813 年，布莱克特（Christopher Blackett ）建造了迈拉姆 · 迪里号机车，看上去就像放置在轮子上的一台卧式蒸汽机，其外形直接反映了机器的功能。1829 年，为了挑选定期运行于利物浦和曼彻斯特之间的世界上第一列旅客列车，举行了一次设计竞赛。乔治 · 史蒂芬生（George Stephemson,1781—1848 ）的火箭号（图 3-17） 机车获奖。这台机车体现了对于有效运行和外观两方面的重视，为后来的机车设计奠定了基础。尽管它与别的设计相比，具有与众不同的简洁性，但在美学方面的处理仍然不够。1847 年，由大卫 · 乔易（David Joy ）设计的杰尼 · 林德号机车 （图 3-18）则完全不同。地方性的手工生产和木框架的结构已成为历史陈迹，而工程制造已经清楚地作为一种技术行业脱颖而出，这之中一个重要的进展就是对于外观的重视。水平延伸的金属框架与锅炉上的水平线条相呼应，从而增加了整体感；

安全阀和蒸汽包上的古典柱式和穹顶则纯粹出于美学上的考虑，许多细部都是经过仔细推敲的；而不少运动部件都被覆盖于框架之内，这一方面有其技术上的合理性，另一方面也是为了获得整洁的线条。制造工艺也对这类机车的视觉外观产生了影响，尽管同一型号的机车可以生产多台，但每台都是单独建造的，大量的人力工作和手工修饰保证了细部的质量。因此，生产工人可以说是一种新型的工业化手工艺人。19 世纪英国铁路同行间的激烈竞争，增强了他们对于外观的重视，每家公司都发展了一种特别的设计风格，以创造一种全然不同的视觉特征。这些特征不仅体现于机车和车厢的形式上，还扩展到了色彩计划、工作人员的制服、出版物以及各种附属设备和装修之上，这实际上是现代公司企业形象计划的初期形式。

图 3-17　火箭号

图 3-18　杰尼·林德号机车

到了 19 世纪后期，机车设计在效率和性能方面达到了新的高度，在外观上也更加完美，机车本身成了营运公司的活广告。1893 年，沙米尔 · 约翰逊（Samuel Johnson ）设计的 4-4-0 型 1562 级高速机车就是其中的一个典型代表。这台机车仍然采用内置气缸，以取得整洁的外观。整个设计的比例精当，每个部件都采用水平构图，获得了协调的整体效果。尽管烟囱、安全阀和蒸汽包采用了不同的形状和尺寸，但它们的相互位置给人以均衡之感。三者的顶点与控制室顶部可形成一条连续的曲线，它们底部的弧线与发动机机体曲线、驱动轮外罩起伏有力的曲线以及控制室上的曲线相互呼应。铁红色的机体加上抛光的黄铜装饰，使其成了当时最漂亮的机车之一，它不但制造工艺高超，而且性能优异。

在 19 世纪的英国，蒸汽机从一种粗陋的机器演变成了一种精密和高效率的机车形式，把技术上的先进性与美学表现融为一体。如此之多的机车都设计得很好，的确令人惊讶。设计过程不但在物质上与生产过程相分离，而且在社会关系上也是如此。在设计室工作的雇员被认为具有专业上的地位，而在车间工作的人则被视为工匠，机车设计是一个合作的过程，需要有一支庞大的技术专家、设计师和其他职员队伍协同工作。这种组织结构能有效地开展工作有赖于两个方面：其一，工程师和设计师一般都要经历学徒阶段，这种做法保持了传统手工艺的精神。英国铁路工业是一个封闭的世界，其员工通常被终身雇用，这样就可以让设计师和工程师的实践基础能得到应用，保证其美学体系得以实现。由于他们了解整个生产过程和技术，因此他们的设计不是作为一种外部因素而强加于产品之上的，而是与功能的要求相协调。其二，公司的组织结构类似于军队，设计过程中有许多人参与，但有一个明确的等级制度，个人职责分工明确。机车的总设计师并不可能设计每一个细节，但他建立起了总体的框架，有最后决定权，并且负全部责任。

机车设计是没有先例的，其形式是它的时代的独有产物。但车厢的设计则不是这样，其起源和功能具有完全不同的特点。英国的第一辆铁路车厢其实就是将公共马车置于铁轨之上。随着机车逐步代替了公共马车，马车制造工匠的生计受到威胁，因而纷纷投向铁路的制造工厂。另外，乘坐这种新型运输工具的旅客需要一种似曾相识的安全感。由于这些原因，英国机车车厢设计的技术在 20 世纪之前一直牢固地把持在马车建造工匠的手中，所以没有很大变化。早期的车厢是几节类似马车车厢的包厢，首尾相接固定于拉长的底盘上，每个包厢由侧门出入（图 3-19）。美国的火车旅客车厢的设计则大不相同，与现代的车厢基本一样。 其典型是 1865 年由巴尔的摩和俄亥俄铁路公司设计的车厢（图 3-20）。其最大的不同是没有包厢，在车厢的前后部位开门，有中间走道联系两端，双人座位排列于走道两侧，车厢内有卫生间和暖气设备。由于结构的标准化，使用重复构件，方便了工业化的生产和装配。美国车厢宽敞，并设有基本服务设施。这主要是由于在美国旅程较长，气候变化大，必须对旅客的舒适多加关注。此外，传统的制造方式在美国的影响比在英国要小，因为美国的马车制造并未受到机车的致命威胁，美国幅员广大，使得马车在汽车发明前仍有广阔的用武之地。

图 3-19　1830 年的英国“旅行者”号客车车厢

图 3-20　巴尔的摩和俄亥俄铁路公司设计的车厢

图 3-21　4-4-0 型机车

比较一下英、美两国的机车设计也是很有意思的。1857 年建造的 4-4-0 型机车（图 3-21）代表了美国 19 世纪大量生产的机车的型号和外观，与英国中部铁路公司的约翰逊型机车相比，两者的功能是一样的，但外观形式却决然不同。美国机车的设计是开敞型的，使得日常的保养和维修得以方便进行，这对于长途运行并远离维修车间的机车来说是很必要的。在美国，负责操纵机车的人称为“机师”，而在英国则称为“驾驶员”，这就表明了机车维修在美国的重要性。在英国，大多数运行线路相距数里便有专门的维修设施。美国机车的控制室比较大，而且是封闭的，对于在恶劣气候条件下长时间工作的机师来说，这是完全必要的。美国机车倒锥形的烟囱与英国圆筒形烟囱有很大的差异。在美国，特别是在美国西部，由于距煤矿较远，一般使用木材作燃料。木材在燃烧时比煤产生更多的火花，这在干旱地区很容易引发火灾，因此便在烟囱上安置了火花消除器，这是当时机车上的一个特色。

从美学角度来说，美国机车强调应用装饰而不是强调结构因素的形式处理，因此，19 世纪的流行风格在机车上都有所反映。但是，这种设计与众不同的形式使其成了开发美国的一个“浪漫主义”的象征。

就机车而言，作为机器或结构的形式与作为装饰和象征的形式之间的关系是复杂的，它们在不同层次上相互作用，并根据不同的价值观反映出来。而作为 19 世纪末的一种流行的交通工具，自行车在结构和功能上却要简单得多。自行车的简洁形式是在几个国家中一系列试验和发展的结果。最早的自行车是源于法国的“玩具马”（图 3-22）。骑车人用双脚蹬地推动车子前进，这奠定了自行车的基本原理。大约在 1860 年左右，出现了一种杂耍单车（图 3-23 ），它有一大一小两个车轮，用踏板直接驱动大轮。之所以采用很大的主动轮，是为了保证车子有足够的速度并保持平衡。这种杂耍车骑起来是很危险的，需要非常敏捷和熟练的技巧。从设计方面来说，车子的形式直接反映了机械功能，但由于座位太高，限制了它的使用。1870年后出现了链条驱动的自行车（图3-24），使自行车的安全性得到了改善。经过一段时间的改进之后，英国考文垂市的约翰 · K.斯达雷于1888年生产出了第一辆现代自行车——“安全”自行车（图3-25）。这种车的基本形式至今仍广为流行。

图3-22 “玩具马”

图3-23 杂耍单车

图3-24

图3-25 “安全”自行车

“安全”自行车成功地将一系列相关的革新融汇成一个协调的整体，其主要特点是采用了菱形的车架，使得车身有更高的强度和刚度，后轮用链条驱动，并通过前叉直接把握方向。后来诸如刹车、变速齿轮和充气轮胎之类的发明使自行车得到了进一步完善。“安全”自行车的成功有赖于优化地将机械效率、轻巧和耐久性结合起来，同时还要求制造方便。1880年开始了批量生产无缝钢管，这使坚固的轻型框架的生产成为可能，但其简洁的形式在很大程度上是由于自行车仅是来完成一项单独的功能。这种功能的单一性使其成为形式与功能均衡，并抛弃表面的非本质性装饰的佳例之一。

技术革新的冲击也广泛体现于家用品的生产上。正是在这个领域中，功能主义的形式是颇有争议的。机器生产的产品应该外观简洁并反映其内部功能这种观点还未被人们广为接受。19世纪设计的特点之一就是出现了许多方便的方法去仿制先前昂贵的装饰品，如仿银器装饰、仿大理石装饰等。由于新机器的出现，这种趋势在家用品领域中开始兴盛起来。新古典风格的简洁一度造成了某些行业中传统技艺的衰亡，特别是由于新古典的设计家偏爱光滑的平面，木雕技术几乎消失。当某种富丽装饰的时尚重新复活时，以机器模仿手工艺品的捷径便大受欢迎。一些新的工业方式不仅能够生产更大程度上的装饰品，而且在实际上也需要用装饰性的形式去克服生产中以及材料使用方面的缺陷。家具设计就反映了这种复杂性的一些方面。在批量生产的早期，家具业仍采用传统的形式与技艺，生产的种类也有限。

19世纪家具设计最有名的例子是维也纳托勒公司所生产的弯木家具，这是引入新技术的成果。米切尔 · 托勒（Michael Thonet，1796—1871）生于德国，他从1836年左右就开始进行弯木家具试验，1853年在维也纳开设了自己的工厂。托勒的技术是革命性的，他创造性地使用传统材料，创建了一家杰出的企业。正如18世纪魏德伍德陶瓷厂以传统的材料创造出了精致的功能形式一样，托勒在19世纪则以传统的材料，并采用新的工厂技术，创造出了全新的产品。他的家具中采用蒸汽压力弯曲成型的部件，并用螺钉进行装配，完全不用卯榫连接。托勒家具的秘密不仅在于其创造性的成型方式，也在于逻辑地组织整个生产过程，不少产品中的部件是可以互换的，因此生产工艺和形式较简单，能大批量、低成本地生产椅子等，并很快就占领了世界市场。其产品的原型被广为复制，并至今仍以同样的工艺进行生产。

19世纪，不少设计师声称自己在寻找为大众的艺术，而实际上却生产为富人服务的昂贵产品。但托勒不同，他所设计和生产的批量产品无疑具有极高的美学价值，同时又是真正的大众产品。他的公司将新技术与新的美学统一起来，生产出了价廉物美而能为大多数人所用的家具。托勒的椅子少见于富人的沙龙，通常为咖啡馆、餐厅等公众场合及朴素人家所使用。托勒最有名的产品是维也纳咖啡馆椅，或称第14号椅

（图 3-26 ），这一产品首先于 1859 年推出，迄今已生产了五十万把以上。这把椅子十分简洁，每一个构件都毫不夸张，椅子的构造反映了结构的逻辑性，成了一件超越时代和地域的永恒之作。但是，托勒后来的大件家具有时也有带装饰意味的构件。这些花哨的曲线并不是像人们通常所描绘的那样是“必然的”，而是装饰性的。其生产工艺也不完全是工业化的，仍需要大量的手工来装配以及编织坐垫及靠背等。托勒同时代的一些竞争者也生产弯木家具，但他们长于用压花、雕刻等技术来进行装饰，以制造号称“汇百家风格的超级家具”，这样就使得较为朴素的弯木家具能适应于时代的装饰趣味。使新生产工艺适应于流行的审美情趣也反映到了贝尔特（John Henry Belter）所生产的家具之中。贝尔特是一位德国移民，1850 年左右定居美国纽约，并取得了树脂纸板成型工艺及利用蒸汽压力将胶合板制成复杂形状构件的专利。这些板材被人工雕刻成繁复而通透的新洛可可纹样，并流行一时。

图 3-26　维也纳咖啡馆椅

在别的工业中，新工艺和技术使形形色色的设计得以实现，一些公司的产品包罗了从直率的实用形式到最华丽的装饰的整个系列。例如陶瓷业中的翻模技术在 19 世纪就得到了进一步发展，并被应用到大量的新产品中。英国的道尔顿陶瓷工厂从 19 世纪下半叶开始大量生产卫生器具，其产品有些带有装饰，有的则是完全实用性的。

19 世纪的玻璃工业无论在生产规模上还是在生产技术上都大有发展，虽然传统的吹制、切割和雕刻仍有赖于高水平的手工技艺，但有了两种技术革新，从而增加了产量并扩大了产品范围。其一是模内吹制成型技术，这使瓶一类的容器能以较低成本重复生产，以满足日益增长的酿造、食品和医药工业的需要；其二是玻璃压制成型技术，融熔的玻璃置于加热的金属模具中，然后压入一个内模使制件成型。这种技术在 18 世纪 20 年代中期首先发展于美国，而后很快传播到整个欧洲。这种技术只能用于敞口的玻璃制品，如杯、盘、钵等，它所生产的制品表面粗糙不平。为解决这一问题，在美国开发了一种采用浮点和点刻的装饰技术，并演化成了所谓的“花边”风格，以掩饰生产中的工艺缺陷。压制玻璃生产方法使美国的玻璃工业飞速发展，日常使用的便宜玻璃制品因此而大批量地生产出来，“花边”玻璃制品的图案设计成了材料和生产工艺的适当而优美的表现。模内吹制技术主要用于生产玻璃包装容器，特别是用于生产软包装饮料、药品等的瓶子。在 19 世纪中叶和后期，带有印刷字母的薄壁玻璃瓶开创了瓶装设计的广泛领域。可口可乐饮料就是在 19 世纪末以这种瓶子开始其辉煌的商业成就的，至今其包装瓶看上去仍与 19 世纪的原型类似。19 世纪的容器经受住了时间的考验，后来的设计师在其基本形式上似乎已无多大作为，现代的果酱瓶显然脱胎于早期的同类产品，只是较为精致而已。19 世纪中叶德国慕尼黑的酒店玻璃酒具（图 3-27 ）迄今仍广为使用，它们没有任何虚饰，非常实用。其中不少标准器皿，特别是锥形高脚杯，采用了一个世纪前流行的传统模式。慕尼黑酒店玻璃器皿简洁的设计是由许多不同的因素造成的。首先，它们必须能经受得住粗暴的使用，因为当时的餐馆都是很嘈杂拥挤的；其

图 3-27　德国慕尼黑的酒店玻璃酒具

二是由于这些产品平凡而普及，其简洁为社会所承认；其三是这些产品基本上是为保守的用户而生产的，包括酒店的老板和他们的顾客都喜欢自己熟悉的形状。1856 年，维也纳的罗伯迈 （ L. Lobmeyr） 还设计出一种新型的玻璃杯，这不是为酒店设计的，它杯壁很薄，并有一支细长的脚与之相配。这一形式很快为公众接受，所以时至今日仍在生产。它们的魅力不仅在于形式的简洁，也在于其展示杯中美酒的方式，也就是说非常适合优质葡萄酒的鉴赏家。

19 世纪，一些设计领域从未完全放弃过对简洁的爱好。例如马车就有自己的美学，与当时的室内装饰美学形成强烈对比。这也许反映了男性与女性在艺术趣味上的差别，马车是男人的领地，而家具则更多地与主妇有关。19 世纪初的美国绅士旅行车经过不断的改良，使其能在当时粗糙的路面上以合理的速度行驶，并保证旅客长途旅行的舒适性，这是在当时条件下所能找到的最佳公路客运方式。在 19 世纪末，设计师们针对特定问题设计马车时，提出了一些新方案。其中之一就是比赛用的两轮单座马车，它带座位的骨架由一对大轮支承。这种赛车是由轻型跑车发展而来的。轻型跑车有两个并排的座位，由于轻巧玲珑而流行于美国。同期，英国人发明了一种车夫在后的双座马车，主要用作定期在伦敦街道上往返的轻型公共马车，它取代了非常累赘的四轮马车。这种新型马车解决了一个或两个乘客乘坐时的舒适性和私密性问题，车夫高栖于车尾，既不遮挡乘客，同时又保证自己有最好的视线。这些马车标志着某种东西的完结而不是开始，由工业革命产生的一系列技术进步使它们被汽车所取代。汽车首先并不是逻辑地和经济地作为替代马车的特定作用而设计的，两者之间并无因果关系，因此很难把马车作为现代工业设计的不容置疑的先导。但是，马车作为公路运输工具，对于早期汽车设计的影响是显而易见的。

19 世纪产生了形形色色的“专利”家具，这反映了人们对于技术的兴趣。有一种可以从衣橱中抽出的床，橱的反面是一个五屉柜。还有一种钢琴床的设计（图 3-28），其中有存衣被的空间、一个面盆以及一个内装的写字台等。今天可以通过图和专利说明书来了解这一设计，但当时是难以高质量地生产出这类家具的。

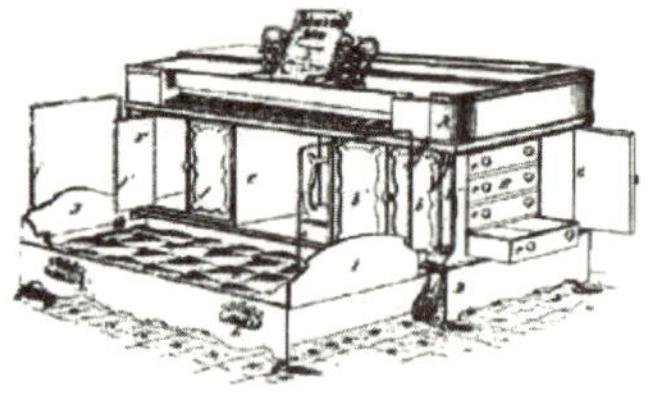

图 3-28　钢琴床的设计

19 世纪，设计师们把各种新型材料和已有材料结合起来，同时也产生了全新的东西。第一种是塑料赛璐珞（即硝化纤维塑料），它于 1865 年问世，像其他新材料一样，它引起了设计师们小小的困惑。在他们的头脑中，这些材料属于模仿和替代已有产品的范畴。1888 年生产的发夹盒（图 3-29）是迄今可以找到的最早的赛璐珞产品，它就是一个相同角质产品的仿制品，角质材料在当时是相当普遍的。设计师们只是渐渐地才发现新材料具有其自身的积极本质。

图 3-29　发夹盒

当时的设计方法是，当遇到某种发明时，许多设计师都试图去寻找一种方法，把其与已知的东西联系起来，即为产品穿上一件人们熟悉的外衣，特别是这种发明被用作家用品时更是如此。一种用于餐厅的煤气灯（图 3-30）发明于 1859 年，这采用了 50 年前油灯笼的基本形式，甚至还可以追溯到更早的蜡烛灯笼。有些产品在实验室里发明出来时是粗糙而质朴的，如贝尔的第一台电话机（图 3-31），但是一旦它们进入家庭，就马上会被乔装打扮。当然也有些发明似乎采取了决定性的步骤向前迈进，一开始就建立了自己的形象。尽管早期的自来水钢笔与先前的羽毛笔、蘸水笔大不一样，但与后来的自来水笔（图 3-32）却没有实质上的差异。电灯也是如此。爱迪生 1879 年发明的碳丝灯泡与后来商业化生产的灯泡（图 3-33 ）并无明显的不同，两者都是现在广泛使用的灯泡的直接前身。只是大批量生产的现代产品更为圆滑，灯头也作了改进，使其更方便和安全。电灯的发明带来了一系列丰富多彩的灯具设计。灯具设计不像自行车设计那么单纯，它有多种可能性，成了功能、文化与美学考虑之间的复杂对话。

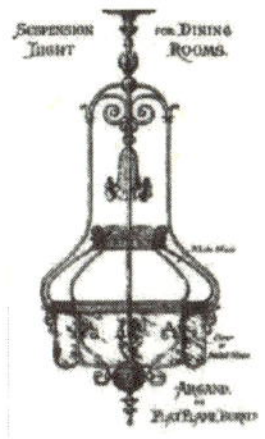
图 3-30　煤气灯

图 3-31　电话机

图 3-32　自来水笔

图 3-33　灯泡

在人们心目中，都会有自己所希望的灯具是什么样子的概念，这既是设计者的机会，也是来自外界的限制。但照相机却不可同日而语。摄影装置是 19 世纪发明中最伟大的成就之一。当这一真正实用的方法首次在 1839 年宣布时，公众就对之极为向往。不用人工去描绘自然而直接复制自然的理想，深深地吸引着当时的科学精英。最初的照相机基本上是一个装有镜头的暗箱，它的设计囿于 19 世纪仪器制造者的能力之内。早期的摄影非常复杂，但这不是照相机本身造成的，而是由于感光药剂不稳定，需要使用新鲜的混合药剂。1865 年设计的照相机可以将影像记录在玻璃负片上，从而洗出无限数量的正片来。这种相机比起先前的银板法相机并无很大进步，银板法照相只能在金属板上制作唯一的一幅正像。由于这两种相机均使用湿板，很不方便。只是在干板法取代了湿板法，并与新兴的赛璐珞材料相结合时，商业化的胶卷生产才成为可能，并使照相机的设计发生变化。胶卷出现后，摄影成了人人能掌握的一门艺术。1888 年，柯达盒式相机标志着相机设计的新起点，随之产生了无数的新花样。（图 3-34）

图 3-34　柯达盒式相机

19 世纪，人们的创造力也表现在大量的办公机器之上。随着商业的发展，新型的装置被引进办公室以减轻劳动负荷并提高办公效率。1899 年，布劳斯 （Buroughs ）发明的加法器（图 3-35）代表了 19 世纪末的商业技术，它不是以电为动力的，当然更谈不上微芯片，但它来自纯机械观点的设计是非常简洁而符合功能要求的。设计者为了展示他对自己发明的自豪，安装了一块玻璃面板，使人们能看到内部各种各样的活动部件。这部机器质量很轻，除了玻璃板上的商标之外，别无装饰。如果进一步观察，可以发现它是仔细从用户的观点来进行设计的。键盘是倾斜的，使所有的按键与人眼的距离大致相等，机件需要维修时，整个机器很容易拆装。但是这种加法器最重要的一点是它创造的数字键安排方式，这种布局一直用到小型电动计算机出现。后来的产品仍保留了同样的键盘排列方式，即低值键在键盘右方，紧

图 3-35　加法器

靠操作手柄。

19 世纪的设计中最为显著的一点是金属及其加工工艺的发展大大扩展了造型的可能性及其应用。铸铁和后来的钢是基本的结构材料，而大量的其他金属和合金的发现及应用更加丰富了设计手法。铸铁成型的可塑性和钢、黄铜、锡等材料的延展性，使得几乎任何形式的表现都成为可能。但是 19 世纪的形式概念并不是完全以材料表现的可能性为条件的，而是在很大程度上由特定的社会功用概念决定的。比较具有相似功能，但为不同社会背景而生产的产品，就可以清 楚地看到这一点，

例如，煤矿工人使用的安全油灯或机车的信号灯，简洁而实用，与其工作目的十分协调。但一盏产于 1850 年的装饰性油灯（图 3-36），由于装饰过度，以致把自动为灯芯加油的精巧定时装置完全隐没了。19 世纪为厨房生产的刀叉朴素而实用，但用于餐桌上的餐具则大加装饰，同样的对比也体现于厨房的取暖炉 与客厅的暖炉之间。当然，事情也会有些例外，一些产品之所以从装饰中逃脱，是因为人们并不认为它们在视觉上非常重要，需要美化。一些质地优良的铜制衣帽钩（图 3-37 ）就具有非常简洁的外形，这表明它们既没有理会虚假的势利，也没有受到设计理论家的影响。总的来说，对于生产工具和物品，实用效率是第一位的，但在生活的其他方面，如娱乐、玩耍和社会交往等，产品的艺术标准和工艺水平就极为重要了。这种现象后来被与阶级分化等同起来，即出于工作需要的简洁产品是没有等级差别的，为所有人所使用，因而是民主的；而装饰则是专有的，它与中产阶层卖弄虚饰相联系。这样就造成了社会分化。事实上，许多工厂的产品包罗了从简洁形式到昂贵的装饰形式的完整系列，以满足社会各阶层的需要。但在英国，甚至在工人的家中，起居室的装修和摆设以及休息、庆典或庄重场合所用的物品也是追随时代的装饰趣味的。一位作家在当时一份向工匠和机械工人发行的杂志中声称：“无论实用主义者的理论如何精深，他们的言词多么微妙，但我们仍愉悦于绘画和类似的艺术，人类被创造出来并不是做苦行僧。”朴素的、实用的形式一般被视为是工作性的、粗陋的必需品，默默地发挥着自己的作用。而艺术以及各种装饰或工艺品的形式则代表了许多人对于美好生活的深深向往之情。19 世纪美学理想的主流实际上体现于实用与美的和谐的幻想之中。 这种理想清楚地反映在雅特（Matthew Digby Wyatt） 1852 年的著作《金属制品》 之中，他抨击了两种执截然相反的偏见的人，即生产实用而粗陋产品的功利主义者和为装饰和外观形式而牺牲舒适、方便的理想主义者，这就是 19 世纪的设计矛盾所在。

图 3-36　美国客车车厢内的装饰性油灯

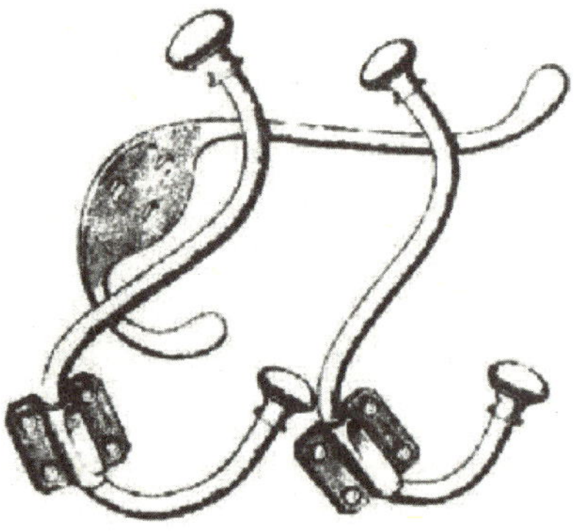

图 3-37　19 世纪中叶的英国铜质衣帽钩

1890 年前后，由于电力的发展，蒸汽时代开始走下坡路。电的广泛应用，电器用品的普遍推广，使电成了工业设计发展的强劲推动力。电的使用不但干净方便，并且可以远距离传输。它在动力、照明、取暖、通讯等方面的潜力是不可低估的。随着电气化时代的来临，形形色色的家用电器不断地出现，并进入市场和消费者家中。1878 年，德国人奥托（Nikolaus Otto，1832—1891）发明了较为经济的四冲程内燃机，这标志着汽车时代的到来，由此更扩展了设计的领域。值得一提的是美国工业在 19 世纪下半叶有飞速的发展。为了向世人显示其成就，美国在 19 世纪末和 20 世纪初举办了一系列国际性工业展览会。如 1876 年费城美国建国百年大典，1893 年芝加哥的世界哥伦比亚博览会等。美国的工业发展自然刺激了美国工业设计的发展，由于美国工业生产方式与欧洲有很大不同，它的工业设计也颇有自己的特色，并在某种意义上更加接近于现代的工业设计。

三、美国的制造体系与设计

18 世纪时美国仍是一个农业国家，到了 19 世纪中叶，美国工业则迅速起飞，并逐步取代了英国等而成为世界上最强大的生产力量。由于美国缺乏廉价劳动力，机械化的速度大大超过欧洲。为了适应大规模的机器生产，在美国发展了一种新的生产方式，这种方式确定了现代工业化批量生产的模式和工艺。其特点是：标准化产品的大批量生产，产品零件具有可互换性，在一系列简化了的机械操作中使用大功率机械装置等，这就是所谓的“美国制造体系”。这种体系并不限于生产方法，而且也影响到生产的组织和协调、工艺特点、商品的市场开发以及产品的类型与形式等，因而也影响到设计。美国制造体系有欧洲的渊源和影响。大约在 1729 年，瑞典就有人以水为动力，用简单的机器生产可互换的钟表齿轮。后来一名法国军火商布兰克（Le Blanc）用类似的方法生产滑膛枪。美国第三任总统杰弗逊（Thomas Jefferson,1743—1826）任美国驻法大使期间，于 1782 年访问了布兰克的工场，他在一封信中写道：“这里在滑膛枪生产中作了改进，所生产的每支枪的零件是完全相同的，使不同枪支的零件可以互换。这种方式的优点在军械需要修理时是非常显著的。”然而，布兰克的工作遇到了来自管理军火的政府官僚以及手工艺人们的非难。手工艺人们认为这种方法会危及他们的生计。前面提及的布鲁内尔把这种互换性设计思想带到了英国。他是从法国大革命中逃出的一位皇族难民，到英国后，他为皇家海军设计了批量生产滑轮组的机械。

这种具有互换性的设计基本方法大约从 1800 年开始在美国兴起。怀特尼（Eli Whitney，1765—1825）常常被称作为“美国制造体系”之父。他于 1798 年向美国政府提出了一项两年内生产一万支步枪的建议，不过这一计划十一年后才完成。对于现存的怀特尼滑膛枪的研究表明，其可互换的部件是有限的，其精度，也就是可互换的程度也是不同的。此时的其他一些军火商也采用和发展了这一方法。事实上，不是一两个人就发明了这种制造体系，它是当时流行的一种观念，产生于一个连续的改革过程之中，而每一种改进都被其竞争者急切地采用。另一个军火商霍尔（John H.Hall）特别强调和发展了可互换性，即着重解决精确度量和生产中的准确性这两个关键问题。从 1824 年开始，在长达 20 年之久的简化型来复枪（图 3-38）生产中，这一工作达到了高峰。他的目标是：“使枪的每一个相同部件完全一样，能用于任何一支枪。这样，如果把一千支枪拆散，杂乱地堆放在一起，它们也能很快地被重新装配起来。”为了做到这一点，霍尔必须尽可能地简

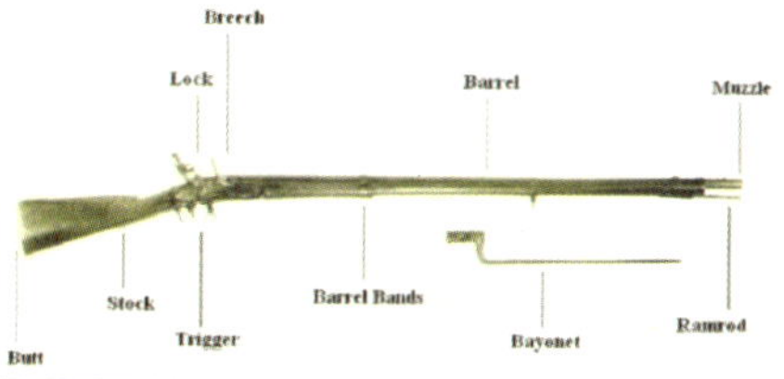

图 3-38　简化型来复枪

化每一个零件，以保证度量和加工的精度。与手工制枪师优美而华丽的产品相比，他的产品是极为实用的。这种方法后来又被其他一些厂家进一步完善，并对国际军火生产产生了影响。

19 世纪中叶，美国制造体系在另一个军火领域——左轮手枪的生产中达到了新的发展高度。当时的军火商柯尔特（Samuel Colt）在康涅狄格州哈特福建立了军工厂。柯尔特是这一代美国革新家的典型。他博采众家之长，生产出了自己富有特色而性能优异的产品，其他同时代的军工厂也生产了出色的武器，但由于柯尔特采用了批量生产的方式，并注重产品的市场销售，使他大获成功。他的工厂拥有 1400 台机床，生产由技术专家负责。1851 年生产的柯尔特“海军”型左轮手枪（图 3-39）是其典型的产品，与霍尔的来复枪一样，机件简化到了最低限度，其可互换部件的精密度使其成了沿袭多年的手枪的标准形式，美国制造体系的发展与兵器生产密切相关并不是偶然的，大量性能可靠而价格低廉的武器供应是美国军队规模不断扩大，以及与邻国和内部土著连绵不断的战争的必然结果。

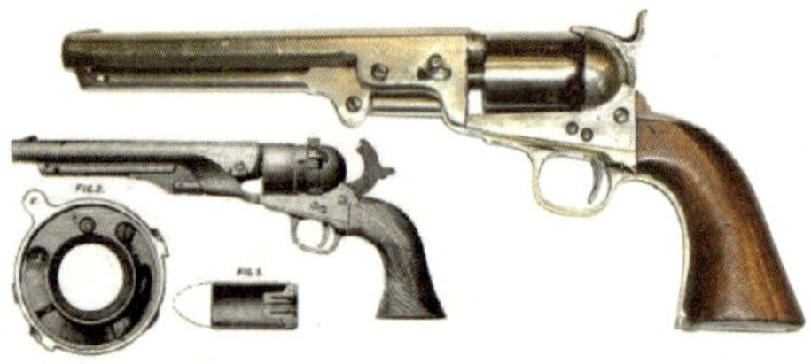
图 3-39　柯尔特“海军”型左轮手枪

美国制造体系在国外唯一重要的应用也是在军火生产方面。1853 年，英国政府采用美国机器建立了英菲尔德兵工厂，美国的装备还被用于普鲁士和法国。美国制造体系的发展得到了政府的支持，为了支付最初建立这种新体系所需的厂房和设备，政府的合同是必要的。但是，美国的特别之处在于把这种体系应用到了没有政府资助的其他产业领域之中。这一方面是由于技术工人缺乏，另一方面没有欧洲那种根深蒂固的手工艺传统。柯尔特在与英国工程师讨论时说：“未受教育的工人最适于新的批量生产的方式，因为他没有传统的包袱。”1853 年，一个调查美国制造体系的英国代表指出：“对于目前生产和应用省力机械方面所取得的成就，美国人常常流露出不满足，他们对于新的观念充满了热切的期望……”

1850 年，美国制造体系已传播到了军火业中心新英格兰的其他工业之中，后来又扩散到了更广泛的地区。钟表业是最早引入新体系的民用工业之一，一些厂家用薄的圆形铜片来冲制齿轮，而不用先前的黄铜铸造法，这进一步发展了美国制造体系，钟的体积也随之减小，朴素的木壳也是批量生产的，很适于挂在墙上。早在 1838 年，批量生产的手表就已出现，但成效不大，以当时的技术水平生产更为精密的产品是有困难的。到了 1850 年，钟表业又开始进行批量生产手表的尝试，采用军火生产的方式以及其他的新技术，至 19 世纪末，制表业已成了重要的产业。

最戏剧般的成就来自农业机械产业，这是美国不断改良并完善的一个生产领域。早在 1819 年，纽约就有人申请了一项铸铁犁的专利。这一产品是由分立的标准化可互换零件组成的，对于美国谷物生产起了很重要的作用。1833—1834 年间，实用的收割机问世。到 1850 年，几乎所有的农业机械一生产出来便一销而光，有的农机厂家年销量达 4000 台，对于相当复杂的机械来说，这是一个了不起的数字。

欧洲的观察家们常常评价美国的产品粗糙。由于使用廉价材料，因而价格便宜，但 1851 年，伦敦“水晶宫”博览会使人们的态度开始转变。美国为博览会提供的展品是临时匆匆收集起来的，无法摆满已经预订的展台，这在伦敦报界传为笑柄。但由于有机会在较长时间内研究这些展品，使人们又对它们刮目相看，到展览结束时，其中一些产品已获得了相当的声誉，特别是前已提及的柯尔特手枪和一些农业机械。一个后来出访美国的英国代表团指出：“美国人展示了大量的新颖设计和勇敢的开拓精神，如果我们要保持我们在世界广大市场上的已有地位，就应努力效仿他们。”

欧美之间的差别不仅在于制造体系上，这种差别还有更为广泛的反映，即存在于文化和社会的价值观念上。这一点体现在“水晶宫”博览会的正式展品说明书中：“成年累月的手工花费在一件物品之上，不去增加它的实用价值，而仅仅是渲染其工本或者提高其作为艺术品的身价，这在美国是少见的。反之，人力和机器两者都被直接用以增加产品的数量以适应全体人民的需要，并通过反映适度富足的产品引导人们去欣赏这种生活方式。”这里反映出了欧美在设计态度上的区别，欧洲人的态度是基于手工艺传统，产品的价值无论在经济上还是美学上都取决于它所体现出来的技艺；而美国方式则基于工业方法，强调面向各阶层人们的大批量生产和产品的适用性，美国人创造性的成果在许多全新的产品上体现出来，这些产品不雷同于欧洲装饰艺术的概念，由于它们发展很快，因而十分引人注目。19 世纪下半叶，美国出现了一些新的公司，率先生产机械和电器产品，真空吸尘器、缝纫机、打字机、洗衣机等都是最先在美国生产出来并投入市场的同时也发展了与这些家用或办公用品相适应的“文化”。南北战争之后，早期的妇女解放运动和仆人缺乏的状况，促进了这些产业的发展。这意味着美国新机器在日常生活中的使用比欧洲早了几十年。

起初美国产品的设计是由生产这种产品的生产过程决定的。柯尔特的“海军”型左轮手枪曾经在 1851 年的伦敦“水晶宫”博览会中引起轰动，它就是一个极好的例子，说明了机器生产和标准部件是如何决定产品的美学特征的。在美国这种方法支配了早期所有的机械及电器产品的生产，但随着批量消费的增长，也发生了一些变化。有的新产品饰以表面图案，由此作为一种吸引女性消费者的市场战略。美国设计是以一种比欧洲更为实用的方式发展起来的，设计者和厂家总是意识到市场的需求并毫无顾忌地去满足它。在早期的美国设计理论中完全没有欧洲的设计理论家们所宣扬的那种道德观念，从那时起，美国设计就有其独特的质量。美国并没有像欧洲人那样受到文化和政治因素的局限，而仅受到生产过程和市场需求的支配。美国工业享有以独特的现代产品供应巨大而均匀的市场的机会，因此世界上第一个工业设计事务所出现于美国是不足为奇的。

缝纫机是典型的美国产品。手工缝纫的过程要求材料、手、眼三者之间一种连续而微妙的相互作用，多年来人们一直梦寐以求用机械方式来代替这种敏捷的手工劳作。1844 年，波士顿的一位技工霍维（Elias Howe，1819—1867 ）发明了一种在针尖上引线的针，并利用两根针可在布料下形成交织的针缝，这使得机械缝纫成了现实。经过多次改进之后，霍维终于使他的机器投入生产并获得成功。后来胜家（（Isaac M.Singer ，1811—1875）改良了霍维的设计，通过将缝纫运行方向置于竖直轴线上，从而为缝纫机确定了基本的形式。他不遗余力地开拓市场，引入了分期付款的方法，而这已成为现代生活的一个特色。胜家创立的批量生产和销售也带来了其产品形态的改变。1851 年，生产的第一台胜家缝纫机是一台朴素而实用的机器，显得有些粗糙。但胜家很快就注意到了外观的重要性，他将机械部分包容于每一个紧凑的喷漆金属壳之中，并饰以卷草花纹（图 3-40）。机身和脚踏驱动装置也饰有模板喷绘的卷涡状和方格状纹样，使其能为居家环境和家庭主妇们所接受。胜家缝纫机的基本形状是由机械功能决定的，但外表又与这种机器所在的社会背景所欣赏的美学概念相一致。胜家缝纫机比其竞争者的要昂贵一些，因为厂家更注意设计以及生产的高质量，这一点与欧洲的观点不谋而合。到 19 世纪 60 年代，胜家公司的生产全部实现了机械化，以满足大批量生产的需要。尽管别的厂家比胜家更加注重技术革新，但胜家依然出类拔萃，最重要的原因是它十分强调世界范围内的市场战略以及塑造家用机器的形象。直到现在，胜家仍是世界上最大的缝纫机器生产厂家之一。

另一种极大地改变了工作模式的机械是打字机，它的发展演变与缝纫机恰成对比。与缝纫机一样，打字机也经历了一个很长的发明和改良过程。1873 年，肖勒斯与格里顿（Sholes and Glidden）制成了一台打字机，解决了许多重要问题。其机械装置与现代机械打字机有些不同，但基本的键盘是一样的，仅有一些小的差别，如 C 和 X 位置交换 ,M 从底排升到了中排。1874 年，雷明顿公司开始批量生产这种打字机（图 3-41），该公司原来是专门从事军火、缝纫机和农业机械生产的，由于南北战争后军火生产萎缩，便转而寻求新的产品——打字机。雷明顿公司委托了两位最好的机械师重新设计了肖勒斯和格里顿发明的打字机，使其适应机械化大批量生产的需要。这两位机械师先前一直从事缝纫机的设计与生产工作，由此会影响到打字机的外形及其机壳、机座等的装饰设计。利用模板在外壳上喷绘的花纹是意味深长的，它很像早期缝纫机的纹样，一开始这就告诉人们，打字机是为女性所使用的。19 世纪末，在办公室内女性劳动的重要性不断增加，几乎像新的运输方式所引起的社会流动性一样，这成了社会变化的有利因素。打字机一直是大量机械实验的对象，并找到了各种各样的方法去解决提出的问题。1889 年生产的巴罗克 7 型打字机的设计帅仍认为有义务去装饰他的产品，保护罩上有浅浮雕的洛可可式装饰，其字体风格反映了当时唯美主义所激发的崇拜东方艺术的时尚。但是，随着打字机最终被广泛地用于工商企业的不同视觉环境之中，它渐渐演变成了一种较为简洁的非装饰的形式，如 1907 年生产的雷明顿 10 型打字机就十分注重功能方面的外观表现（图 3-42）。

图 3-40　1870 年的胜家缝纫机

图 3-41　雷明顿公司于 1874 年生产的打字机

图 3-42　雷明顿 10 型打字机

到 1870 年，美国制造体系已在 20 余种工业中建立起来，包括精密仪器和工具、机床，特别是木工机床、火车客车车厢、餐具、乐器以及家用品等行业。随着美国工业的发展，“美国体系”得到了更广的传播。商业的扩展刺激了简洁、高效的办公家具的大批量生产，如写字台、办公桌、文件柜、转椅和打字员的可调式座椅等。新的发明被大量采用，有些发明，如自行车可以由一些公司用已有的技术和装备来生产，而另一些发明，如摄影、电话、留声机等则形成了新型工业的基础。但不是所有的批量产品都如此实用。有不少产品是为满足装饰和时髦趣味而生产的。这种装饰的趋势常常被后人斥为艺术趣味的堕落，但这无助于理解为什么这种趋势出现于美国。这其中部分的原因是由于美国发展成了一个复杂而多元化的社会，开始意识到其在世界上的地位，并努力寻求文化上的认同感。美学上的折中主义能够反映这种复杂的多样性和追求文化认同的热望，模仿欧洲就是毫不足怪了。欧洲的来访者对于这种文化逆差的贬损评价，以及美国人所谓的实利主义在很大程度上造成了一种自卑感，似乎文化是某种外来的新奇玩意，是一种诱人的尤物。参加国际博览会以及由此而必然产生的相互比较、产品的进口、外来的出版物和画册、大量的欧洲移民等都是影响的因素。欧洲人对机器的怀疑态度通过一些名人的著作也波及了美国。简洁而实用的产品被视为“纯粹的功利主义”的体现而经常受到责难。然而，正像在欧洲一样，美学的象征和引喻并不一定就会妨碍产品的使用效率，许多装饰既不损害产品的功能，也无损于美国人所热烈追求的革新。

将效率与装饰结合在一起的观念明确地体现于密歇根州大急流城周围一批工厂所生产的家具之中。大急流城在 19 世纪后期成了美国家具生产中心，家具生产建立在高度机械化的基础上，在生产中采用了先进的技术，并有良好的组织管理。它在设计中有两项特殊要求，即首先必须为人熟知而又体现出某些独有的风格，以免过于激进，使消费者难于接受；第二，既要具有高质量的外观又必须制作方便。这些也同样是许多其他产品的特点，机械化则是满足这些要求的关键。如果一件精致的家具主要由机器来生产，只用极少量的人工，那么它就能被公众以合适的价格买到。在大急流城工厂所创造出来的竞争性家具市场中，密切注意公众的爱好是至关重要的，因而设计受到极大关注。每家工厂都有自己的设计人员，终年忙于设计舒适、独特而美观的各种家具。如由凤凰家具公司生产的胡桃木卧室家具采用了 1870 年开始流行的文艺复兴式样，沉重而结实，给人以稳定感，其装饰效果是用线锯锯出轮廓后粘到基本结构上的装饰件上而获得的。由于有形形色色各种风格的家具设计，使公司的产品风行一时。

综上所述，与批量生产相协调的美学在 19 世纪尚未形成。实际上，通过新的商业组织形式和这种组织所促成的新的销售技巧，美国的产业系统鼓励多样化和折中主义的设计，并为其提供了条件。大量的生产需要大量的消费来支撑，因此，紧接而来的是大城市中百货商店的建立。后来大的邮购公司也相继成立，能够在更大的区域内销售各种家用品。由于这种高度竞争性的销售技巧的出现，美观成了吸引顾客兴趣的关键因素，即设计必须满足人们的各种爱好，甚至更为复杂和琐碎的效果都成了可能。例如 1895 年一家邮购公司的商品目录中介绍了 56 种钟，其中多数是知名厂家生产的。这些钟包罗了从简单的闹钟到极具装饰性的座钟和挂钟，并且钟壳的材料有橡木、胡挑木、搪瓷、镀金等，其中不同的外壳可采用同样的机芯，以此吸引消费者。

在 19 世纪的大部分时间内，美国体系的进展强调物品的机械分析，把其分解为可互换的零部件，并通过设计使其适于机械化批量生产。1880—1900 年间，美国工程师泰勒（Frederick W.Taylor，1856—1915）开始了一系列关于工作过程的研究，试图找到一种完成工作的“最佳方式”。换句话说，就是寻找一种标准化的工作方式以实现最大限度的生产。他通过秒表记录效率最高的工人操作过程，并减少不必要的动作，力图将人的能力与机器操作的连续性结合起来。这标志着彻底抛弃手工艺的概念，因为手工艺必然依赖于个人的技艺、判断和责任心等。在 20 世纪初，泰勒的方法已广为流行，名曰“科学管理”，并为许多企业所采用。但这种方法常常遭到工人们的反抗，从而导致了重大的修改。人们认识到，由疲劳引起的效率损失不仅取决于生理方面，也取决于心理方面的因素。通过整个工作过程的协调以提高效率和生产的方法最先在汽车生产中发展起来，这使美国制造体系达到了光辉的顶点，并奠定了美国作为汽车生产大国的基础。

四、美国早期的汽车设计

汽车是美国最典型的消费工业品，也最能反映美国工业设计的特点。没有任何别的机器具有如此复杂的感情色彩，也没有任何产品像汽车那样对人们的日常生活产生如此巨大的冲击。汽车的发展充满了功能性与象征性设计之间的相互作用。在汽车设计中，不存在唯一性的满意答案——成功的设计既取决于设计师的天分，也取决于他所必须要考虑的社会及技术因素。

图 3-43　三轮车

尽管汽车并不是美国人发明的，但它是在美国迅速发展起来并普及到人们生活之中的。美国的汽车生产方式和汽车设计对世界各国都产生了深远的影响，日本的汽车工业就是从模仿美国起家而发展起来的。美国的汽车生产相对来说起步较晚，大多数最初的汽车原型出现于欧洲，人们通常认为汽车是由卡尔 · 本茨 （Carl Benz ）于 1885 年发明的，这实际上一台以内燃机为动力的三轮车（图 3-43 ），发动机安装在车尾部的座位下。1886 年，戴姆勒（Gottlieb Daimler）制成了四轮汽车，看上去就像一部两轮马车的变种。但是，它们并不是最早的“无马轿车”，因为以蒸汽为动力的车辆已存在了一段时间。在所有 19 世纪的重要发明中，汽车是最姗姗来迟的一种，其原因之一就是人们关于公路运输的概念被牢牢地禁锢在马拉车辆的模式之中；其二是内燃机与蒸汽机之间的竞争，后者自 20 世纪初以来就为人们所熟悉。蒸汽机车不但在铁路轨道上行驶，人们还试图让它在公路上一显身手。1871 年，一台蒸汽牵引车拖着一辆包车进行了将铁路机车直接用于马路的原始试验，同一时期的双座单马力公路蒸汽机车（图 3-44）也脱胎于铁路机车。在此 20 年后的设计者们采用了一种不同的方法，如 1891 年的西普莱特蒸汽马车是一种没有马牵引的马车（图 3-45），锅炉藏在习惯上供车夫乘坐的后座之下，几乎任何一个受过训练的制车工匠都能建造这种底座。同一时期这种技术也被用于类似的车辆上，只不过采用了汽油机而非蒸汽机，这便是汽车的原型。以后内燃机占了上风，自我驱动的车辆逐渐地具有了自己的形态。从逻辑上来讲，这种形态一方面是来自机械的要求，另一方面也来自消费者不断增加的对于舒适性和方便性的要求。从马车到汽车的变化是缓慢的，这不仅是由于人们已习惯于马拉车辆，很难想象新的、更先进的形式，也由于马车在某些方面完美而经济地解决了问题，使得建造者不愿意轻易地放弃它。即使在汽车的设计上，马车的影响也是显而易见的，1910 年生产的百佳蒂 13 型汽车上不但有马车的篷布，而且在车头赫然放置着一尊马车夫的塑像。

图 3-44　公路蒸汽机车

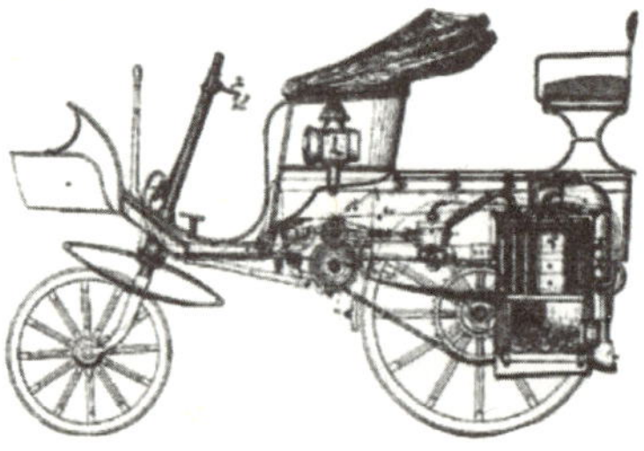

图 3-45　西普莱特蒸汽马车

图 3-46　小而轻的汽车

早期的汽车主要是以手工方式单个地制造的，产量极为有限，主要供富有阶层使用。为了发展汽车工业，就必须使这种运输工具平民化，为大众所使用。这种情况在美国要比在欧洲出现得早，这不仅与汽车本身的改进密切有关，也与汽车赖以行驶的道路系统的建设有关。只有通过工厂内的革命性变革，引进高度发达的装配线系统，才能生产高质量的汽车，并以大批消费者负担得起的价格出售。

汽车是一种复杂的机器，为了设计必需的零部件，并以严格一致的方法将这些零部件装配到每一辆汽车上，就需要一定程度的组织化，这是先前从未需要过，甚至是从未想象过的概念。1901年，欧茨（Ransome E.Olds）就开始进行了这方面的工作，他在底特律以批量生产方式生产了一种小而轻的汽车（图3-46）。这种车较为简单，并且是为那些对机械化不感兴趣的人设计的，装有曲线形的挡泥板和折叠式的顶篷，竟然套用了马车的形式和手柄。1901年，欧茨销售了600辆，1905年销量上升到6500辆。这在当时是了不起的成就，对大众产生了一定的影响。

图3-47 T型小汽车

汽车工业的真正革命是从亨利·福特（Henry Ford，1863—1947）的T型车和流水装配线作业开始的。福特出生于密歇根州，他开始是机械学徒，1893年他成了爱迪生照明公司的总工程师，为底特律供应照明用电。他于1893年辞职，并于1903年建立了福特汽车公司。欧茨车只适于城市条件良好的道路，而福特决定设计一种特别适于批量消费市场和最恶劣条件的汽车。1908年，福特推出了T型小汽车（图3-47），从一开始它就大受欢迎，因为这种汽车简洁、结实而且便于修理，并去掉了一切不必要的修饰。福特及其同事决定尽可能降低成本，以使他们的产品能为更多的人所购买。1914年，他们集近代生产体系于一体，并大量生产具有可互换性的部件，还采用了流水装配线作业。排列在福特工厂中的一排排相同的福特T型汽车标志着设计思想的重大变化。福特在美学上和实际上把标准化的理想转变成了消费产品的生产，这对于后来现代主义的设计产生了很大的影响。这种流水线方式在增加产量和减少成本方面极为成功。1910年生产了2万辆T型车，每辆成本850美元。1915年在采用了新的生产方式之后，产量达60万辆，成本下降到360美元。在1925年停止生产以前，从生产线上制造了近1500万台福特T型车。福特的成功是建立在美国工业150年间在机械和组织方面众多革新的基础之上的，由此标志着一代新的高技术工业和产品的出现。

就汽车发展演变而言，福特T型车仍处于一种过渡阶段，马车设计的影响依然很强，如辐式车轮和折叠车篷的车身等。车身置于很高的底盘上，以便于在崎岖的乡村道路上行驶。车头较小，与机身的连接也不甚协调。在福特的工厂中，工程师们满足于自己控制整个生产过程，福特本人在其早年也不愿意与设计师打交道，只是对T型车偶尔作些改进，而不愿对技术性的改革作出反应，与市场也没有直接的联系。当时的市场似乎也满足于接受福特挑选出来提供给它的东西，设计师还未成为整个生产过程中不可缺少的一面。无论如何，如果说福特T型车不是当时最漂亮的小汽车的话，它也是时代最有力的象征，预示着工业生产及其产品的巨大转变，这种转变是前所未有的。

五、标准化与合理化

美国制造体系的演化表明，为了进行批量生产，产品就必须标准化，即部件的尺寸设计应该精密并严格一致。随着 20 世纪工业生产和商业组织的发展，标准化的概念也扩展了，具有了新的含义和重要性，因此对工业设计产生了很大影响。而在工业化的早期阶段，每家生产商品和机器的公司都建立了自己的零件、附件的生产标准。由于各家标准不同，因而产生了无数种尺寸系列和装配形式，这就要求用户备有大量配件以适应不同厂家的产品。

前已提及的机床制造商怀特沃斯创立了一种标准化的螺纹、螺钉、螺母测量体系，力图使这种混乱局面秩序化。这种体系在英国及其属地被广为采用并取得了积极效果。在美国，由史那斯设计的另一体系在 1870 年代被采用。怀特沃斯的体系要求在生产过程中工人具有高度的手工艺水平，以达到必要的精确度，而史那斯体系则能由普通工人用自动机床准确而低成本地进行大批量生产。

为了将大规模生产的基本原理，即让互换性有效地用于国家一级的企业层次上，就必须建立国家技术标准体系。普鲁士政府在 1870—1871 年间的对法战争中清楚地意识到了这一点，由于当时普鲁士的铁路运营系统是由 9 个州立公司及许多私人公司主持的，每家公司都有自己型号的机车，相互间完全不通用，在战争状态下保养维修极为不便，因此给军事上的灵活性和实用性带来了困难。来自军方的压力导致了铁路系统的国有化，从而成立了普鲁士国营铁路公司。新的铁路系统接收了所有铁路，并着手发展了一套“普鲁士标准”，它不仅包括技术部件，也包括了一系列标准型的机车和车辆，以适应不同的使用要求。第一台标准化机车出现于 1877 年，从此以后，不仅每种型号的机车都是批量生产的，在制造和营运成本上都有可观的效益。而且各种型号的机车都尽可能使用标准化零件，因此增加了互换性。机车的设计较为实用，显露出许多部件和控制机构，而且由于采用了标准化零部件，获得了在一定程度上的形式统一。

标准化的优点很快为许多大的工业企业所认识，特别是几家 19 世纪后期出现的生产电气产品的公司，如西门子公司及德国通用电气公司（AEG）等。在 20 世纪初，这两家公司就为其内部生产制定了一系列的标准，后者在家用电器产品设计的标准化方面作了大量探索。

1907 年，著名的德国建筑师和设计师贝伦斯（1869—1940）被聘为 AEG 公司的艺术顾问，全面负责它各方面的设计工作。在他的电水壶（图 3-48）设计中，可见他对于材料、色彩和细节的精心处理颇具匠心，还可以发现某些新的东西。在外观形式上，这些电水壶与其他厂家的产品并无二样，似乎它们都在迎合流行的消费口味。但贝伦斯的水壶设计是以标准化零件为基础的，用这些零件可以灵活地装配成80余种水壶(尽管实际上只有30种可供出售)。其中一共有两种壶体、两种壶嘴、两种提手和两种底座；材料有三种，即黄铜、镀镍和镀铜板，这三种材料又各有三种不同的表面处理形式，即光滑的、锤打的和波纹的。此外还有三种不同的尺寸，而插头和电热元件是通用的。正是这种用有限的标准零件组合以提供多样化产品的探索，使贝伦斯的工作富有创新意义，也使他自己成了现代意义上的第一位工业设计师。

图 3-48　贝伦斯于 1909 年设计的电水壶

到 20 世纪初，标准化的概念已经在各个方面稳固地建立起来，并设立了许多制定和推广标准化的机构，力求在国家层次上建立技术测量的基本标准和连接标准，以保证互换性。现在标准化已扩展到了国际水平上。1902 年，英国工程师标准协会，即后来的英国标准协会成立。1916 年，德国标准化协会发起了一场全国范围的广泛的标准化运动。标准化的必要性由于第一次世界大战期间的军事压力而再次体现出来。美国标准化协会成立于 1918 年，它得到当时的工商部长，后来的美国总统胡佛（Herbert Hoover，1874—

1964）的大力支持，胡佛本人是受过正规训练的工程师，这些机构的组成和政府支持及参与的程度各有不同，但总的来说，它们都试图在现行最佳的基准上，通过有关团体的协商来制定标准。标准的应用一般是自愿的。

另一方面，标准化元件或型号总是受大公司的控制，因而特别适用于这些大公司。1905 年，在美国汽车工程师协会召集的标准化委员会中，大小厂家之间展开了争斗。小型厂家的生产主要是以装配买进的零件为主，不愿意依赖某一供应商，因而提出了一项使零件标准化的广泛计划，甚至建议为汽车建立标准设计。大型公司有能力生产自己所用的零件，主要有意于技术规范和材料质量的标准化。随着大公司的进一步扩大，它吞并了小企业，因而在整个行业实行标准化的压力减轻了。尽管标准化设计的建议是作为一种保护小企业的措施而提出的，但它也是标准化进程符合逻辑的结果。福特的成功就是一个很好的例子，因为他的生产体制依赖于装配线，在装配线上，不同系列的部件如框架、发动机、离合器、机身等被装配成一体，严格的标准化是十分必要的。在引入 T 型汽车 10 年之后，福特声称，只有摆脱改变形式的商业性需要，才能便宜地生产汽车和采用昂贵的专用机床。在占有大部分市场的情况下，福特公司对标准设计在商业上的必要性抱有信心。1914 年，美国汽车总数为 55 万辆，其中 25 万辆为福特 T 型车。但随着汽车工业合并到了少数几家大公司，这些公司都是以批量生产方式组织起来的，相互间产生了激烈的市场竞争，福特的霸主地位被削弱了，销量的下降迫使福特改变初衷，尝试将技术的标准化与汽车形式上的多样化结合起来，以吸引更多的消费者。

在高度竞争性的市场中，同样的现象也重复出现于许多别的批量生产机械产品的工业中。而在某些对于时尚或商业压力不太敏感的设计领域中，标准化就可能得到充分的体现，家具工业就是这样。18 世纪末的家具工业经历了一场技术革新，各种木工机械大量出现，并产生了各种新型材料，完全改变了家具生产的性质。木材的自然状态并不是一种均质的材料，而传统的木工工艺已适应木材材质的各种变化。机器生产则不同，需要一定的尺寸和均质的材料才能发挥最大的效益。到 20 世纪初期，木材工业已很发达，层压板、纤维板、刨花板等新材料都可大量生产。一些国家还制定了尺寸和质量的标准，在家具生产中广泛采用了一种标准单位——模数。传统的家具是分件制作的，而模数的引入则产生了一种全新的、标准化的和灵活的家具系统——组合家具系统。这种组合家具起源于 19 世纪 80 年代的美国，并在 20 世纪初期广泛流行起来。组合家具是以标准化的构件为基础的，适应于大批量机械化生产。另一方面，通过精心设计，这些标准化构件又可以灵活地组成各种形式，满足市场多样化的需求。组合家具不仅反映了现代社会对于简洁趣味的追求，也体现了材料和机械化生产的特点。纸张的模数化始于德国，后来成了国际标准的基础。这种模数系统大大方便了装订和印刷，并减少了浪费。

工业生产的标准化和合理化是工业发展的必然结果，它对设计产生了重大影响。标准化是现代工业设计的基础，它使设计完全摆脱了手工艺设计的传统，而生产过程所要求的标准化和市场所要求的多样化之间的矛盾，一直是困扰着工业设计师的难题之一。

第三节　设计改革

19 世纪下半叶，正当美国大批量地生产机械产品，并在后来开始生产家用电器和办公机器的时候，欧洲依然热衷于更加传统的“艺术”工业产品，如家具、陶瓷和金属制品等。尽管这些工业部门在 18 世纪下半叶至 19 世纪初期已不同程度地实现了组织化和机械化，但欧美之间对于机器生产和设计的态度是很不相同的。在美国，针对富有阶层的欧洲风格产品与大众化批量产品之间的分界是十分明确的。前者大都是装饰性产品，其中多数是为满足顾客需求而从欧洲进口的，也有少数是刻意模仿欧洲趣味的复制品。批量生产的商品如鞋类、缝纫机、打字机、自行车以及后来的汽车、家电产品等，在其早期阶段主要是由生产方式决定的。销售给普通大众的电器产品主要依赖于它们技术上的新奇来吸引顾客，而不是取决守任何显而易见的功能上的优点，在市场竞争变得激化时，设计师们便试图用各种方法赋予产品以“附加价值”。而在英国，对于传统艺术的关注，使人们对所谓趣味的衰落问题深表关切，从而导致了设计改革的浪潮，其目的是力图重新建立起先前的趣味标准，以矫正生产方式的变革和市场扩大所带来的“破坏效应”。

1966 年，美国建筑师文丘里（Robert Venturi）提出了建筑学中的 “复杂性和矛盾性”以及“所有的因素都是杂交的而不是纯粹的”。这些用以概括 20 世纪七八十年代后现代主义设计目标的词藻，同样可以用来说明 1830—1914 年间艺术与设计的特点，在考察这一阶段设计改革运动时，会发现许多各不相同然而又常常相互交织的议题。各种设计流派交替更迭，呈现出百家争鸣的局面。设计师和理论家们所关心的既有设计的风格之争，即制造业的“道德”及其表现的问题，也有与材料、色彩和象征有关的问题。尽管这场设计改革有各种各样的局限性，但它毕竟酝酿了 20 世纪的现代设计运动，并且留下了不少值得借鉴的遗产。促成设计改革运动发生和发展的原因是多方面的，其中最主要的有两点：一是出于对粗制滥造的机制产品的反感；二是设计上的折中主义所带来的风格上的混乱。在手工艺设计阶段，手工艺人们用高超的技艺创造了众多精美绝伦的作品，这使得人们总是带着一种怀旧的情绪去看待过去的时代及其作品。工业革命后，商业化的生产借鉴并改造了过去的形式和价值观，以使产品能为更多的人所购买。但由于设计、制造工艺以及材料等诸多原因，这些批量生产的制品的质量难以与手工制品相媲美，特别是那些机器仿制的手工艺品更是无法与原作匹敌。手工生产与机器生产的对比一方面为一些人抨击机制产品提供了口实，另一方面又成了工业发展的障碍，使制造商感受到了一种对于机制产品的挑战。随着劳动分工和商业化组织的进一步发展，生产者与消费者的个人关系瓦解了，生产者本身也与最终产品分离开了。在生产者与消费者之间出现了一批中间人物，他们既不了解产品是如何生产出来的，也不可能制定和保持任何质量标准。这种供求关系脱节，导致了机制产品质量标准的崩溃，从而招致了一些有识之士投身于反抗二流机制产品的运动之中。

在 19 世纪，一个更为直接和严峻的问题是风格上的折中主义。所谓折中主义就是任意模仿历史上的各种风格，或自由组合各种式样而不拘泥于某种特定风格，所以也被称为“集仿主义”。随着生产的商品化，需要用丰富多彩的式样来满足和刺激市场，于是希腊、罗马、拜占廷、中世纪、文艺复兴的情调杂然并存，汇为奇观。同时，19 世纪的交通已很便利，考古学大为发达，加上摄影术的发明，帮助人们认识和掌握了古代遗产，以致有可能对各种式样进行拼凑与模仿。

早在 19 世纪 20 年代，在艺术趣味方面的重大转变已出现于英国，人们不再满足于刻板的新古典主义，而要求某种更为丰富的东西。流行的趣味以 18 世纪的洛可可风格杂以直接取自自然的繁茂装饰为特点。尽管有时遭到公开的责难，这种风格却经久不衰，甚至在后来的“自然主义”瓷器中再度出现。19 世纪依然是装饰的时代。传统上，装饰是手工艺人技艺的一种表现，在珍贵的材料，如金银、高级木材上面的精雕细琢是经济和美学价值在视觉上的反映。但是，由于大规模商业化生产的引入，许多物品就能用新材料和新的生产技术来制造，以取代先前昂贵的材料和熟练的手工艺。丰富的质感和烦琐的设计曾是质量和独创性的一个标志，现在却成了可以用较低成本大量复制的东西。这类产品已为中产阶层所接受，他们需要能表现其爱好和地位的公共和家庭环境，用堆砌的装饰来体现他们新近获得的财富和地位，这就产生了一种浮夸、炫耀和粗俗的趣味。同样，制造商们也企图用装饰使简单的物品看上去更复杂、更昂贵，以便从中渔利。而当时的学术研究和理论上的争执都是力图确定哪种历史形式最适于作为一种国家风格来采用，这实际上进一步促进了古风及在古风方面的商业性变化的要求，也就失去了一个重大的机会来对新的制造方式生产出来的产品进行重新思考。制造商们并没有意识到机器实际上已经将一个全新的概念引入设计之中，他们毫不犹豫地接受了这样一个信条，即艺术是某种可以从市场上买来并应用到工业上的东西。制造商们在追求新奇中总是从过去程式化的设计中抄袭，其结果就是由于不加区别地运用装饰而产生的风格与功能之间的巨大鸿沟。这种风格上的折中主义所带来的混乱，反而成了设计改革的一个突破口。

克林根德（Francis Klingender）在《艺术与工业革命》一书中写道："实际上，由工业先驱们所带来的审美观念上的革命，与他们在生产组织和技术方面带来的革命一样深刻。"近代设计的发展一方面有赖于诸如生产方式、社会特点、经济与政治结构以及科学技术一类抽象力量的变革，另一方面也在于一批有识之士为近代设计运动奠定了理论基础。19 世纪初，设计师在生产过程中的重要性已有下降趋势，他们很快被一批熟练的工人所代替，这些工人将已有的设计改头换面应用到了为新兴的中产阶级所生产的物品上面。与此同时，来自相近专业的人士，如建筑师、美术家们，却在兴致勃勃地试图用自己的观念来影响和引导产品的美学和消费者的情趣。以美学方式来影响工业的发展是 19 世纪设计改革的一个理想。不少人相信艺术的价值，他们基于艺术上的等级观念，认为如果高级的、纯的艺术繁荣起来，较低级的实用艺术也就会随之发展起来，因而提议改善艺术教育并建立对公众开放的博物馆。

19 世纪 30 年代，英国议会指定了一个专门委员会，以商议外国进口增加的问题，并试图找到"在民众中扩大艺术知识和设计原则影响的最佳方法"，并特别强调对工业人口进行艺术教育。一些著名的外国专家被邀请到委员会作证，介绍国外的经验。委员会认为，法国和德国的优秀设计得益于它们的学校教育，在学校中，许多优秀的模型被收集起来，用以为工业提供范本。年轻的设计师们受到良好训练，制造商们则模仿范本。这个委员会 1836 年发表的名为《艺术与产业》的报告中，得出了如下结论：拯救英国工业未来的唯一机会就是向人们灌输对于艺术的热爱。这一报告还促成了一项政府倡议以支持成立新的设计学校，同时也促成了第一个博物馆的创建。人们相信，从各个年代中收集的高质量的物品是很有价值的，可以使年轻一代受到熏陶。在皇家学院的倡议下，成立了第一所设计学院，后来改称皇家艺术学院。一些具有远见的批评家把这看成是新的机器时代的一个重要标志，认为美术必须向工业靠拢一些。在设计院校任教的画家将织布机搬到了学校，并抛弃了传统的绘画而专注于玻璃或陶瓷画等实用艺术。尽管他们付出了极大的努力，但另一个国会委员会却宣布这场艺术教育的实验失败了。虽然失败的原因是多方面的，但最主要的是在设计学校中任教的大多是美术家，很少有现实商业需要的概念，也不了解工业生产过程。另外，按官方的观点，工业和文化在社会生活中占有不同的地位，这样，当设计师们从基层开始在新的工业领域中进行工作时，却得不到与艺术家和建筑师同样的社会地位。19 世纪的贸易扩张理应使英国的设计师们更加紧密地与批量生产过程和市场开拓联系起来，但因为当局过多考虑公众趣味和促进出口，而没有意识到艺术家参与工业的实际意义，因此失败是难免的。

19 世纪初，致力于设计改革的人士有一个共同的感受，即随着生产的发展和新的消费阶层的出现，作为一个整体的国家的审美情趣处于一种衰败状态，古典的标准失落了，代之以风格上的折中主义。这激起了他们强烈的改革热情，以图改变现状，并在设计和现代社会之间建立一种更为和谐的关系。

关于设计标准下降的责难开始主要是针对批量生产和技术进步的，后来又扩展到与工业化有关的社会问题。19 世纪 30 年代，一些人反对一味沉溺于对未来的憧憬，主张重新评价过去时代的贡献。他们竭力推崇中世纪文化及其相关的天主教艺术，宣扬将哥特式作为一种国家风格和一种统一的审美情趣应用到设计和装饰艺术中去。英国建筑师帕金（Augustus W.Pugin，1812—1852 ）对于 19 世纪前期哥特式复兴有重要的影响，他出身建筑师世家，其父是一位哥特式爱好者。帕金从 15 岁起开始设计家具和用品，1834 —1836 年间，他因设计英国议会大厦的全部内部装修而名噪一时。帕金对于设计标准的失落深为不安，在其 1836 年出版的《对比》一书的扉页上，他以嘲弄的口吻批评当时的设计状况：“6 节课就能教设计哥特式、朴素的希腊式和混合式风格”，“在事务所中当差的小孩偶尔也能设计”。在后来的一本书中，他指责了那种“伪装而不是美化实用物品的虚假玩意儿”。但是，他为这些流行病所开的药方却极富虔诚的天主教色彩，把回归到中世纪的信仰作为在建筑和设计中获得美和适当性的唯一方法。他将中世纪想象成完美的社会、和谐的时代，以此与“压抑民众”的工业社会形成鲜明对比，并把哥特式作为反抗异教文化和拯救审美情趣的唯一风格。对帕金来说，哥特式的复兴代表了一种具有精神基础的设计运动，这种精神基础在一个价值观迅速改变的社会中是必不可少的要素。他的这些思想使他成了后来工艺美术运动的先行者。

帕金在 19 世纪首先将设计原则具体化，这对后世颇有影响。他坚信设计基本上是一种道德活动，设计者的态度通过其作品而转移到了别人身上。因此，理想越高，艺术水准也越高。帕金反对那种“纯美”的观点，他认为设计应适于使其实现的材料。设计者的技巧在于结构的具体化与表达，每个时代应有其自然形成的风格来表现其生活。帕金曾说过：“应寻找最方便的形式而后去装饰它，使最小的细节也具有意义并服务于一个目的。”他主张自然的装饰应该程式化并加以几何化的处理，以加强其表现形式。1850 年，他所设计的面包盘（图 3-49 ）包含了许多符号，在盘中饰有一个程式化的麦穗图案，隐喻装饰符合于功能。帕金憎恨虚假材料，对平面上装饰三度空间的手法甚为反感，并对装饰过多的纹样有所批评。同时，他也反对把家具和装饰品作为小型的建筑来设计。他的这些改革性的思想体现在 19 世纪 40 年代出版的一本书中，其影响很大。

图 3-49　面包盘

帕金与 19 世纪的改革者们为伍，但在许多重要的思想和实践方面又与众不同。他写道，任何可以产生舒适、清洁和耐用特点的发明都应被采用，“我们不应束缚发明的进程，但应将其限制在合理应用的范围之内”。他认为蒸汽机、汽灯等是极有价值的，铁路则提供了巨大的建筑机会。帕金的产品都是以普通方式生产和销售的，他不热衷于手工劳作，他认为手工应该用节省劳力的装置来补充，手工本身主要是用来进行更重要的美化装饰。帕金还是政府设计学校的激烈批评者，他写道：“我对于设计学校能产生任何好的作品不抱希望。它们是复兴真正的趣味与感情的障碍。由于模仿延续多年的陈腐模式，使学生的头脑受到限制，而不具有设计任何有创见和适宜的东西的能力。”这种批评是很有见地的。

帕金的设计改革思想得到了一群艺术家的响应，他们之中没有一位受过设计师的职业训练，其中心人物是柯尔（Henry Cole, 1808—1882 ）。柯尔本人是一位水彩画家，同时也是一位政府官员。他改革了英国邮政系统，负责设计了世界上第一枚邮票“黑便士”，并发行了世界上最早的圣诞卡。1845 年，英国艺术协会举办了一次竞赛以促进设计，柯尔的茶壶设计（图 3-50）获奖。这把茶壶的形式臃肿，其装饰

图 3-50　柯尔的茶壶设计

介于自然主义与文艺复兴式样之间，似乎更倾向于后者。特别是壶口，好像直接取材于 16 世纪的溢水口，而把手则可能取材于文艺复兴时期的一盏灯，饰以潘神（人身羊足，头上有角的畜牧神）的头像。这说明柯尔本人的设计并不是革命性的。柯尔等人对帕金的“设计原则”推崇备至，同时又强调设计的商业意识，试图使设计更直接地与工业相结合。1849 年，柯尔创办了《设计杂志》，该杂志在其 3 年历程中成了宣传柯尔思想的喉舌。柯尔及其同事在有关设计的道德准则和装饰的重要性方面与其同时代的批评家们有许多共同观点，但他们认为，通过将艺术价值与实用性和商业性生产结合起来，就有可能进行实际上的改革。在一份早期的《设计杂志》中，编者写道，设计有两重性，首先应严格满足其实用性；第二是美化或装饰这种实用性。但是，许多人已把设计一词与其第二重含义，而不是其完整的正确定义等同起来，这样，装饰就与实用相脱离，甚至背道而驰。这一问题的根源是由于设计与生产过程分离。后来的一篇文章在这方面阐述得更为具体：“只有当装饰的处理与生产的科学理论严格一致，也就是说，当材料的物理条件、制造过程的经济性限定和支配了设计师想象力驰骋的天地时，设计中的美才可能获得。”

图 3-51　铜制的煤斗

《设计杂志》刊登了大量反映柯尔观点的设计，其中一些是简单的物品。例如一只铜制的煤斗（图 3-51），其曲线给人一种使用方便的印象，形式与功能的关系也处理得较好。编者评论道：“这是适当地改善产品的使用性能，又不失其优美线条的一个范例。”然而，这种对于实用形式的美学价值的强调是比较特殊的，大部分例子都更富装饰性。讨论集中在装饰的适当性上，呼吁装饰应被适当地控制。

图 3-52　鱼餐具

“装饰不能被认为是简单的叠加，而应有其自己的必要性。”这一观点具体反映在杂志上发表的一篇文章中，“装饰艺术是机器技术的完美性所必需的要素，对于装饰的爱好是我们的天性，我们都是有感情的，我们不禁要去装饰。机械装置就像是没有肌肤的骨架，没有羽毛的鸟，只是机件的组合。简而言之，就是缺乏使产品成为令人悦目的物品的必要因素。”尽管实用性一直被强调，但装饰也被作为一种必要的功能，问题是在两者之间建立起协调。柯尔的朋友、雕塑家贝尔（John Bell）设计的两组洛可可复兴式的鱼餐具（图 3-52），刀刃呈鱼形，精白瓷的刀柄则是一个渔童，便是试图使装饰与使用目的一致的例子。这些思想的实现和设计的改善并不只取决于生产者和设计师的努力。《设计杂志》强调公众对此也负有责任，“如果公众不能够欣赏优秀作品，我们就不可能要求生产厂家付出一定代价去生产它。”这种从现实上来理解生产者的观点，在当时的批评界是不同凡响的。每期杂志还根据消费者使用的情况来评选成功的“装饰产品”，并以消费者的使用而不是以艺术趣味的高雅作为评判标准，这显然是一个很大的进步。

一、“水晶宫”国际工业博览会

1851 年，英国在伦敦海德公园举行了世界上第一次国际工业博览会，由于博览会是在“水晶宫”展览馆中举行的，故称之为“水晶宫”国际工业博览会。 这次博览会在工业设计史上具有重要意义。它一方面较全面地展示了欧洲和美国工业发展的成就，另一方面也暴露了工业设计中的各种问题，从反面刺激了设计的改革。

举办这次博览会的目的既是为了炫耀英国工业革命后的伟大成就，也是试图改善公众的审美情趣，以制止对于旧有风格无节制的模仿。帕金、柯尔等人的思想和活动对于促成举办这次国际博览会起了重要的推动作用。举办博览会的建议是由英国艺术学会提出来的，维多利亚女王的丈夫阿尔伯特亲王（Prince Albert ）是该协会的主席。他对工业设计和设计教育非常关注，亲自担任了这次博览会组织委员会的主席。柯尔负责具体的组织实施工作，帕金则负责组织展品评选团，另外一些著名的建筑师和设计师，如散帕尔等也参加了组织工作，由于时间紧迫，无法以传统的方式建造博览会建筑，组委会采用了园艺家帕克斯顿（Joseph Paxton, 1801 — 1865）的“水晶宫”设计方案。帕克斯顿以在温室中培养和繁殖维多利亚王莲而闻名，并擅长用钢铁和玻璃来建造温室。他采用装配温室的方法建成了“水晶宫”玻璃铁架结构的庞大外壳（图 3-53、图 3-54、图 3-55）。其外形为一简单的阶梯形长方体，并有一个垂直的拱顶，各面只显出铁架与玻璃，没有任何多余的装饰，完全体现了工业生产的机械特色。在整座建筑中，只用了铁、木、玻璃三种材料，施工从 1850 年 8 月开始，到 1851 年 5 月 1 日结束，总共花了不到 9 个月时间便全部装配完毕。“水晶宫”的出现曾轰动一时，人们惊奇地认为这是建筑工程的奇迹。博览会结束后，“水晶宫”被移至异地重新装配，1936 年毁于大火。

图 3-53 “水晶宫”

图 3-54 “水晶宫”

图 3-55 “水晶宫”

“水晶宫”是 20 世纪现代建筑的先声，是指向未来的一个标志，是世界上第一座用金属和玻璃建造起来的大型建筑，并采用了重复生产的标准预制单元构件。与 19 世纪其他的工程杰作一样，它在现代设计的发展进程中占有重要地位。 但“水晶宫”中展出的内容却与其建筑形成了鲜明的对比，各国选送的展品大多数是机制产品，其中不少是为参展而特制的。展品中有各种各样的历史式样，反映出一种普遍的为装饰而装饰的热情，漠视任何基本的设计原则，其滥用装饰的程度甚至超过了为市场生产的商品。生产厂家试图通过这次隆重的博览会，向公众展示其通过应用“艺术”来提高产品身份的妙方，这显然与组织者的原意相距甚远。其中的有些展品把相对来说无足轻重的家用品作为建筑性的纪念碑来设计，例如法国送展的一盏油灯（图 3-56），灯罩由一个用金、银制成的极为繁复的基座来支承。这种把诸如灯、钟表之类产品作为建筑来看待并不是一种新的发展，18 世纪末，法国帝王风格的设计者们就常常这样做。但现在的设计师们似乎失去了所有的自制力。一件女士们做手工的工作台（图 3-57）成了洛可可式风格的藏金箱，罩以一组天使群雕，花哨的桌腿似乎难以支承其重量。设计者们试图探索各种新材料和新技术所提供的可能性，将洛可可式风格推到了浮夸的地步，显示了新型奇巧的装饰方式。还有一些展品表现了对形式和装饰的别出心裁的追求，如一件鼓形书架（图 3-58）可以沿中心水平轴旋转，每层搁板均挂在两侧圆盘上，这样搁板就可以连续地以使用者方便的位置出现。这件书架侧板上的花饰和狮爪脚同样是刻意把一些细微末节不适当地大加渲染。

图 3-56　油灯

图 3-57　工作台

图 3-58　鼓形书架

美国也为这次盛会送来展品。其中一件是美国座椅公司生产的金属框架的弹簧旋转椅（图 3-59），其结构全部是由铸铁、钢或两者的复合材料制成的。金属家具并非美国首创，在拿破仑战争中，金属被广泛用于制作战时家具。但是，在这把椅子中确实体现了一种对家具基本结构的重新考虑。可惜的是这位美国设计师的功能意识未能贯彻始终，因为用以支撑连杆进而支承弹簧的金属腿采用了精致的卷涡形。

图 3-59　弹簧旋转椅

在这次展览中也有一些设计简朴的产品，其中多为机械产品，如美国送展的农机和军械等。这些产品朴实无华，真实地反映了机器生产的特点和既定的功能。但从总体上来说，这次展览在美学上是失败的。由于宣传盛赞这次展览的独创性和展品之丰富，蜂拥而至的观众对于标志工业进展的展品有了深刻印象。但在那些试图通过这次盛会促进整个工业发展的人士中，却激发了尖锐的批评。正如帕金所说，工业似乎失去了控制，展出的批量生产的产品被粗俗和不适当的装饰破坏了，许多展品过于夸张而掩盖了其真正的目的，仅仅只是那些纯实用的物品才是悦目和适当的。

博览会的一个结果，就是在致力于设计改革的人士中兴起了分析新的美学原则的活动以指导设计。这一活动最重要、最有影响力的出版物是威尔士建筑师琼斯（Owen Jones, 1807—1874）于 1856 年出版的《装饰的句法》一书。它可以说是一本有关风格的百科全书，收集了当时可以得到的全部设计风格的“语言”， 并将其程式化。书中包括从未开化的部落的设计到高度发达的伊斯兰图案设计。 博览会的另一个结果就是在柯尔的主持下，创建了一所教育机构来满足英国设计界的需要，这就是亨利 · 柯尔博物馆。一个包括帕金在内的委员会负责从博览会的展品中为博物馆挑选藏品。博物馆的目标是整治当代工业的顽疾，并向公众讲解有关的趣味性知识。在价值 5000 英镑的藏品中，印度产品是英国产品的两倍，这是因为不少印度产品虽然工艺较粗糙，但显示了对于正确的装饰原则的理解，比英国产品更胜一筹。在政府支持下，这批藏品与产业博物馆合并，并改称为维多利亚 · 阿尔伯特博物馆。

在建立道德准则的同时，柯尔等人也努力寻找一种美学的原则。但是他们并没有意识到世界经济的出现意味着市场会支配着审美情趣，无论怎样努力，由几个精英建立一种万能的准则已不再可能。

二、手工艺设计复兴

对于 1851 年伦敦“水晶宫”国际工业博览会最有深远影响的批评来自拉斯金（John Ruskin, 1819—1900）及其追随者。他们与帕金一样，对中世纪的社会和艺术非常崇拜，对于博览会中毫无节制的过度设计甚为反感。但是他们将粗制滥造的原因归罪于机械化批量生产，因而极力指责工业及其产品。他们的思想基本上是基于对手工艺文化的怀旧感和对机器的否定，而不是基于努力去认识和改善现有的局面。

1. 拉斯金的设计思想

拉斯金（图 3-60 ）本人是一位作家和批评家，从未实际从事过建筑和产品设计工作，主要是通过他那极富雄辩和影响力的说教来宣传其思想。他在参观了博览会后，对于“水晶宫”和其中的展品表示了极大的不满。在随后的几年中，他通过著书立说和演讲表达了他的设计美学思想。尽管他承认在目睹蒸汽机车飞驰长啸时，怀有一种惊愕的敬畏和受压抑的渺小之感，并承认机器的精确与巧妙，但机器及其产品在其美学思想中决没有一席之地。他断言，“这些喧嚣的东西（指机器），无论其制作多么精良，只能以一种鲁莽的方式干些粗活。”他还反对机器生产所要求的准确性，他写道：“人类并不倾向于用工具的准确性来工作，也不倾向于在其所有的活动中做到精确与完美，如果使用那种精确性来要求他们，并使他们的指头像齿轮一样去度量角度，使他们的手臂像圆规一样去画弧，那你就没有赋予他们以人的属性。”他认为只有幸福和道德高尚的人才能制造出真正美的东西，而工业化生产和劳动分工剥夺了人的创造性，因此不可能产生好的作品，而且还会产生众多的社会问题，只有回归到中世纪的社会和手工艺劳动，才是唯一的出路。

图 3-60　拉斯金

在反对工业化的同时，拉斯金为建筑和产品设计提出了若干准则，这成为后来工艺美术运动的重要理论基础。这些准则主要是：（1）师承自然，从大自然中汲取营养，而不是盲目地抄袭旧有的样式。（2）使用传统的自然材料，反对使用钢铁、玻璃等工业材料。拉斯金厌恶新材料，曾以辞职来抗议在牛津博物馆建筑中使用铁。他反对“水晶宫”也是出于同一理由。（3）忠实于材料本身的特点，反映材料的真实质感。拉斯金把用廉价且易于加工的材料来模仿高级材料的手段斥之为犯罪，而不是简单的失误、缺乏良好意识或用材失当。

拉斯金完全否定工业产品可以具有美学价值的可能性，他的观点概括了英国社会和知识分子僵化、刻板的特点。这种僵化拒绝正视已在酝酿之中的奇迹及其意义。这一时期的问题是清晰明了的，但支配着英国艺术生活和美学观念的固有的保守主义，使人们难以真正认识到工业的成就和潜力，从而倒退到了怀旧的泥潭。而在同一时期，工业及其产品却在不同层次上改变了国民的视觉环境和生活，诋毁工业及其产品或许会带来暂时的满足，但它们是不可能长期被忽视的。

2. 莫里斯的理论与实践

拉斯金思想最直接的传人是莫里斯（William Morris,1834 — 1896），莫里斯（图 3-61）17 岁时曾随母亲一起去参观 1851 年的“水晶宫”博览会，他对于当时展出的展品很反感，这件事与他日后投身于反抗粗制滥造的工业制品有密切关系。莫里斯继承了拉斯金的思想，但他不只是说教，而是身体力行地用自己的作品来宣传设计改革。在他的影响下，英国产生了一个轰轰烈烈的设计运动，即工艺美术运动。

图 3-61　莫里斯

尽管莫里斯在对待机械化及大工业生产方面有他落后的一面，但在某种意义上来说，他作为现代设计的伟大先驱是当之无愧的，莫里斯不但使先前设计改革理论家的理想变成了现实，更重要的是他不局限于审美情趣问题，而把设计看成是更加广泛的社会问题的一个部分。由于超越了“美学”的范畴，使他能接触到那些由来已久的更加重要的问题。他与许多像柯尔一样有志于设计改革的人士一样，深受 1851 年博览会失败的刺激。在 1862 年的第二届博览会上，莫里斯也展出了自己的作品。然而，这次博览会依然未能解决矫饰问题。与拉斯金一样，他认为这个问题是与机器生产联系在一起的。但是，莫里斯并不像拉斯金那样害怕和厌恶机器，他写道：“我们所要抛弃的并不是这台或那台具体的钢制或铜制机器，而是压迫我们生活的巨大而无形的商业暴虐机器。”他认为劳动分工割裂了工作的一致性，因而造成了不负责任的装饰。由于目睹了装饰、形式和功能之间的鸿沟以及历史主义的泛滥，莫里斯决意另辟蹊径。他的新婚更加强了他的信念，为了给新婚家庭安排起居，他跑遍了大小商店，居然无法买到一件使他感到满意的家具和其他生活用品，这使他十分震惊。在几位志同道合的朋友合作下，他自己动手按自己的标准设计制作家庭用品，用来装修由韦伯（Philip Webb, 1831—1915）设计的住宅“红屋”（图 3-62）。他们创作的家具、墙纸、染织品等，是他们新的设计思想的第一次尝试。莫里斯步拉斯金的后尘，继承了他忠实于自然的原则，并在美学上和精神上都以中世纪为楷模。在他的设计中，将程式化的自然图案、手工艺制作、中世纪的道德与社会观念和视觉上的简洁融合在一起，从而发展了帕金关于形式或者说装饰与功能关系的思想。莫里斯在阐明他所采用的装饰时说：“在许多情况下，我们称之为装饰的东西，只不过是一种我们在制作使用合理并令人愉悦的必需品时所必须掌握的技巧，图案成了我们制作的物品的一个部分，是物品自我表达的一种方式。通过它，我们不仅形成了自己对形式的看法，更强调了物品的用途。”根据莫里斯的观点，装饰应强调形式和功能，而不是去掩盖它们。

图 3-62　“红屋”

莫里斯出身于富商家庭，曾就读于牛津大学学习神学。在牛津大学期间，他受到了拉斯金思想的影响。他在游历法国之后，对哥特式建筑产生了浓厚兴趣，于是进入一家建筑师事务所学习建筑，但时间不长。“红屋”建成后，莫里斯与几位好友建立了自己的商行，自行设计产品并组织生产（图 3-63）。这是 19 世纪后半叶出现于英国的众多工艺美术设计行会的发端。尽管莫里斯与别人一道设计过家具，但他主要是一位平面设计师，即从事织物、墙纸、瓷砖、地毯、彩色镶嵌玻璃等的设计（图 3-64、图 3-65）。他的设计多以植物为题材，有时加上几只小鸟，颇有自然气息并反映出一种中世纪的田园风味，这是拉斯金“师承自然”主张的具体体现，对后来风靡欧洲的新艺术运动产生了一定的影响。

图 3-63　莫里斯家具

图 3-64　莫里斯设计的图案

图 3-65　莫里斯设计的图案

在政治上，莫里斯是一位积极的社会主义者。他曾说过：“我不希望那种只为少数人的教育与自由存在，同样也不追求为少数人服务的艺术。”“人既然要劳动，那么他的劳动就应伴随着幸福，否则他的工作就是不幸的，不值得的。”这体现了他主张社会平等和反对压迫的思想，但在其晚年却出现了矛盾的现象。一方面他的社会主义理想进一步发展，另一方面他的设计又变得越来越复杂和昂贵，他所接受的设计委托多是豪华宫殿的室内装修设计。因此，为了全面了解莫里斯，我们必须将他的理论与他的实际工作分别开来。前者体现了他对未来乌托邦式的理想，后者不得不与英国工业化的现实相适应，这种理论与实践脱节的现象正是这一时期设计改革家们的共性。莫里斯是一位复杂的人物，在政治上和设计上他是激进的，但他又深深地迷恋传统，间或还体现出强烈的浪漫色彩。他曾写道：“我的作品以这样或那样的形式实现了我的梦想。”帕金和拉斯金等人在 19 世纪早期提出的将设计与伦理道德紧密结合的思想，由于莫里斯和许多工艺美术运动积极分子的努力而继承发扬下来了。当美学标准失落之际，道德标准就会填补真空，19 世纪下半叶英国设计的状况，正说明了这一点。

3. 工艺美术运动

莫里斯的理论与实践在英国产生了很大影响，一些年轻的艺术家和建筑师纷纷效仿，进行设计的革新，从而在 1880—1910 年间形成了一个设计革命的高潮，这就是所谓的“工艺美术运动”。这个运动以英国为中心，波及了不少欧美国家，并对后世的现代设计运动产生了深远影响。工艺美术运动产生于所谓的“良心危机”，艺术家们对于不负责任地粗制滥造的产品以及其对自然环境的破坏感到痛心疾首，并力图为产品及生产者建立或者恢复标准。在设计上，工艺美术运动从手工艺品的“忠实于材料”“合适于目的性”等价值中获取灵感，并把源于自然的简洁和忠实的装饰作为其活动的基础。工艺美术运动不是一种特定的风格，而是多种风格并存，从本质上来说，它是通过艺术和设计来改造社会，并建立起以手工艺为主导的生产模式的试验。工艺美术运动范围十分广泛，它包括了 一批类似莫里斯商行的设计行会组织，并成为工艺美术运动的活动中心。行会原本是中世纪手工艺人的行业组织，莫里斯及其追随者借用行会这种组织形式，以反抗工业化的商业组织。最有影响的设计行会有：1882 年由马克穆多（Arthur Mackmurdo，1851—1942）组建的“世纪行会”和 1888 年由阿什比（Charles R.Ashbee，1863—1942）组建的“手工艺行会”等。值的一提的是，1885 年，由一批技师、艺术家组成了英国工艺美术展览协会，并从此开始定期举办国际展览会，因而吸引了大批外国艺术家、建筑师到英国参观，这对于传播英国工艺美术运动的精神起了重要作用。

工艺美术运动的主要人物大都受过建筑师的训练，但他们以莫里斯为楷模，转向了室内、家具、染织和小装饰品设计。马克穆多本人是建筑师出身，他的“世纪行会”集合了一批设计师、装饰匠人和雕塑家，其目的是打破艺术与手工艺之间的界线，工艺美术运动的名称“Arts and Crafts”的意义即在于此，用他自己的话来说，为了拯救设计于商业化的渊薮，“必须将各行各业的手工艺人纳入艺术家的殿堂”。

工艺美术运动对于机器的态度十分暧昧，“手工艺”一词越来越多地与以手工艺方式为基础的美学，而不是“手工劳作”本身相联系，也就是产品设计要反映出手工艺的特点，而不论产品本身是否真正是手工制作的。设计行会大都同意机器是无法避免的。阿什比就曾说过：“现代文明依赖于机器，不认识到这一点，任何对于艺术教育体系的热情都于事无补。”但是，机器生产的结果需要彻底改革，并且这种改革必须在社会及美学两个方面有所突破。

沃赛（Charles F.A.Voysey，1857—1941 ）虽不属于任何设计行会，但他却是工艺美术运动的中心人物，在 19 世纪最后 20 年间，他的设计很有影响。沃赛受过建筑师的训练，喜爱墙纸及染织设计，与莫里斯、马克穆多等人交往甚密。沃赛的平面设计偏爱卷草线条的自然图案，以至于人们常常将他与后来的新艺术运动联系起来，尽管他本人并不喜欢新艺术，并否认与其有任何联系。沃赛的家具设计多选用典型的工艺美术运动材料——英国橡木，而不是诸如桃花芯木一类珍贵的传统材料。他的作品造型简练、结实大方并略带哥特式意味（图 3-66、图 3-67）。从 1893 年起，他花了大量精力出版《工作室》杂志。这份杂志成了英国工艺美术运动的喉舌，许多工艺美术运动的设计语言都出自沃赛的创造，如心形、郁金香形图案，都可以在他的橡木家具和铜制品中找到（图 3-68）。沃赛的作品不但继承了拉斯金、莫里斯所提倡的美术与技术结合以及向哥特式和自然学习的精神，并使之更简洁、大方，成为英国工艺美术运动设计的范例。

图 3-66　沃赛于 1898 年设计的橡木椅

图 3-67　沃赛于 1898 年设计的橡木卡弗椅

图 3-68　沃赛设计的家具

阿什比的命运是整个工艺美术运动命运的一个缩影。他是一位有天分和创造性的银匠，主要设计金属器皿。这些器皿一般用榔头锻打成形，并饰以宝石，能反映出手工艺金属制品的共同特点。在他的设计中，采用了各种纤细、起伏的线条，被认为是新艺术的先声。

阿什比的“手工艺行会”最早被设在伦敦东区，在闹市还有零售部。1902 年，他为了解决“良心危机”问题，决意将行会迁至农村以逃避现代工业城市的喧嚣，并按中世纪模式建立了一个社区，在那里不仅生产珠宝、金属器皿等手工艺品，而且完全实现了莫里斯早期所描绘的理想化社会生活方式。正如阿什比所说：“当一群人学会在工场中共同工作、互相尊重、互相切磋、了解彼此的不足，他们的合作就会是创造性的。”这场试验比其他设计行会在追求中世纪精神方面都要激进，影响很大。但阿什比却忽略了这样一个事实，即中世纪所有关键性的创造和发展均发生于城市。由于行会远离城市也就切断了它与市场的联系，并且手工艺也难于与大工业竞争，这次试验终于在 1908 年以失败而告终。阿什比自己开始认识到，工业毕竟是有长处的，并抨击他称之为拉斯金、莫里斯的“理智的卢德主义”的思想（19 世纪初，卢德主义主张用捣毁机器的方式来反抗工业化，并形成了自发性的工人运动）。1915 年，阿什比对手工艺感到失望，到开罗大学当了一名英语讲师。在谈到设计行会的作用时，莫里斯曾说：“不可能指望在样本目录上印上名单就能提高工匠的社会地位，或者哪怕在最低程度上改变资本主义商业体制。”在能否通过设计的力量来改变社会方面，莫里斯并不像同事们那样乐观。实际上，工艺美术运动不久就变得商业化，并转向更多地注重于美学的方面。

英国的工艺美术运动随着展览与杂志的介绍，很快传到海外，并首先在美国得到反响。因此，美国的工艺美术运动在时间上大体与英国平行。尽管美国长期受法国学院派的影响，但仍有许多重要的英派设计师。一些工艺美术运动的著名人物如阿什比等先后访问过美国，有的还为美国进行了设计，他们向美国设计师传播了拉斯金和莫里斯的思想。在英国的影响下，美国在 19 世纪末成立了许多工艺美术协会。如 1897 年成立的波士顿工艺美术协会等。美国工艺美术运动的杰出代表是斯蒂克利（Gustav Stickley）。斯蒂克利受到沃赛作品的启发，于 1898 年立了以自己姓氏命名的公司，并着手设计制作家具，还出版了较有影响的杂志《手工艺人》。他的设计基于英国工艺美术运动的风格，但采用了有力的直线，使家具更为简朴实用，是美国实用主义与英国设计运动思想结合的产物。工艺美术运动对于设计改革的贡献是重要的，它首先提出了“美与技术结合”的原则，主张美术家从事设计，反对“纯艺术”。另外，工艺美术运动的设计强调“师承自然”、忠实于材料和适应使用目的，从而创造出了一些朴素而适用的作品。但工艺美术运动也有其先天的局限，它将手工艺推向了工业化的对立面，这无疑是违背历史发展潮流的，由此使英国设计走了弯路。英国是最早工业化和最早意识到设计重要性的国家，但却未能最先建立起现代工业设计体系，原因正在于此。

4.19 世纪的工业设计师——德莱塞

19 世纪下半叶，由于工艺美术运动的影响，不少设计师投身于反抗工业化的活动，而专注于手工艺品。但也有一些设计师在为工业进行设计，他们绘制设计图纸，并由机器进行生产，因而是第一批有意识地扮演工业设计师这一角色的人，其中最著名的是英国的德莱赛（1834—1904）。

先前的设计师们属于三种范畴，即建筑师、以设计作为一种爱好的业余设计师以及由于在车间中的实践而成为设计师的工匠或工程师。德莱赛受过更多的学术训练，这对他日后的工作非常有益。他于 1847—1854 年间在伦敦的政府设计学院学习，是设计学院极少数优秀毕业生之一。在学习过程中，他开始与以柯尔为首的 19 世纪中期的设计改革者相接触，其间也经历了 1851 年国际博览会和其后的内心反省阶段。在德莱赛的学术背景中还有别的重要方面，即他曾对科学极感兴趣，并作为植物学家进行研究工作，撰写了有关这门学科的专著和论文。他所收集的科学出版物使他获得了杰那大学 1860 年授予的博士学位，并担任过 4 所大学的植物学教授。从事科学研究使他对于自然形式与装饰的关系感兴趣，并成了他一系列重要论文的主题。这些论文发表于 1857 年的《艺术学报》上，从中清楚地表明他在寻找符合逻辑地解决设计的实际问题的途径。关于装饰问题，德莱赛反对直接模仿向然。对他来说，植物形态必须规范化才是对设计师有用的，“规范化的植物形象就是以最纯净的形式描绘出来的自然，因此，它们不是自然的仿制品，而是完美的植物精神实质的具体形象。”德莱赛潜心研究的植物学不单单是形态和图案的源泉，用他的话来说，植物表现出了“合理的目的性”，或者说“适应性”。达尔文是德莱赛同时代的人，当德莱赛开始他的事业时，达尔文于 1859 年发表了他的自然选择理论。尽管德莱赛在达尔文的思想首次发表时只是对其浅尝辄止，但肯定这对他产生过长远的影响。

从 1862 年起，德莱赛作为自由开业的设计师在事业上成果辉煌。在同一年，他发表了第一部设计专著《装饰设计的艺术》。1871 年，他自豪地声称“装饰是一门高雅的艺术”。这里他所说的“装饰”就是指的工业设计，因为当时尚无工业设计一词。他在皇家艺术学会上宣称：“作为建筑师，我有与同行一样多的作品，作为装饰艺术家，我在英国有许多最大的业务，没有一个制造行业我没有经常性地为之设计过图案，我还担任过几家最大的艺术生产公司的艺术顾问或主任设计师。”

德莱赛的设计受到东方艺术的影响，从 19 世纪 20 年代起，东方艺术，特别是日本艺术的风格成了欧洲设计语汇的一部分。1876—1877 年，他在日本进行了广泛的旅行，收集了大量日本物品。日本设计的简洁、质朴和对细节的关注等特点，对于德莱赛的陶瓷和金属制品的设计很有启发。1878 年，德莱赛还与人合伙开办了一家家用品批发店，专营从东方进口的货物。1880 年，德莱赛投身于一项新的事业——艺术家具同盟。这个同盟的目的是“提供各种艺术性家用装修材料，包括家具、地毯、墙饰、挂饰、陶器、玻璃器皿、银器、五金件以及所有众多的家庭必备用品”。这次尝试在经济上并不成功，但它具有某种先驱性，因为它试图以一种前所未有的方式来影响大众。

德莱赛自身流传下来的设计包罗了各种各样的材料、风格和技艺，反映了他多方面的才能和对各种文化兼收并蓄的开明态度。19 世纪 70 年代，他为一家铁工厂设计了一系列生铁家用制品。他还设计了玻璃制品和大量的瓷器（图 3-69、图 3-70）。1882 年，他为伯明翰一家公司设计了一套镶有银边的玻璃水具，其造型简洁优美，适于批量生产。在英国明顿陶瓷公司的档案中，可以找到他的大量水彩画藏品，以及用这些绘制装饰的瓷器，它们展示了这位自由设计师职业生涯的一个方面。

图 3-69　玻璃制品

图 3-70　玻璃制品

图 3-71　林托浦艺术陶瓷公司于 1880 年生产的水罐

图 3-72　德莱赛设计的水罐

图 3-73　德莱赛设计的陶瓷

图 3-74　德莱赛设计的陶瓷

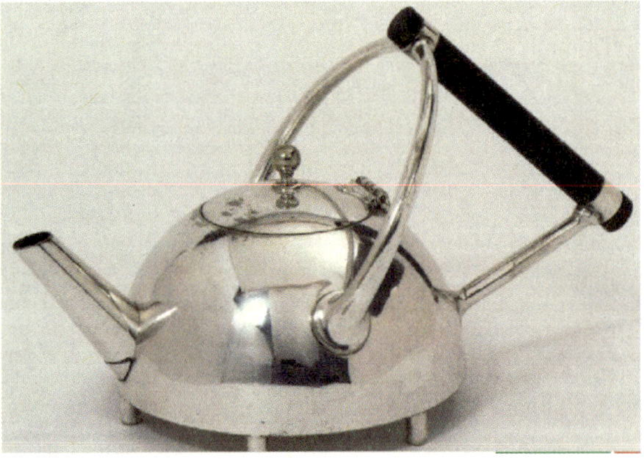

图 3-75　电镀茶壶

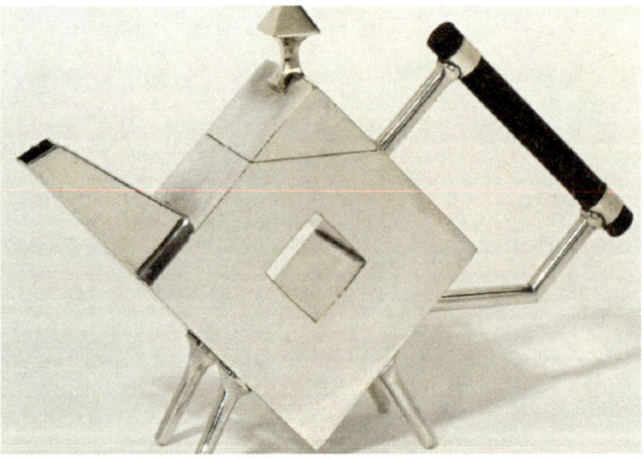

图 3-76　水壶

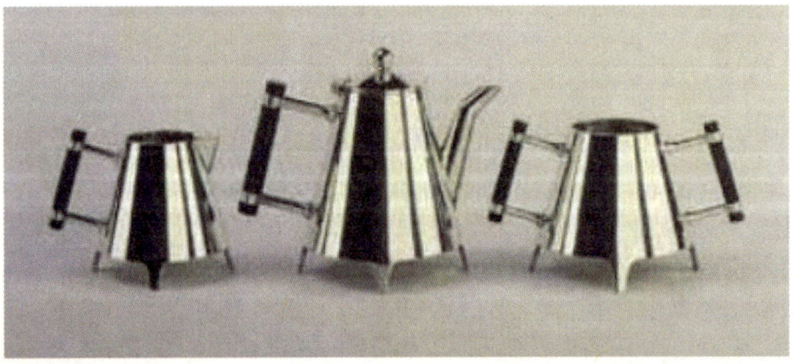

图 3-77　茶壶

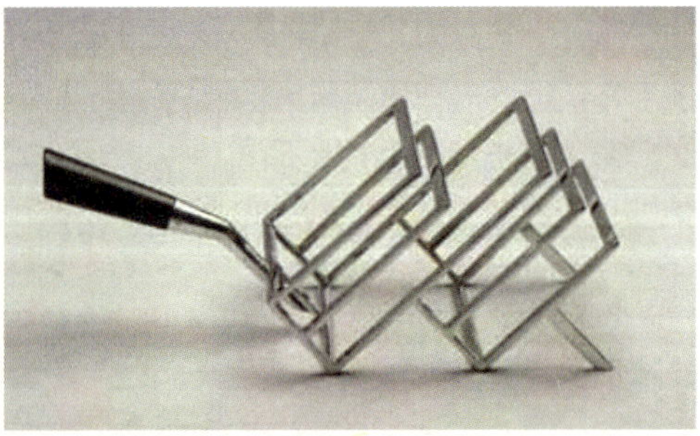

图 3-78　面包架

德莱赛在林托浦艺术陶瓷公司的工作成绩卓著。这家建于 1879 年的公司成了德莱赛实现自己理想的阵地。这家公司采用工厂化的方式大规模地生产便宜的陶瓷，重点放在造型上，而不是放在精细的表面装饰上（图 3-71）。德莱赛善于从各种历史的源泉中寻找灵感，在不同文化中吸取养料。他的设计反映出了中南美、希腊、埃及、中国、日本等地的不同风格（图 3-72 至图 3-74）。由于他的作品常常具有“杂而不纯”的因素，以致有人将他视为后现代主义的先驱。他最富创造性的设计作品是金属制品，这些产品主要是为伯明翰几家大型公司设计的。它们之所以引人注目，是因为其造型上的简洁和对材料的直接使用（图 3-75 至图 3-78）。此外，它们还经常显示出在形式上的创新，并强调一种完整的几何纯洁性，而不是一种程式化的抄袭。德莱赛是率先以合理方式分析形式与功能之间关系的设计师之一。在《装饰设计原理》（1873 年）一书中，他用图表示了支配各种容器的把与壶口的有效功能的法则。他自己设计的茶壶常常形式极为独特，强调倾斜的把手。在此，人机学和隐喻两个方面都被他熟练地结合起来。他写道：“我利用了这些看上去像鸟类骨筋的形式，它们使人联想到飞行的原理，给我们一种强有力的印象。类似某种鱼类推进鳍的形态也给人以力量感。”德莱赛设计的金属制品也展示了他对经济地使用材料的关注。他所设计的锥形糖碗的边被向内卷起，以加强金属的边缘，这样便可采用较薄的板材在较大的器皿上。德莱赛总是使用电镀的表面处理而不是用银，这并不像某些设计师那样是一种不得已的妥协，而是一种自觉的选择，以使他的产品为尽可能多的消费者购买。

德莱赛的设计和著作，以及他对于公司中工人们金属加工技术和工艺的了解，表明了一种更新传统观念和技术的可能性。他对于变化了的条件和工业化所提供的机会的认识根植于对他所生活的时代的强烈热情以及对其潜力的信念，代表着一种萌芽状态并且是积极地奔向未来的起点。但是尽管诸如此类试图通过适应改变了的生产和使用条件来改善设计的种种努力，英国人对于设计的态度仍为拉斯金、莫里斯和工艺美术运动的反工业的教条所支配。工业设计缺乏像拉斯金那样有地位的鼓吹者尽管德莱赛在与工业合作方面取得了惊人的成功，在另一些方面他又被排除在正统的设计历史之外。

三、新艺术运动

“新艺术”是流行于 19 世纪末和 20 世纪初的一种建筑、美术及实用艺术的风格。就像哥特式、巴洛克式和洛可可式一样，新艺术一时风靡欧洲大陆，显示了欧洲文化基本上的统一性，同时也表明了各种思潮的不断演化与相互融汇。新艺术在时间上发生于新旧世纪交替之际，在设计发展史上也标志着是由古典传统走向现代运动的一个必不可少的转折与过渡，其影响十分深远。

1. 新艺术运动概述

新艺术运动潜在的动机是彻底地与 19 世纪下半叶的西方艺术界流行的两种趋势决裂。首先，新艺术是与先前的历史风格决裂，这种风格体现了一种怀旧的趋势和折中主义的混乱局面，只是冷漠而机械地照搬经典的传统形式，与这种热衷于对过去传统的顺从态度相反，新艺术的艺术家们声称希望将他们的艺术建立在当今现实，甚至是最近的未来基础上，为探索一个崭新的纪元打开大门。为此，必须打破旧时代的束缚，抛弃旧有风格的元素，创造出具有青春活力和现代感的新风格来。第二，新艺术又拒绝了西方艺术的另一趋势——自然主义。新艺术的拥护者热衷于表现华美、精致的装饰，而这正是自然主义者们为追求日常生活的真实而抛弃了的特点。新艺术指责自然主义者是对自然奴隶般的模仿者，使自己囿于细微末节之中而不是努力综合、提炼，以更为自由和更富想象力的方式来表现它们。然而，尽管新艺术反对自然主义，新艺术运动的艺术家们实际上又是崇拜自然的，只是他们崇尚的是热烈而旺盛的自然活力，这种活力是难以用复制其表面形式来传达的。他们认为应该去寻找自然造物最深刻的根源，发掘决定植物和动物生长、发展的内在过程。这样，自然的精髓才能被把握住。新艺术最典型的纹样都是从自然草木中抽象出来的，多是流动的形态和蜿蜒交织的线条， 充满了内在活力。它们体现了隐藏于自然生命表面形式之下无止无休的创造过程。这些纹样被用在建筑和设计的各个方面，成了自然生命的象征和隐喻。

新艺术运动十分强调整体艺术环境，即人类视觉环境中的任何人为因素都应精心设计，以获得和谐一致的总体艺术效果。新艺术反对任何艺术和设计领域内的划分和等级差别，认为不存在大艺术与小艺术，也无实用艺术与纯艺术之分；艺术家们决不应该只是致力于创造单件的“艺术品”，而应该创造出一种为社会生活提供适当环境的综合艺术。在如何对待工业的问题上，新艺术的态度有些似是而非。从根本上来说，新艺术并不反对工业化，新艺术的理想是为尽可能广泛的公众提供一种充满现代感的优雅，因此，工业化是不可避免的。新艺术的中心人物宾（Samuel Bing，1838—1905）就认为“机器在大众趣味的发展中将起重要作用”。但是，新艺术不喜欢过分的简洁，主张保留某种具有生命活力的装饰性因素，而这常常是在批量生产中难以做到的。实际上，由于新艺术作品的实验性和复杂性，它不适合机器生产，只能手工制作，因而价格昂贵，只有少数富有的消费者能光顾。

新艺术风格的变化是很广泛的，在不同国家、不同学派具有不同的特点，使用不同的技巧和材料也会有不同的表现方式。既有非常朴素的直线或方格网的平面构图，也有极富装饰性的三度空间的优美造型。但新艺术运动的实际作品很少完全实现其理想，有时甚至陷于猎奇的手法主义。新艺术风格把主要重点放在动植物的生命形态上，一幢建筑或一件产品都应是一件和谐完整的杰作，但设计师却不可能抛弃结构原则，其结果常常是表面上的装饰，流于肤浅的“为艺术而艺术”。新艺术在本质上仍是一场装饰运动，但它用抽象的自然花纹与曲线， 脱掉了守旧、折中的外衣，是现代设计简化和净化过程中的重要步骤之一。

2. 新艺术运动的起源

促成新艺术运动发生和发展的因素是多方面的，首先是社会的因素。自普法战争之后，欧洲得到了一个较长时期的和平，政治和经济形势稳定。不少新近独立或统一的国家力图跻身于世界民族之林，并打入激烈竞争的国际市场，这就需要一种新的、非传统的艺术表现形式。在文化上，所谓“整体艺术”的哲学思想在艺术家中甚为流行，他们致力于将视觉艺术的各个方面，包括绘画、雕塑、建筑、平面设计及手工艺等与自然形式融为一体。在技术上，设计师对于探索铸铁等新的结构材料有很高的热情。对于艺术家自身而言，新艺术正反映了他们对于历史主义的厌恶和新世纪需要一种新风格与之为伍的心态。新艺术的出现经过了很长的酝酿阶段，许多著名的设计史家都认为英国文化为新艺术运动铺平了道路，尽管由于其后的种种原因，英国本身并不是这种风格走向成熟的国度。早在 1865 年，琼斯就在《装饰的句法》一书中声称：“形式的美产生于波浪起伏和相互交织的线条之中。”而德莱赛的理论和实践，特别是他的金属制品设计，简直就是新艺术的直接先导。但是，对于新艺术发展影响最深的还是英国的工艺美术运动。莫里斯就十分强调装饰与结构因素的一致和协调，为此他抛弃了被动地依附于已有结构的传统装饰纹样，而极力主张采用自然主题的装饰，开创了从自然形式、流畅的线型花纹和植物形态中进行提炼的过程，新艺术的设计师们则把这一过程推向了极端。

工艺美术运动的思想通过各种各样的展览和出版物，在欧洲大陆广为传播。尽管工艺美术运动是反工业化的，但在欧洲大陆，反工业化的姿态较为温和，终于在追求美学社会理想的过程中转变为接受机械化，最终导致了一场以新艺术为中心的广泛的设计运动，并在 1890—1910 年间达到高潮。

3. 比利时的新艺术运动

新艺术运动的发源地是比利时，这是欧洲大陆工业化最早的国家之一，工业制品的艺术质量问题在那里比较尖锐：19 世纪初以来，布鲁塞尔就已是欧洲文化和艺术的一个中心，并在那里产生了一些典型的新艺术作品。

图 3-79　布鲁塞尔都灵路 12 号住宅

比利时新艺术运动最富代表性的人物有两位，即霍尔塔（Victor Horta，1867—1947）和威尔德（Henry van de Velde, 1863—1957）。霍尔塔是一位建筑师，他在建筑与室内设计中喜用葡萄蔓般相互缠绕和螺旋扭曲的线条，这种起伏有力的线条成了比利时新艺术的代表性特征，被称为“比利时线条”或“鞭线”。这些线条的起伏，常常是与结构或构造相联系的。霍尔塔于 1893 年设计的布鲁塞尔都灵路 12 号住宅（图 3-79）成为新艺术风格的经典作品。他不仅将他创造的独特而优美的线条用于上流社会，也毫不犹豫地将其应用到了为广大民众所使用的建筑上，且不牺牲它优美与雅致的特点。

威尔德的影响同样是深远的，尽管他的个性不如霍尔塔那么强。他之所以闻名是由于他广泛的兴趣，以及他逐渐把新艺术发展到了一种预示着 20 世纪功能主义许多特点的设计风格。威尔德的职业是画家和平面设计师，他的作品从一开始就具有新艺术流畅的曲线韵律。作为设计师，他的第一件作品是在布鲁塞尔附近为自己建造的住宅，这是当时艺术家们表现自己艺术思想和天才的一种流行方式。威尔德不仅设计了建筑，而且设计了家具和装修，甚至他夫人的服装。这是力图创造一种综合和风格协调的环境的尝试。威尔德后来去了德国，并一度成了德国新艺术运动的领袖，这一运动导致了 1907 年德意志制造联盟的成立。1908 年，威尔德出任德国魏玛市立工艺学校校长，这所学校是后来包豪斯的直接前身。他在德国设计了一些体现新艺术风格的银器和陶瓷制品（图 3-80、图 3-81），简练而优雅。除此之外，他还以积极的理论家和雄辩家著称，被人称为大陆的莫里斯。他写道：“我所有工艺和装饰作品的特点都来自一个唯一的源泉：理性，表里如一的理性。”这显示出他是现代理性主义设计的先驱。他还引用运输车辆、浴室配件、电灯和手术仪器等作为“受到矫饰的美所侵害的现代发明”的例子，鼓吹设计和批量生产中的合理化。而在他自己的设计中，他的理性并不排斥装饰，而是意味着“合理”地应用装饰以表明物品的特点与目的。他的工场概念是他于 1898 年在布鲁塞尔附近所建的大型工艺工场，而“批量生产”则意味着重复的手工生产。他一方面主张设计师必须避免那些不能大规模生产的所有东西，另一方面又坚持设计师在艺术上的个性，反对标准化给设计带来的限制，这两者显然并不协调。可以这样说，在威尔德身上存在着两种不同的冲动，一种是热烈而具有生命力的，体现在他行云流水般的装饰中，尽管他在其设计生涯中逐渐修正了他所使用的曲线，使之趋于规整，但他从未放弃过它们。另一种是简洁、清晰和功能主义的，体现在他的设计的基本结构上（图 3-82）和他的著作中。这两种冲动在不同程度上也体现于这一时间其他艺术家的作品之中。

4. 其他的新艺术流派

除比利时以外，法国的新艺术运动也很有影响。法国是学院派艺术的中心，因此，法国的建筑与设计是历史主义的，崇尚古典风格。但从 19 世纪末起，法国产生了一些杰出的新艺术作品。法国新艺术受到唯美主义与象征主义的影响，追求华丽、典雅的装饰效果，所采用的动植物纹样大都是弯曲而流畅的线条，具有鲜明的新艺术风格特色。

法国新艺术最重要的人物是宾，他原是德国人，1871 年末定居巴黎。宾是一位热衷于日本艺术的商人、出版家和设计师，东方文化崇尚自然的思想对他产生了深远的影响。1895 年 12 月，他在巴黎开设了一家名为“新艺术之家”的艺术商号，并以此为基地资助几位志趣相投的艺术家从事家具与室内设计工作。这些设计多采用植物弯曲回卷的线条，不久遂成风气，新艺术由此而得名。另一位法国新艺术的代表人物是吉马德（Hector Guimard, 1867—1942 ）。19 世纪 90 年代末至 1905 年间是他作为法国新艺术运动重要成员进行设计的重要时期。吉马德最有影响的作品是他为巴黎地铁所作的设计（图 3-83 至图 3-85 ）。这些设计赋予了新艺术最有名的戏称——“地铁风格”。“地铁风格”与“比利时线条”颇为相似，所有地铁入口的栏杆、灯柱和护柱全都采用了起伏卷曲的植物纹样。吉马德于 1908 年设计的咖啡几（图 3-86 ）也是一件典型的新艺术设计作品。除巴黎以外，法国的南锡市也是一个新艺术运动的中心。南锡的新艺术运动主要是在设计师盖勒（Emile Galle', 1846 —1906）的积极推动下兴起的。1900 年，他在《根据自然装饰现代家具》一文中指出，自然应是设计师的灵感之源，并提出家具设计的主题应与产品的功能性相一致。他将新艺术的准则应用到了彩饰玻璃花瓶的设计上（图 3-87、图 3-88），在花瓶表面饰以花卉或昆虫。由于花饰强烈，往往超出纯装饰的范畴，使设计具有特别的生命活力。盖勒在自己的身边聚集了一批艺术家，形成了南锡学派并进行玻璃制品、家具和室内装修设计，影响较大（图 3-89）。

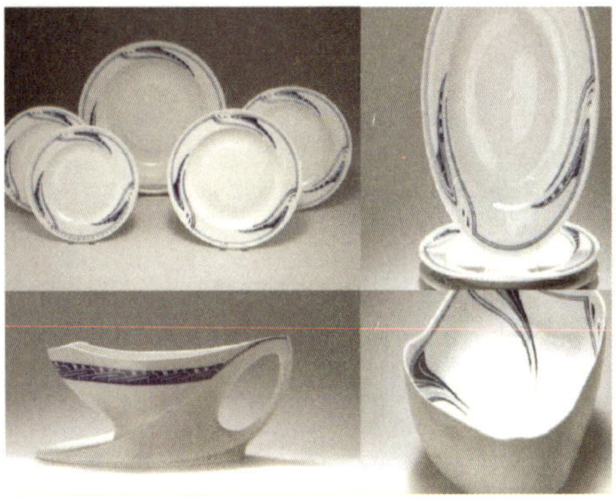
图 3-80 威尔德于 1903 年设计的瓷器

图 3-81 威尔德于 1902 年设计的银质刀叉

图 3-82 功能主义式方格

图 3-83

图 3-84

图 3-85

图 3-86　咖啡几

图 3-87

图 3-88　彩饰玻璃花瓶

图 3-89　南锡学派家具

图 3-90　米拉公寓

图 3-91　米拉公寓

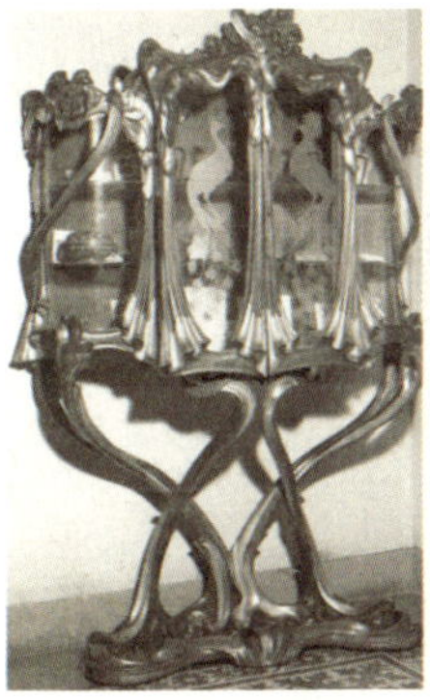
图 3-92　抽象雕塑

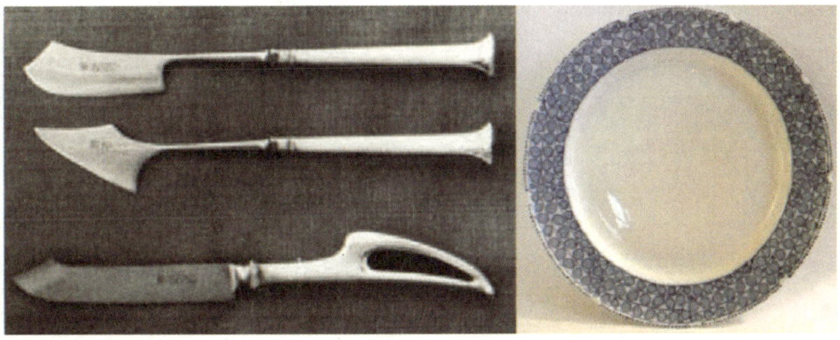
图 3-93　餐具

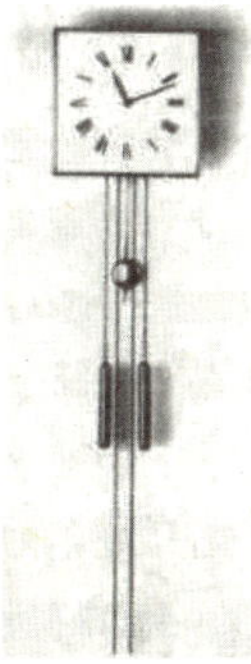
图 3-94　挂钟

阴差阳错，在整个新艺术运动中最引人注目、最复杂、最富天才和创新精神的人物出现于一个与英国文化与趣味相距甚远的国度，他就是西班牙建筑师高迪 （Antonio Gauti,1852—1926）。虽然他与比利时的新艺术运动并没有渊源上的关系，但在方法上却有一致之处。他以浪漫主义的幻想极力使塑性艺术渗透到三度空间的建筑之中去。他吸取了东方的风格与哥特式建筑的结构特点，并结合自然形式，精心研究着他独创的塑性建筑。西班牙巴塞罗那的米拉公寓（图 3-90、图 3-91）便是一个典型的例子。米拉公寓的整个结构由一种蜿蜒蛇曲的动势所支配，体现了一种生命的动感，宛如一尊巨大的抽象雕塑。由于不采用直线，在使用上颇有不便之处另外，西班牙新艺术家具设计也有这种偏爱强烈的形式表现而不顾及功能的倾向。巨大的抽象雕塑。由于不采用直线，在使用上颇有不便之处。另外，西班牙新艺术家具设计也有这种偏爱强烈的形式表现而不顾及功能的倾向（图 3-92）。

在德国，新艺术称为“青春风格”（Jugedstil），得名于《青春》杂志。“青春风格”组织的活动中心设在慕尼黑，这是新艺术转向功能主义的一个重要步骤。正当新艺术在比利时、法国和西班牙以应用抽象的自然形态为特色，向着富于装饰的自由曲线发展时，在“青春风格”艺术家和设计师的作品中，蜿蜒的曲线因素第一次受到节制，并逐步转变成了几何因素的形式构图。雷迈斯克米德（Richard Riemerschmid, 1868—1957）是“青春风格”的重要人物，他于 1900 年设计的餐具（图 3-93）标志着一种对于传统形式的突破，一种对于餐具及其使用方式的重新思考，迄今仍不失其优异的设计质量。著名的建筑师、设计师贝伦斯也是“青春风格”的代表人物，他早期的平面设计受日本水印木刻的影响，喜爱荷花、蝴蝶等象征美的自然形象，但后来逐渐趋于抽象的几何形式，这标志着德国的新艺术开始走向理性。1912 年，由德国德累斯顿一家工厂生产的挂钟（图 3-94）便完全采用了几何形式的构图，这一设计异常成功，直到 20 世纪 60 年代每年还能卖出上千个。

新艺术在美国也有回声，其代表人物是蒂芙尼（L.C.Tiffany, 1848—1933），他擅长设计和制作玻璃制品，特别是玻璃花瓶。他的设计大多直接从花朵或小鸟的形象中提炼而来，与新艺术从生物中获取灵感的思想不谋而合。蒂芙尼的作品在欧洲由宾负责销售，因而有较大影响。

四、麦金托什与维也纳分离派

麦金托什（Charles R.Mackintosh, 1868—1928）是英国格拉斯哥一位建筑师和设计师。他在英国 19 世纪后期的设计中独树一帜，并对奥地利的设计改革运动维也纳“分离派”产生了重要影响。虽然麦金托什和维也纳“分离派”成员在很多方面都与新艺术运动相呼应，不少设计史家也将他们划入新艺术的范畴。但与别的新艺术流派相比，他们的设计更接近于现代主义。“青春风格”几何因素的形式构图，在他们手中进一步简化成了直线和方格，这预示着机器美学的出现（图 3-95）。

图 3-95 麦金托什设计的座钟

麦金托什于 1885 年进入格拉斯哥艺术学校学习，毕业后进入一家建筑事务所工作。通过沃赛创办的《工作室》杂志，他接触了许多激进的艺术家和建筑师的作品和思想。他的早期活动深受莫里斯的影响，具有工艺美术运动的特点。他和妻子以及妻妹、妹夫形成了一个名为“格拉斯哥四人”的设计小组，从事家具及室内装修设计工作，并参加了 1896 年在伦敦举办的一次工艺美术协会展览，但他们的第一次公开露面并没有收到很好的效果。1897—1899 年，麦金托什设计了格拉斯哥艺术学校大楼及其主要房间的全部家具与室内陈设，获得了极大成功，使他被公认为新艺术运动在英伦三岛唯一的杰出人物和 19 世纪后期最富创造性的建筑师、设计师。从外观上看，这座建筑带有新哥特式简练、垂直的线条，而室内设计却反映了新艺术的特点，展示了麦金托什的全部天才。如果说霍尔塔和吉马德的主旋律是卷曲起伏的“鞭线”，麦金托什的主调则是一种高直、清瘦的茎状垂直线条，能体现出植物生长垂直向上的活力。1898 年，他设计了克莱丝顿小姐（Miss Cranston）为禁酒而开设的一系列茶厅，其装饰手法以及新颖的家具赋予了这些茶厅一种商业性的标记，这正是现代工业设计师所应做到的。他还为克莱丝顿小姐设计了著名的希尔住宅，这座住宅的建筑和室内设计都颇有影响。麦金托什一生中设计的大量家具、餐具和其他家用产品，都具有高直的风格（图 3-96 至图 3-98），这反映出有时对于形式的追求也会影响到产品的结构与功能。他设计的著名椅子一般都是坐起来不舒服的，并常常暴露出实际结构的缺陷，制造方法上也无技术性创新。为了缓和刻板的几何形式，他常常在油漆的家具上绘出几枝程式化了的红玫瑰花饰。在这一点上，他与工艺美术运动的传统相距甚远。

图 3-96　高直风格家具

图 3-97　高直风格家具

图 3-98　高直风格家具

1900 年，麦金托什应邀参加了在维也纳等地举行的分离派展览，获得了极大的成功，使他成为了一名国际性的人物，享誉欧洲大陆。1901 年，他在由德国人举办的“艺术爱好者之家”设计竞赛中获奖，经专业刊物介绍后引起了维也纳分离派的更大关注，其影响很自然地从英国转到了奥地利。同时他的垂直纹样的构图也在他的追随者中传播开来，并得到进一步的发展。

维也纳分离派是由一群先锋派艺术家、建筑师和设计师组成的团体，成立于 1897 年，是当时席卷欧洲的无数设计改革运动的组织之一。其代表人物是霍夫曼（Joseph Hoffmann，1870—1956）、莫瑟(Koloman Moser, 1867—1918) 和奥布里奇 (Joseph M. Olbrich, 1867—1908)。这个运动的口号是:“为时代的艺术——艺术应得自由”。维也纳分离派是由早期的维也纳学派发展而来的。在新艺术运动影响下，奥地利形成了以维也纳艺术学院教授瓦格纳（Otto Wagner，1841—1918）为首的维也纳学派。瓦格纳在工业时代的影响下，逐步形成了新的设计观点，他指出，新结构、新材料必将导致新形式的出现，并反对重演历史式样。霍夫曼等三人都是瓦格纳的学生和维也纳学派的重要成员。1897 年，他们创立了分离派，宣称要与过去的传统决裂。霍夫曼是分离派的核心人物，他曾在分离派杂志《室内》中写道：“所有建筑师和设计师的目标，应该是打破博物馆式的历史樊笼而创造新的风格。”1903 年，在银行家华恩多夫（Frilz Warndorfer ）的资助下，霍夫曼与莫瑟一道创立了维也纳生产同盟，并得到麦金托什的指导。这个同盟是按照英国工艺美术运动的行会模式建立起来的，实际上是一间手工艺作坊。1905 年，它已有百余名手工艺人，由霍夫曼与莫瑟负责设计，主要生产各种家具、金属制品和装饰品。这些产品的形式十分简洁，但使用的材料和手工艺又大都极尽豪华，颇似第一次世界大战后巴黎的装饰艺术。维也纳生产同盟的金属器皿颇有名气，其特点是采用精练的几何形式，与传统的装饰趣味相距甚远。1910 年生产的一套镀银茶具（图 3-99 ）虽是手工制作的，但其造型和表面处理都模仿机制品，预示着机器美学的到来，这与 19 世纪机器产品模仿手工制品的趣味恰成对比。霍夫曼本人的设计风格深受麦金托什的影响，喜欢规整的垂直构图，并逐渐演变成了方格网的形式，形成了自己鲜明的风格，并由此获得了 “棋盘霍夫曼”的雅称。他为维也纳生产同盟所设计的大量金属制品、家具和珠宝都采用了正方形网格的构图（图 3-100、图 3-101）。1905 年，霍夫曼在为维也纳生产同盟制订的工作计划中声称：“功能是我们的指导原则，实用则是我们的首要条件，我们必须强调良好的比例和适当地使用材料。在需要时我们可以进行装饰，但不能不惜代价去刻意追求它。”在这些话语中已体现了现代设计的一些特点。但是这种态度很快就发生了变化，特别是第一次世界大战后，霍夫曼的风格从规整的线性构图转变成了更为繁杂的有机形式，从此走向下坡路，生产同盟也于 1933 年解散。

图 3-99　镀银茶具

图 3-100　银质花篮 ,1905

图 3-101　可调节座椅，1905

图 3-102　卢斯的建筑设计

霍夫曼同时期的另一位维也纳建筑师卢斯（Adolf Loos，1870—1938）在设计思想上更为激进。卢斯于 1893—1896 年间在美国芝加哥工作过，返回维也纳后在瓦格纳的事务所中工作，设计了一些颇有争议的住宅和商店，但他最大的影响力来自他在一些杂志上发表的有关设计的论文，其中最有名的论文名为《装饰即罪恶》，发表于 1908 年。这是一篇反传统、反折中主义的檄文，震动极大。这篇论文的焦点是认为装饰表现了文化的堕落，现代的文明社会应以无装饰的形式来表现。“装饰是一种精力的浪费，因此也就浪费了人们的健康，历来如此。但在今天它还意味着材料的浪费，这两者合在一起就意味着资产的浪费。”

卢斯还认为，建筑学不仅是建筑行业的工作，也是社会文化的具体体现。卢斯本人身体力行地实践了自己的理论，把装饰完全排除在他的建筑和设计之外，因而显得朴素而略为刻板（图 3-102）。卢斯把装饰比作罪恶，在今天看来，似乎有些过激，但在当时不少建筑与设计装饰过度的情况下，矫枉过正是可以理解的。

五、芝加哥学派

19 世纪 70 年代，正当欧洲的设计师在为设计中的艺术与技术、伦理与美学以及装饰与功能的关系而困惑时，在美国的建筑界却兴起了一个重要的流派—— 芝加哥学派（Chicago School）。这个学派突出了功能在建筑设计中的主导地位，明确了功能与形式的主从关系，力图摆脱折中主义的羁绊，使之符合新时代工业化的精神。

1851 年，美国参加了“水晶宫”博览会，展出了各种工业品，这使欧洲首次接触到美国产品，不少观众赞扬大陆美洲带来了简洁明了的造型，既无浮饰而又适用，其前途必然发展成独特的艺术风格，这对欧洲是难得的启示。芝加哥学派正是这种独特的艺术风格在建筑领域的体现，并对整个设计领域产生了重大的影响。在美国南北战争之后，芝加哥变成了全国铁路中心，因此其城市发展很快。1871 年，芝加哥大火，三分之二的房屋被毁，重建工作吸引了来自全国各地的建筑师。为了在有限的市中心区内建造更多房屋，现代高层建筑开始在芝加哥出现。在采用钢铁等新材料以及高层框架等新技术建造摩天大楼的过程中，芝加哥的建筑师们逐渐形成了趋向简洁独创的风格，芝加哥学派由此而生。

芝加哥学派包括了众多的建筑师，他们建筑设计的共同特点是注重内部功能，强调结构的逻辑表现，立面简洁、明确，并采用了整齐排列的大片玻璃窗，突破了传统建筑的沉闷之感（图 3-103）。沙利文（Louis H. Sullivan，1856—1924）是芝加哥学派的中坚人物和理论家。他早年在麻省理工学院学习过建筑并到过欧洲，是一位非常重实际的人。他最先提出的“形式追随功能”的口号，成为现代设计运动最有影响力的信条之一。他说：“自然界中的一切东西都具有一种形状，也就是说有一种形式，一种外部造型，于是就告诉我们，这是什么，以及如何与别的东西互相区别开来。”同时他还进一步强调：“哪里功能不变，形式就不变。”不过，在沙利文身上同样可以看到莫里斯所体现出来的在理论与实践上的两重性。在理论上，沙利文声称形式追随功能，但实际上他的作品并非都是如此。沙利文十分偏爱装饰，特别喜欢自然纹样的装饰，这一点上他与欧洲的同行们并无两样。他的室内设计更是装饰繁复，这些装饰与功能并无多少联系。造成这种两重性的原因主要是沙利文的理论大多是他在 1893 年芝加哥哥伦比亚博览会上受冷落之后形成的，当时欧洲现代建筑的趋势已见端倪，并传到了美国。 他的著作便着意强调“功能主义”，以标榜自己的“先见之明”。但无论如何，沙利文的理论对于现代设计向功能主义发展起了重要作用。他本人在芝加哥学派衰落之后，于 1899 年设计的芝加哥施莱辛格—马耶百货公司大厦（图 3-104

图 3-103　芝加哥学派式建筑

图 3-104　马耶百货公司大厦

）完全体现了他的建筑理论，达到了 19 世纪高层建筑设计的高峰。

第二代芝加哥学派中最负盛名的人物是赖特（Frank L.Wright, 1869—1959），从 19 世纪 80 年代开始，他就开始在芝加哥从事建筑活动，曾在沙利文等人的事务所中学习和工作过，后来成为美国最著名的建筑大师，在世界上也享有盛誉。赖特吸收和发展了沙利文“形式追随功能”的思想，力图形成一个建筑学上的有机整体概念，即建筑的功能、结构、适当的装饰以及建筑的环境融为一体，形成一种适于现代的艺术表现，并十分强调建筑艺术的整体性，使建筑的每一个细小部分都与整体相协调。他的早期设计，包括家具、灯具和装修就与他所设计的住宅配合十分得体，相得益彰。这些设计与他的建筑一样，是以一系列简单的部件构成的，构图十分洗练。他设计的椅子（图 3-105、图 3-106）表现了他对于工艺美术运动和手工艺品的兴趣，但他开始认识到他的家具那种简明而直接的线条，通过机械的精密性获得的比用手工的更好。1901 年，在芝加哥的一次著名讲演《机器的艺术与工艺》中，赖特表达了对于机械化及其美学的潜力的乐观态度，批评了那种滥用机器、沉溺于过去文化的“糟糕形式”。赖特认为，机器“造物而不是这种病态的创造者”。它是一种工具，其潜在影响是解放人们的思想。尽管机器趋于简化，但它能揭示材料的真正特点与美。以木材为例，“机器无疑已赋予了设计师这样一种技巧，它使设计师能将他设计中所用的本质材料与人类的美学意识和谐地结合起来，用经济的方法来满足其材料上的要求，以使得木材的美能为每一个人所使用。”对赖特来说，个性价值与批量生产之间并无矛盾。他认为，为每个人提供更好的生活，减少人类单调乏味的工作是一种民主文化成熟的基础。艺术家应抓住和创造性地使用机器的力量。但是，赖特关于艺术家作用的浪漫观点并没有考虑到应用机械化的工业的现实情况，他的作品多出于私人委托，并没有机会以工业生产方式来实现他的理想。

图 3-105　赖特设计的椅子

图 3-106　赖特设计的椅子

赖特的观点，特别是有关机械化的观点，在美国和欧洲广泛流行起来，并预示着 20 世纪 20 年代现代运动的许多中心信条。但他的思想中有些矛盾之处，他强调简洁的几何形态只是对于机器生产的欣赏，而没有考虑到现代机械技术更广泛的潜力，他对于建筑工业机械化不感兴趣。赖特机械地把他的美学原则应用到他后来的设计之中，结果产生了一些极不舒适的几何形家具。

第四章　工业设计理论雏形的形成

4

两次世界大战之间的年代是现代工业设计在经历了漫长的酝酿阶段之后走向成熟的年代。在这期间，设计流派纷纭，杰出人物辈出，从而推动了现代工业设计的形成与发展，并为第二次世界大战后工业设计的繁荣奠定了基础。

1914—1918年，人类经历了第一次世界大战，进行了长达四年的战争，欧洲许多地区遭到严重破坏，而美国在战争中变得更强大了，经济实力急剧膨胀，世界财政经济重心由欧洲转到了美国。

就资本主义世界来说，两次世界大战之间的二十年间大体可以分为三个阶段：①1917—1923年，这是世界资本主义体系受到深刻震撼的时期，出现了第一个社会主义国家苏联，欧洲各国陷于严重的政治和经济危机之中。②1924—1929年是资本主义相对稳定时期。资本主义各国经济得到恢复并出现某些高涨。③1929—1939年是资本主义发生严重危机，并酝酿着和走向新的世界战争的时期。总的来说，介于两次世界大战之间的这个时期，即20世纪20年代和30年代是充满着激烈的震荡和急速变化的时期。社会历史背景的这些特点明显地表现在这一时期各国的设计活动之中。

在两次世界大战之间，对于大多数西方国家的人民来说，与"现代生活"有关的各种因素都已成现实。与此同时，现代设计开始产生了重大影响。工业化和城市化已成了两股成熟的力量，它们带来了新的生活方式，其特点就是大众市场和大批量消费的迅速扩大。这种扩大提高了一部分人的生活水准，并反过来进一步刺激了他们的物质欲望；另一方面，由于领薪阶层的扩大，造成了贫富不均。在1929—1939年的经济大萧条中，欧美各国的平民生活异常艰苦。第一次世界大战后的最初几年，在荷兰、苏联、法国、德国以及后来的瑞典和意大利出现的设计改革试验进一步发展，汇成了羽翼丰满的现代建筑与设计运动，激进地抛弃了19世纪遗留的历史主义与折中主义。这场现代建筑与设计运动，在对待工业的问题上已不再是小心翼翼和犹豫不决，而是紧密地与机械化、标准化和批量生产这些新概念的理想联系在一起，宣告了一种以理性的分析和功能主义为特征的新设计的诞生。它不仅力图改革现代社会的物质外观，并且致力于改造人们的生活方式。现代运动在抽象的概念上接受了新的大众社会，声称是第一个从根本上实现民主原则的设计运动。但是，这场运动并没有把握住资本主义的经济原则，因为资本主义经济需要的并不是一般的产品，而是可消费的商品，也并不想一劳永逸地满足人们的需求。先锋派的理想与当时的社会经济现实之间的差距是很大的。现代设计运动早期激进的试验并不成功，因为它所向往和依托的乌托邦社会并没有出现。

第一次世界大战后发生了一些从未有过的急剧变化。例如在制造业方面，战前在美国汽车和电器行业发展起来的大批量生产，在1918年之后走向成熟。20世纪20年代，生产迅速增长，随之而来的是消费膨胀，一时间福特等人的梦想似已成现实。然而，他们没有预料到，那些较为富有的消费者现在需要更富于变化的商品。这正体现了人类需求层次的递进，即：①保障生存；②使生活更舒适；③使生活更有趣。福特不久就不得不放弃他关于标准化生产的著名理想。1929 年，纽约华尔街股票大崩溃之前，许多有关设计的讨论都忽略了一个极为重要的因素——消费者。直到 20 世纪 30 年代，职业工业设计师在美国土地上出现，这种现象才得以改变，开始关注消费者对于美学和象征性的需求。

在两次大战之间，有许多重要因素推动了设计的发展，而设计的发展反过来又对这些因素产生了影响。零售商业的扩大，佣人数量的减少，家庭主妇作用的变化以及各种省力家用电器的增长都对新一代设计师提出了新的挑战。尼龙、轻合金、塑料等新材料的出现也同样如此。设计师的工作越来越成为批量生产工业中的一个不可缺少的环节。市场形式和特点的改变是刺激设计发展最有影响力的因素之一。在两次大战之间，购买新产品的人数之多是空前的，在美国尤为如此。城市化在 20 世纪 20 年代出现了飞跃，随之而来的是 20 世纪第一个消费高峰，这主要是由制造业的发展和家庭小型化趋势所带来的高就业、高工资形成的。此外，人们对于真空吸尘器、电冰箱、汽车等象征社会地位的消费品的向往，以及百货商店和其他零售网点的发展，也是重要的因素。

在美国，变化了的消费模式迫使制造商必须满足市场日益增长的需求。在战争以前，一般的美国家庭满足于拥有一台福特 T 型小汽车以及起码的家庭用品。到了 20 世纪 20 年代，人们已愿意以稍多的钱去购买更富“消费吸引力”的产品。例如，率先推出年度换型计划的通用汽车公司在小汽车销售上超过了福特，使他的标准化原则在竞争中成为历史陈迹。在确定新产品外观和它们的促销方式方面，市场的影响是至关重要的。为了增加销售，广告及包装业等大行其道，制造商对于自己产品的“形象”的关注也越来越大。在一些新型产业的产品上，市场影响尤为强烈。对于传统工业，如家具、玻璃、陶瓷和染织业等来说，它们早已建立起了自己的市场和识别特征，汽车和其他新产品先前主要是依靠技术上的新奇和实用的特点来促销的。随着消费的增长，这种状况已不适应市场竞争而发生了改变，汽车就不仅是一件有用的工具，也是新的速度价值和乐观主义华丽的象征。

厨房用品方面，社会因素也影响着制造商推销其产品的方式。大战前的厨房用品的推销主要是基于其省钱、省力的特点，由于所谓的“佣人缺乏问题”的出现，制造商的反应是根据新近引入工厂的“科学管理”方式，使家务工作系统化。到 20 世纪 20 年代，在美国雇到好的佣人已非常困难。省力产品先前只是用作鼓励佣人留任的手段，但在这一年代中，家庭主妇要独自担负家务劳动，这些产品就不仅作为佣人的替代，也作为生活必需品被推向了市场。它们的主要销售对象是家庭主妇，因而就必须以各种技巧来表明它们能改善生活质量。冰箱的设计由一件粗笨的木柜演化成一件精致、完整的金属箱的过程就说明了这一点。

为商品提供一种现代视觉特征的动力来自市场对产品象征意义的需要，生活水平的提高和消费的热情，这使得“时尚”的概念进入了实用产品之中，并使得设计师像在先前的时装业中一样，在制造业中也应发挥重要作用。源于汽车工业的年度换型的思想很快就被应用到了许多别的产品之上，成了 20 世纪批量生产的一条准则。这种趋势从根本上说是与现代主义所喜欢的普遍性和客观性思想背道而驰的，它意味着一种对于日常生活用品设计的更加灵活的态度。正是在两次世界大战之间，这两种现代设计观念，即理想化的和实用主义的设计思想各自平行地发展起来，一直到二次大战结束，并没有冲突。如果说理想主义在 20 世纪支配了主要的设计运动，那么实用主义则是生产和实际设计的准绳，即由它来支配着生产和消费。为了保持资本主义经济体制的运转。消费必须持续不断，并无休止地扩大销售，而设计正是这一过程中必不可少的动力。这样，消费者就不只是依据显而易见的产品功能上的优点，还要根据其视觉上的新颖和社会标记来做出购买的决定，而设计师正是将这些“附加价值”注入商品之中。妇女在居家环境中作为消费品的主要对象这一状况，在两次大战之间成了社会与设计关系的重要因素。自 19 世纪中期以来，妇女地位发生了变化，她们在家庭和就业两方面都有着越来越大的作用。两次世界大战之间，美国工作妇女的数目急剧增多，而在欧洲，尽管在第一次世界大战中妇女就业有所进展，但战后许多妇女又重返家中，直到第二次大战以后才复出。一般地说，妇女比先前可以有更多的钱花销在居家生活中，因此，广告商推出了许多以她们为目标的产品，设计趣味也更加女性化。同时，清洁卫生的标准也提高了，“细菌致病”论使真空吸尘器、洗衣机等产品更加流行起来，白色也被作为卫生的标志和新的“省力”厨房用品的色彩。但是，白色在使用上更容易显脏，花费在家务上的时间并不一定减少了，即在很多情况下还正相反。20 世纪，在家庭中发生的“工业革命”与先前发生在工厂中的“工业革命”同样对于现代设计产生了重要影响。到了 20 世纪 30 年代，“速度”之类的概念成了象征现代生活和对于未来的乐观精神的流行主题，为大萧条时代的人们提供了一种类似于好莱坞影片的逃避现实的手段，于是流线型一类体现“运动”特点的外观设计应运而生，并迅速传播开来。

第一节 德意志制造联盟

19 世纪下半叶至 20 世纪初，欧洲各国兴起了形形色色的设计改革运动，它们在不同程度和不同方面对设计的新态度做出了贡献。但是，无论是英国的工艺美术运动，还是欧洲大陆的新艺术运动，都没有在实际上摆脱拉斯金等人否定机器生产的思想，更谈不上将设计与工业有机地结合起来。工业设计真正在理论上和实践上的突破，来自于 1907 年成立的德意志制造联盟（Deutscher Werkbund）。这是一个积极推进工业设计的舆论集团，由一群热心设计教育与宣传的艺术家、建筑师、设计师、企业家和政治家组成。制造联盟每年在德国不同的城市举行会议，并在全国各地成立了地方组织。制造联盟的成立宣言表明了这个组织的目标：“通过艺术、工业与手工艺的合作，用教育、宣传及对有关问题采取联合行动的方式来提高工业劳动的地位。”联盟表明了对于工业的肯定和支持态度。宣言还指出，他们所关心的不只是美学标准，“美学标准的合理性与我们时代的整个文化精神密切相关，与我们追求和谐、社会公正以及工作与生活的统一领导密切相关。”在 1908 年召开的联盟第一届年会上，建筑师菲什（Theoder Fischer）在开幕词中明确了对机械的承认，他说：“在工具（指手工艺）与机械之间没有什么鸿沟。只有同时采用工具和机械，才能做出高水平的产品来。粗劣产品的出现，并非由于机械制造所致，而是因为机械使用者的不当与我们的无能。批量生产与劳动分工并没有什么危险，只有工业没有产生优质产品的目标，只有我们忘记了自己是社会的公仆，自以为是时代的支配者，这才是最为危险的。”

对于制造联盟的理想做出最大贡献的人物是一位在普鲁士贸易局工作的官员穆特休斯（Herman Muthesius，1861—1927），他是一位建筑师，1896 年被任命为德国驻伦敦大使馆的建筑专员，一直工作到 1903 年。在此期间，他不断地报告英国建筑的情况以及在手工艺及工业设计方面的进展。除此而外，他还对英国的住宅进行了大量调查研究，写成了三卷本的巨著《英国住宅》，并于他返回德国后不久出版。

像许多外国人一样，穆特休斯为英国的实用主义所震动，特别是在家庭的布置方面。他写到：“英国住宅最有创造性和决定价值的特点，是它绝对的实用性。”回国后，他被任命为贸易局官员，负责应用艺术的教育，并从事建筑和设计工作（图 4-1）。作为制造联盟的中坚人物，他广泛的阅历和政府官员的地位等优势，对于联盟产生了重大影响。对他来说，实用艺术（即设计）同时具有艺术、文化和经济的意义。

新的形式本身并不是一种终结，而是“一种时代内在动力的视觉表现”。它们的目的不仅仅是改变德国的家庭和德国的住宅，而且直接地影响这一代的特征。于是形式进入了一般文化领域，其目标是体现国家的统一。一种体现了国家文化的艺术风格也进一步体现了经济价值：“商业上的成功是与普遍的精神价值同步的，如法国长期以来就以其伟大的文化素质使一个国家在应用艺术方面居于领导地位，并在自由中发展其最优秀的作品，把它们推向世界。”他声称，建立一种国家的美学的手段就是确定一种“标准”，以形成“一种统一的审美趣味”。穆特休斯使用的术语是很有意思的，作为政府官员，他肯定了解国家的技术标准体系，尽管两者侧重点不同，他强调的是文化和形式上的标准，但其原则和动机是很相似的。

图 4-1　弗洛伊登贝格住宅

威尔德也是制造联盟的创始人之一，但他对于为了国家的经济利益而统一艺术与工业的可能性并不十分乐观，他认为这两者的结合是将理想与现实混为一谈，会导致理想的崩溃，他怀疑工业是否能接受一种可能减少其物质利益的方式。他重申自己早期的道德观：“工业决不应为了获得更多的利益就可以牺牲作品的美和材料的高质量，对那些既不注重美，也不注重使用材料，因而在生产过程中毫无乐趣的产品，我们不必去理睬。”

另一位制造联盟的创始人是政治家诺曼（Friederich Naumann）。实际上，正是由他精明的外交手腕才使得观点不尽相同的人士汇集在联盟的旗帜下。诺曼本人是一位视觉艺术的爱好者，他竭力鼓吹有必要寻找新的形式以适应新的时代，他的理想是复兴德国文化并使其得益于机器而不是受制于机器。他曾在一篇文章中强调，需要一种新的方法以应付工业所提出的问题：“在手工艺人身上，三种活动，即艺术家、生产者和商人的活动集于一身。但自从实用艺术不再是手工艺的同义语以来，这种功能就被分开了，因此，有必要找到一种共同基础，将这三者联系起来，这就意味着一种观念上的变化和合作的意愿。”他指出：“必须寻求一种新的美学，因为用机器来复制手工艺设计的产品使机器潜力枯竭，这种低下的艺术必须被改良，机器必须赋予精神上的意义。”

德意志制造联盟的成员都是应邀加入的，其组成十分复杂，组织也很庞大。1908 年，联盟成员为 492 人，1929 年达 3000 人。在这种情况下，要保持一致的观点是很困难的。所以，在两位重要人物——穆特休斯和威尔德周围形成了两种尖锐对立的思想。其中一场最激烈的争执发生于 1914 年 7 月，当时正值联盟举行的科隆展览会前夕（图 4-2），这是由穆特休斯提交制造联盟采纳的几项提议所引起的，穆特休斯希望设计师们更加致力于发展标准或者说规范化的形式，亦即生产那些能以高质量而满足出口贸易所需求的东西。这些提议受到了威尔德等人的反对。他们依然高度评价“青春风格”的个性，认为标准化会扼杀创造性，使设计师降格为绘图员，并且为制造商支配和控制设计师的活动提供了口实。不少穆特休斯的反对者甚至憎恨德国应努力大规模出口的理想，对于他们来说，这意味着在迎合低劣的外国趣味的同时，德国的民族特色将丧失殆尽，还意味着为了便宜而牺牲质量。为了保持制造联盟的团结，穆特休斯不得已撤回了自己的提议，尽管如此，这些提议的影响还是很大的。这场在第一次世界大战前发生于联盟内部的争论表明，一些成员的思想比起英国工艺美术运动时有了很大的飞跃，尽管工艺美术运动最初启发了联盟的成立，但穆特休斯从未毫无保留地接受它。他的目的是了解有什么东西可以从英国学来而造福于德国，而不是亦步亦趋。一直到 19 世纪德国才获得统一，工业化比起英国来要晚得多，德国人意识到有大量的领域有待开拓。另一方面，由于德国工业较新，没有什么传统的束缚，所以更乐意尝试新的设计方法。

图 4-2 1914 年科隆会展海报

制造联盟的设计师们为工业进行了广泛的设计，如餐具、家具以及轮船的内部设计等。1907 年，雷迈斯克米德设计的一套客厅和卧室家具被称为“机器家具”，其特点是无装饰、构件简单、表面平整，能适合机械化批量生产的需要，同时又体现了一种新的美学，但联盟中最富创造性的设计并不是为那些以各种形式存在许多世纪的东西而进行的设计，而是那些为适应技术变化应运而生的产品所作的设计，特别是家用电器的设计。联盟的一些不太知名的设计师所设计的一系列吊灯和台灯，表明了在解决电光源照明这一特定问题上的逻辑性，这在今天也是难能可贵的。

在联盟的设计师中，最著名的是贝伦斯。贝伦斯出生于汉堡，曾在艺术学院中学习过绘画，后改行学习建筑。1893 年成为慕尼黑“青春风格”组织的成员，在慕尼黑期间，他接受了当时的激进艺术的影响，与维也纳分离派的主要人物奥布里奇等人交往甚密。1907 年，贝伦斯受聘担任德国通用电器公司 AEG 的艺术顾问，开始了他作为工业设计师的职业生涯。AEG 拥有在德国使用爱迪生电气照明系统的专利许可，到 1907 年，它已成为世界上最大的制造商之一，生产发电机、电缆、变压器、电动机、弧光灯以及各种家用电器等。由于 AEG 是一个实行集中管理的大公司，使贝伦斯能对整个公司的设计发挥巨大作用。他全面负责公司的建筑设计、视觉传达设计以及产品设计，从而使这家庞杂的大公司树立起了一个统一完整的、鲜明的企业形象，并开创了现代公司识别计划的先河。贝伦斯还是一位杰出的设计教育家，他的学生包括格罗皮乌斯（Walter Gropius，1883—1969）、米斯（Mies van der Rohe，Ludwg，1886—1969）和柯布西埃（Le Corbusier，1887—1965）三人，他们后来都成了 20 世纪最伟大的现代建筑师和设计师。联盟成立之时，贝伦斯就积极参与联盟的工作。他在 AEG 各方面设计的成就，就是联盟所追求的目标的一个典型范例。1909 年，他设计了 AEG 的透平机制造车间与机械车间

图 4-3 透平机制造车间与机械车间

（图 4-3），其造型简洁，摒弃了任何附加的装饰，被称为第一座真正的现代建筑。贝伦斯还为 AEG 作了大量的平面设计，其中 AEG 的标志经他在几年时间内数易其稿，一直沿用至今，并成了欧洲最著名的标志之一。作为工业设计师，贝伦斯设计了大量的工业产品。在有些产品中，古典形式和手工艺的影响的痕迹依稀可见，如前文所述的电水壶的表面处理就反映了这一点，虽为机制产品而表面看上去却有些像手工锻打而成的。贝伦斯的多数产品都是非常朴素而实用的，并且正确体现了产品的功能、加工工艺和所用的材料。从他于 1908 年设计的台扇（图 4-4）和 1910 年设计的电钟（图 4-5）上看不到任何的伪装与牵强，使机器即使在居家环境中也能以自己的语言来自我表达，而不再借助于过去的风格。在这一点上，他作为现代工业设计的先驱是当之无愧的。

图 4-4　台扇

图 4-5　电钟

贝伦斯十分强调产品设计的重要性。1910 年，他在《艺术与技术》杂志上总结他的设计观时说，我们已经习惯于某些结构的现代形式，但我并不认为数学上的解决就会得到视觉上的满足。对于贝伦斯来说，仅有纯理性是不够的，因而需要设计。1922 年，他在制造联盟的刊物《造型》中写道：“我们别无选择，只能使生活更为简朴、更为实际、更为组织化和范围更加宽广，只有通过工业，我们才能实现向己的目标。”但是，他又指出：“不要认为一位工程师在购买一辆汽车时会把它拆卸开来进行检查，甚至他也是根据外形来决定购买的，一辆汽车看上去应该像一件生日礼物。”这表明设计的直觉方面对他来说是很关键的，也反映了他对产品市场效果的关注。

德意志制造联盟十分注重宣传工作，常举行各种展览，并用实物来传播他们的主张，还出版了各种刊物和印刷品。在其 1912 年出版的第一期制造联盟年鉴中，曾介绍了贝伦斯设计的厂房和电器产品。在 1913 年的年鉴中，着重介绍美国福特汽车公司的流水装配作业线，希望将标准化与批量生产引入工业设计中。1916 年，联盟与一个文化组织合作出版了一本设计图集，推荐诸如茶具、咖啡具、玻璃制品和厨房设备等家用品的设计，其共同特点是功能化和实用化，并少有装饰，而且价格为一般居民所能承受：这本图集是制造联盟为制定和推广设计标准而出版的系列丛书中的第一本。这些宣传工作不但在德国影响很大，促进了工业设计的发展，而且对欧洲其他国家也产生了积极的影响。一些国家先后成立了类似制造联盟的组织，对欧洲工业设计发展起到了很重要的作用。

在第一次世界大战期间，制造联盟在中立国举办了一系列有影响的展览。自此以后，联盟逐渐把目光从国外转向国内，其思想中的国际主义因素让位于较实际面对经济状况的态度，强调把设计作为改善国家经济状况的一种手段。德意志制造联盟于 1934 年解散，后又于 1947 年重新建立。

第二节　美术联盟

20 世纪初，美术界产生了一场影响深远的革命性运动。尽管这场运动在不同国家有不同的表现，侧重点也不一样，但它却具有一些共同的国际特征，如“为艺术而艺术”的信条受到了广泛的抨击，强调艺术的社会作用等。这意味着对于个性的扬弃，而试图在一种客观的，甚至科学的基础上来创造和理解艺术。这种趋势显示了理想主义哲学传统的影响，渴求一种能体现飞速变化的外部世界精神实质的理想形式，这就导致了抽象的，特别是几何的形式，象征现代性的机器美学应运而生。先前不登大雅之堂的工业及其产品成了绘画、雕塑的主题，由此而产生的视觉语言又对工业设计产生了重大影响，使设计逐渐摆脱了古典艺术的禁锢而体现出工业产品自身的特色。这场美术运动中的一些重要流派，如立体主义、未来主义、表现主义等都对现代设计的发展起了推动作用。

立体主义（Cubism）产生并形成于第一次世界大战前夕的法国，它的基本原则是用几何图形（圆柱体、圆锥体、立方体、球体等）来描绘客观世界。立体主义的创始人给立体主义下了这样一个定义：“把我们所看到的一切，只是作为一系列各种不同平面、表面的一定分割来理解，这就是立体主义。”这种对于艺术的理解不依靠人们对于外部世界的观察，而是取决于艺术家们所提供的解析。显然，这种解析并不一定总是客观的。毕加索（Pablo Picasso）是立体主义的代表人物之一，他在 1909—1913 年间的解析立体主义阶段就对自然主义的题材进行了抽象，到了后来的综合立体主义阶段则更加强烈地趋向于与机器美学相联系的几何化。

未来主义（Futurism）是第一次大战之前首先出现于意大利的一个文学艺术思想流派，它对资本主义的物质文明大加赞赏，对未来充满希望。意大利作家马里内蒂（F.T.Marinetti，1876—1944）在“未来主义宣言”中宣扬工厂、机器、火车、飞机等的威力，赞美现代大城市，对现代城市生活的运动、变化、速度和节奏表示欣喜。未来主义否定传统的艺术规律，宣称要创造一种全新的未来艺术，并提出把机器和工业作为现代艺术偶像和主题。在绘画作品中，未来主义者试图表现现代生活的活力，都市中人群的运动及汽车、火车的高速飞驰等，他们还将一些普通的批量产品作为描绘的主题。未来主义对于机器的崇拜确立了它在现代美学中的核心地位，并在其失去势头之后很久仍影响着画家们。对于未来主义者而言，机器既是抽象的基础，也能用于比喻。勒加（Fernand Leger）在 20 世纪 20 年代所作的一幅画《机械的要素》（图 4-6）和德普罗（Fortunato Depero）在 20 世纪 30 年代所作的《钢与透平》中的机械构图就分别体现了这两个方面。

图 4-6 《机械的要素》

立体主义和未来主义都把普通批量产品作为一种艺术品来表现。1914 年，杜尚（Marcel Duchamp）买了一只廉价的铁制瓶架，署名后存列在其工作室内，声称它是一件艺术品。这样，不起眼的实用物品就被他推上了“艺术”的殿堂。他的目的是对艺术的本质提出疑问，因为他认为艺术作为一种精神作品，就不能局限于特定的形式和技巧。其他画家虽然不像他那样激进，但他们都开始将机器作为一种绘画语言引入到了美术作品中，或作为绘画的主题。美国画家墨菲（Gerald Murphy）1922 年所作的一幅油画（图 4-7）就是以一些日常用品为主题，描绘了一只火柴盒、一具安全刀架和一支自来水笔。画家似乎在说：这些工业产品虽然貌不惊人，事实上却是整个文明的基本因素，它们比那些貌似非常重要的事物更有意义。1929 年，席勒（Charles Sheeler）的油画《上甲板》（图 4-8）更是直接以机器本身作为绘画主题。

图 4-7　墨菲所作油画

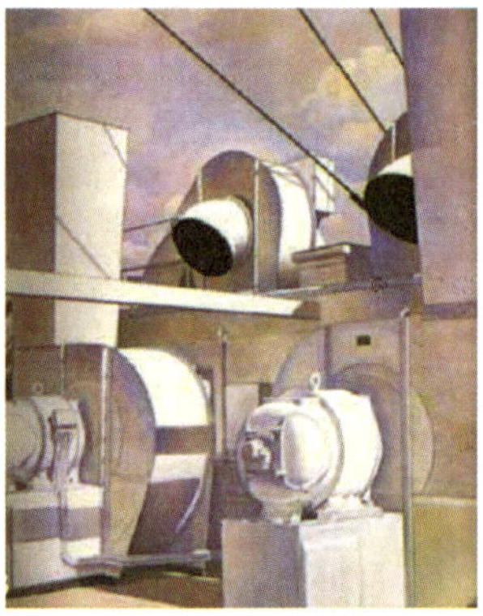
图 4-8　《上甲板》

图 4-9　内置扬声器的机器偶像

对机器的爱好必然对于设计产生影响。例如法国的钟表在一个世纪前被设计成微型的希腊神庙，现在则被装饰成一件立体主义的雕塑；一位瑞典雕塑家则做了一尊内置扬声器的机器偶像（图 4-9）。这些手法与 18 世纪矫揉造作之风并无本质区别，但它们毕竟预示着某种重要的东西，即人们已开始用一种新的方法来研究工业产品。现代艺术通过将工业的形式与其内涵相分离，从而建立了一种与工业社会相契合的新美学。19 世纪时，纯机器的形式是不登大雅之堂的，只有用某种方式加以装饰之后才能露面。现在，艺术已赋予它们自身以合理性，人们不再把工业视为一种必须加以控制的粗鲁力量，而是作为一个理想世界的范例。因此，必须允许机器表现它自己的形式和想象力，而不必在它们身上强加一件古典的外衣。现代艺术对于工业形式的推崇改变了传统的美学观念，为现代工业设计的健康发展铺平了道路。

第三节　20 世纪初的现代艺术在建筑与设计中的应用

一、风格派

风格派艺术从立体主义走向了完全抽象，它对于 20 世纪的现代艺术、建筑学和设计产生了持久的影响。风格派是一场松散的运动，没有具体的组织形式。它的一些主要成员彼此接触不多，甚至从未谋面，但他们有相似的美学观念。风格派艺术家们主要通过 1917 年在莱顿城创建的名为《风格》的月刊交流各自的理想，风格派由此而得名。该刊的编辑兼出版人、画家陶斯柏（Theo Van Doesberg）是风格派的理论家和发言人，风格派的主要成员还有画家蒙德里安（Piet Mondrian，1872—1944）、建筑师奥德（Jocobus J.P.Oud，1890—1963）和建筑师兼设计师里特维尔德（Gerrit Rietveld，1888—1964）等人。风格派有一个共同的

图 4-10　蒙德里安的绘画

出发点，即绝对抽象的原则，也就是说艺术应完全消除与任何自然物体的联系，而用基本几何形象的组合和构图来体现整个宇宙的法则——和谐。这种对于和谐的追求是风格派恒定的目标。蒙德里安的绘画（图4-10）典型地体现了风格派的视觉语言。他认为，绘画是由线条和颜色构成的，所以线条和色彩是绘画的本质，应该允许独立存在，只有用最简单的几何形式和最纯粹的色彩组成的构图才是有普遍意义的永恒绘画。因此，他在作品中仅用三原色色块以及非彩色的黑、白、灰色，对风格派的艺术家而言，这些基本要素是整个视觉现实的基础，他们追求的是将这些线条、块面、色彩等相互冲突的因素构成一幅均衡而合比例的画面。作为生活普遍和谐的一种象征，一种将和谐推广到整个视觉环境的手段，风格派艺术家把几何形式与机器生产等同起来，追求那种在机器产品中的精确。他们断定，这种精确和严密只有用严格确定的几何因素才能实现。而这种几何因素不是自然物体的特定形式，而是高度抽象的、万能的形式。风格派的这些思想对于机器美学的形成颇有影响。

风格派不仅关心美学，也努力更新生活与艺术的联系。在创造新的视觉风格的同时，它力图创造一种新的生活方式。陶斯柏声称：“艺术……已发展成了足够强大的力量，能够影响所有的文化，而不是艺术本身受社会关系的影响。”在他看来，绘画和雕塑已不再是与建筑及家具不相干的东西了，它们都同属一个范畴，即创造和谐视觉环境的手段。这种用艺术改造世界的思想显然是过于理想化了。

风格派的作品虽然没有可理解的主题，常冠以“构图第 X 号”之类的名称。但这些作品有其深层次的内涵与意义，它们体现了大多数欧洲人民渴望和谐与平衡的心态。蒙德里安认为，只要普遍的和谐还未成为日常生活中的现实，那么绘画就能提供一种暂时的代替。风格派出现于荷兰并非偶然，它与人类征服自然的“荷兰精神”和宣扬克制与纯洁的荷兰清教传统相一致。有人认为四四方方的田野、笔直的道路和运河这种人工的荷兰景色是风格派绘画中隐匿的主题，这种说法未免有些牵强，但风格派艺术确实以一种几何和精确的方式表达了人类精神支配变化莫测的大自然的胜利，以及寓美于纯粹与简朴之中的思想。

风格派最有影响的实干家之一是里特维尔德，他将风格派艺术由平面推广到了三度空间，通过使用简洁的基本形式和三原色创造出了优美而功能性的建筑与家具，以一种实用的方式体现了风格派的艺术原则。里特维尔德 8 岁时便师承其父制作家具，20 岁开始学习建筑，深受工艺美术运动的影响。1911 年，他单独开设了一间家具店，1918 年加入风格派。他一生设计了大量家具（图 4-11 至图 4-13），其中红蓝椅无疑是 20 世纪艺术史中最富创造性和最重要的作品。

图 4-11 里特维尔德设计的红蓝椅

图 4-12 里特维尔德于 1919 年设计的矮柜

这几件作品以其完美和简洁的物质形态反映了风格派运动的哲学，并向人们表明，抽象的原理可以产生出满意的作品。红蓝椅是风格派的典型作品，在艺术史上人们难以找到一件相比拟的作品能如此完美地体现一种艺术理论。它由机制木条和层压板构成，13 根木条相互垂直，形成了基本的结构空间，各个构件间用螺钉紧固搭接而不用榫接，以免破坏构件的完整性。椅的靠背为红色的，坐垫为蓝色的，木条漆成黑色，木条的端部漆成黄色，以表示木条只是连续延伸的构件中的一个片断而已。里特维尔德曾这样说起过红蓝椅："结构应服务于构件间的协调，以保证各个构件的独立与完整，这样整体就可以自由和清晰地竖立在空间中，形式就能从材料中抽象出来。"红蓝椅既是一把椅子，也是一件雕塑，尽管坐上去并不十分舒服，但根据设计者的最初目的，它还是具有相当功能性的。几年以后，里特维尔德设计了一组吊灯（图 4-14），批量生产的灯管被小黑块固定住，然后悬挂起来，其中两支水平，一支垂直，由此创造了一件实用而全无矫饰的灯具。这种灯具后来被包豪斯广为采用。1923 年底，里特维尔德设计了荷兰乌德勒支市郊的一所住宅（图 4-15），这是他第一件重要的建筑作品，其最显著的特点是各个部件在视觉上的相互独立。通过使用构件的重叠、穿插以及使用原色来强调不同构件的特点，创造了一个开放和灵巧的建筑形象。室内陈设也体现了与室外一样的灵活性（图 4-16），楼层平面中唯一固定的东西就是卫生间和厨房，因而可以自由划分，适用于不同的使用要求。外部的色彩设计也同样用在室内，以色彩来区分不同的部件，又富于装饰意味。这所住宅的设计可以说是蒙德里安绘画的立体化。

图 4-13　里特维尔德于 1934 年设计的折弯椅

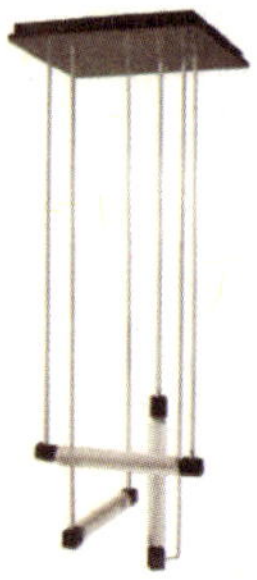

图 4-14　吊灯

图 4-15　一所住宅

图 4-16　室内陈设

二、构成派与俄罗斯先锋艺术

第一次世界大战前后，俄罗斯一些青年艺术家在立体主义、未来主义等的影响下，积极探索工业时代的艺术语言，他们颂扬机器的特征，提倡用工业精神来改造社会生活，认为艺术表现不应依赖于油画颜料、画布、大理石等传统材料，而应取决于塑料、钢铁、玻璃等现代材料，艺术的形式也应是抽象的几何形式。在俄罗斯先锋派艺术中，对于建筑学、城市规划和工业设计影响最大的是构成派（Constructivism）。构成派艺术家力图用表现新材料本身特点的空间结构形式作为绘画及雕塑的主题。他们的作品，特别是雕塑很像工程结构物，因此被称为构成主义。

第一次世界大战之前，以马来维奇（Kasimir Malevich，1868—1935）为中心的一批艺术家就已转向一种完全的几何抽象，发展了一种在白色背景下进行几何构图的抽象艺术。1917 年的"十月革命"以其新社会、新人的号召力而受到先锋派艺术家们的热烈欢迎。他们将政治上的革命与艺术上的革命联系起来，力图为革命后的苏维埃国家提供一种新的美学生活方式，加强以集体主义原则为基础的社会主义革命。但在实现这些理想的过程中，艺术家们发生了争执，一些人认为，艺术作为一种抽象的概念，能够也应该应用到三度空间的物品之上；而另一些人则认为艺术已成了多余的东西，即实用物品有其自身的功能与技术要求，需要一种设计理论来指导。这两种观点实际上反映了两种不同的功能观，后者强调的是实际使用，而前者则主要基于马来维奇的理论，强调美学结构上抽象的经济性。马来维奇的这种功能观体现于他在20世纪20年代设计的陶器之中，实用性和使用者的要求被忽视了，“功能”被抽象成了形式上经济的美学原则。

1920年，有两位苏联艺术家发表了《生产宣言》，奠定了构成主义的理论基础。在政治上，构成派试图把对传统的抛弃以及对技术的热情与共产主义的理想联系起来；在艺术上则以抽象的雕塑结构来探索材料的效能，并将产品、建筑与文化联系起来，强调根据与工业化世界的关系来定义“艺术家”。这样，构成主义就与绘画、雕塑等传统美术相脱离，而走向了实用的“设计”范畴。

图4-17　第三国际纪念塔

构成派最重要的代表作是雕塑家塔特林（Vladimir Tatlin，1885—1953）设计的第三国际纪念塔（图4-17）。这座纪念塔1920年首次在莫斯科和列宁格勒展出，它以新颖的结构形式体现了钢材的特点和设计师的政治信念。塔特林本人是构成派的中坚人物，早在革命前就致力于材料、空间与结构的研究，并通过使用金属来体现艺术家与其所生活的时代的直接关系。革命后塔特林越来越关注于工程技术和“功能”的重要性，他曾写道：“一种将纯艺术形式与实用功能统一起来的机会已经到来。”与马来维奇相比，他更加重视物质和生产的作用，并深入工厂车间，身体力行地进行服装、家具、陶瓷等实用品的设计工作而卓见成效。

构成派认为“实验室艺术”缺乏社会意识，并对比进行了激烈批评，导致了一场如何将艺术与工业联系起来的讨论，并出现了几种理论，阐述了艺术作为一种作品形式与工厂产品的抽象关系。1922年，一位主要的理论家阿瓦托夫（B.Arvatov）提出了一个关于工业产品的详尽观点。他声称，生产工程师的工作与艺术家的工作相似。工程师们也是“事物的发现者、材料的组织者、形式的创造者”。艺术家与工程师的技艺均来自实践经验，只是发现和发明的方式不同而已。阿瓦托夫认为，艺术家具有更广泛、更深刻的经验，因而可以代替生产工程师。这种“工程师—艺术家”的工作具有两重性，既设计工业的试验性产品，也设计批量和系列生产的产品。这种强调个别工程师—艺术家决定性综合作用的观点受到了塔拉布金（N.Tarabukin）的批评，他认为这与基于劳动分工的工业生产特点不相容。塔拉布金是合理化的积极鼓吹者。合理化在苏联是一项强有力的活动，被认为是一种革命化的生活和工作方式。作为莫斯科无产阶级文化组织艺术工场领导人，他发起了一个“工作界科学组织”，以调查“艺术工作的合理化，这些工作迄今为止仍处于混乱和豪放不羁的条件之下”。他的原则多源于马来维奇的经济法则，即不仅强调有效地利用材料，也强调有效地使用时间，通过为艺术建立一种技术和科学的基础，就可以将艺术与社会结合起来，作为一种集体生活的要素。在答复塔拉布金的批评时，阿瓦托夫继续鼓吹工程师一艺术家双重性的观点。他认为“社会主义不是千人一面的社会，而是一个在集体生产中有高度个性的组织单位。”就他而言，工程师一艺术家的作用就是“在示范工厂中完成实验的工作以及发现物质环境的标准形式”。这种标准不仅是技术规范，而且也是体现集体的社会主义生活的一种方式，并对思想和社会关系产生影响。然而，在实施这些理论中遇到的实际问题却不令人乐观。示范工厂并不存在，唯一试验三度空间作品的中心是李西茨基（El Lissitzky，1890—1941）主持下的莫斯科教育学院的金属和木制品车间。这个车间在缺乏材料和设备的情况下，发展了一套生产设计方法。车间的工作集中于设计标准型的多功能家具，其形式的简化和空间的经济利用反映了材料的匮乏和住房的紧缺（图 4-18 ）。许多设计是空中楼阁，如为飞机和长途公共汽车所设计的可折叠家具。当时这类运输工具在苏联并不存在，所使用的结构和材料都与当时已有的生产设施没有关系。美学概念与社会生产和使用条件之间的差距再度引起了尖锐的批评。

图 4-18　罗德钦柯设计的棋桌

在实现标准设计中唯一值得注意的成功是由名为“工作青年艺术联盟”的一个列宁格勒工人团体所取得的。联盟为工人俱乐部和文化馆等社会文化中心设计家具，这些家具多用木材制成，并采用简洁的形式以方便生产。从 1928 年起，生产了各种桌、椅、凳、柜等家具，被作为一种出自群众而不是职业艺术家之手的无产阶级艺术而被广为宣传。1928 年，随着第一个五年计划的开始，苏联的资源都被纳入了斯大林的工业计划之中，从而结束了这些年的争论与试验。先锋派艺术被“社会主义的现实主义”所取代。新古典再度复兴，构成派很快销声匿迹了。苏联先锋派艺术的实际成果不多，这一方面是由于苏联工业的客观条件所限，无法为革新的理想提供实践的机会；另一方面是由于先锋派一直未能将其乌托邦式的理想与设计和他们的时代结合起来。

构成派和风格派都热衷于几何形体以及空间和色彩的构图效果。它们在旨趣上和做法上都无重要区别，实际上两派的一些成员也在一起活动了。从艺术上讲，两派都是抽象的，反现实主义的，但它们在造型和构图的视觉效果方面进行的试验和研究是有价值的。新材料出现了，技术与工艺改变了，社会经济条件和生活方式也变化了，人们的美学观点和爱好也跟着转变。无论是建筑还是工业产品都要改变它们的造型，因此，对于形式和空间作一般性试验研究也是现代生产和生活提出来的要求。风格派、构成派等西方现代艺术流派在这方面所作的试验和探索，对于现代建筑及工业设计起了积极的推动作用。

第四节　柯布西埃与机器美学

对现代美学做出最大贡献的建筑师、设计师是柯布西埃。从 20 世纪 20 年代开始，直到去世为止，他不断以新奇的建筑与设计思想及大量的实际作品和设计方案使世人耳目一新，并对现代物质环境的形式产生了不可估量的影响。1987 年，这位建筑和设计大师诞辰 100 周年之际，世界各地包括中国都举行了隆重的纪念活动。

柯布西埃出生于瑞士，父母是钟表业者。柯布西埃家乡的小镇在 18 世纪曾遭火灾，此后曾按方格网图案进行了重建。这种严谨的几何形式对他的创造性想象力产生过影响。柯布西埃少年时曾在故乡的钟表技术学校学习，后来从事建筑，并在著名建筑师和工业设计师贝伦斯的事务所中工作过。这段经历对他后来设计思想的发展有重要影响。第一次世界大战前夕，建筑活动停顿，柯布西埃转而从事现代绘画与雕塑，直接投身到当时正在兴起的立体主义潮流中，努力发展一种形式要素的语言，将精神上的理想主义与机械化、现代化的信条结合起来，走上了艺术革命的道路。1917 年，他移居巴黎。1920 年，他与新派艺术家合编名为《新精神》的综合性杂志。杂志的第一期上写着“一个新的时代开始了，它根置于一种新的精神：

有明确目标的建设性和综合性的新精神”。柯布西埃等人在这个刊物上连续发表了一些鼓吹新建筑的短文。1923 年，柯布西埃把他的文章汇集出版，书名为《走向新建筑》。

《走向新建筑》是一本宣言性的小册子，充满了激奋甚至狂热的语言。书中用许多篇幅歌颂现代工业的成就。柯布西埃列举出轮船、汽车和飞机，作为表现新时代精神的产品。他认为“这些机器产品有自己的经过试验而确立的标准，它们不受习惯势力和旧样式的束缚，一切都建立在合理分析问题和解决问题的基础上，因而是经济有效的。”在形式语言上，他赞美简单的几何体。他说：“原始的形体是美的形体，因为它使我们能清晰地辨识。”在这一点上，他也赞美工程师，他认为“按公式工作的工程师使用几何形体，用几何学来满足我们的眼睛，用数学来满足我们的理智，他们的工作简直就是良好的艺术。”但他同时又强调造型的重要性，“轮廓线是纯粹的精神的创造，它需要造型艺术家。”

柯布西埃对于机器的颂扬在理论上的反映就是“机器美学”。机器美学追求机器造型中的简洁、秩序和几何形式，以及机器本身所体现出来的理性和逻辑性，以产生一种标准化的、纯而又纯的模式。其视觉表现一般是以简单立方体及其变化为基础，强调直线、空间、比例、体积等要素，并抛弃一切附加的装饰。在机器美学被实际应用到机器本身之前，首先在建筑和一些实用艺术品上得到了体现。在这里，对于机器的兴趣不如说是对于简单、抽象形式的兴趣。柯布西埃最有影响，也是最受非议的一句名言就是“住房是居住的机器”，他主张用机器的理性精神来创造一种满足人类实用要求、功能完美的“居住机器”，并大力提倡工业化的建筑体系。他的一些建筑设计采用了机器的造型，如模仿轮船、飞机的部件等，但它们与机器的功能及效率并无关系。这些设计把机器美学推向了高峰。

1925 年，在巴黎国际现代装饰与工业艺术博览会上，柯布西埃设计了有名的“新精神馆”（图 4-19）。这是一座小型的住宅，试图最大限度地利用场地，尽可能地使用标准化批量生产的构件和五金件，以提供一幅现代生活的预想图。这座住宅的成功使柯布西埃成了 20 世纪 20 年代国际现代主义的代表人物。1926 年，柯布西埃提出了“新建筑的 5 个特点”，即：①底层架空；②屋顶花园；③自由平面；④横向长窗；⑤自由立面。这些都是由于采用框架结构使墙体不再承重后产生的建筑特点。萨伏伊别墅（图 4-20）是具有这些特点的著名代表作。柯布西埃为了获得和谐统一的整体环境，常自己进行室内设计和家具设计，如 20 世纪 20 年代就设计了一些充满现代气息的钢管结构椅，其中一种躺椅（图 4-21）至今仍在生产。

图 4-19　“新精神馆”

图 4-20　萨伏伊别墅

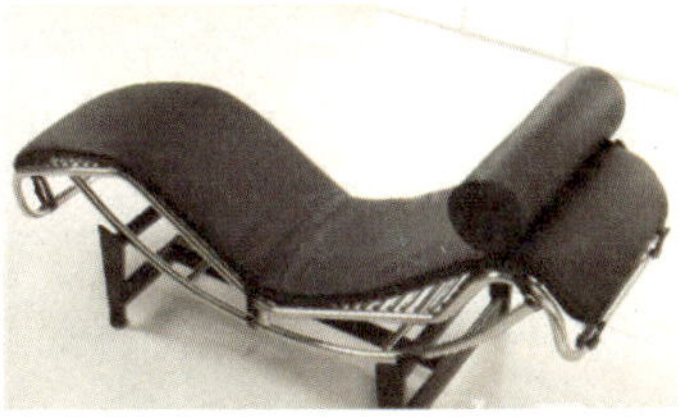

图 4-21　躺椅

第五节　格罗皮乌斯与包豪斯

格罗皮乌斯是 20 世纪最有影响的现代建筑师、设计师之一。他所创建的包豪斯设计学校奠定了现代工业设计教学体系的基础。尽管包豪斯实际的工业设计产品并不多，对批量生产及其市场没有很大的影响，但它在理论上的建树对于现代主义的贡献是巨大的。“包豪斯”的成就实际上是现代设计思潮的集大成，它总结和发扬了自英国工艺美术运动以来各种设计改革运动的精髓，继承了德意志制造联盟的传统。实际上，现代艺术各个流派的代表人物不少都曾到包豪斯学校任教或讲学，这促进了现代主义的融会、发展，并使其达到高潮。

1883 年，格罗皮乌斯出生于柏林的一个建筑师家庭，青年时期曾在柏林和慕尼黑学习建筑，1907—1910 年在贝伦斯事务所工作。当时贝伦斯被聘为德国通用电气公司（AEG）的艺术顾问，从事工业产品和公司房屋的设计工作。这件事表明，正在蓬勃发展的德国工业需要各种设计师参与工作，更好地为工业和市场经济服务。贝伦斯的事务所在当时是一个很先进的设计机构，格罗皮乌斯在那里接受了许多新的设计观。他后来说：“贝伦斯第一个引导我系统地、合乎逻辑地综合处理建筑问题。在我积极参加贝伦斯的重要工作任务中，在同他以及德意志制造联盟的主要成员的讨论中，我变得坚信这样一种看法：在建筑中不能扼杀现代建筑技术，建筑表现要应用前所未有的形象。”1910 年，格罗皮乌斯与青年建筑师迈耶（Adolf Meyer，1881—1929）合伙在柏林开设建筑事务所，并于次年合作设计了法古斯工厂（图 4-22 ），这是一个制造鞋楦的厂房。它的平面布置和体型处理主要由生产上的需要决定。立面采用大片玻璃幕墙和转角窗，显得轻巧透明并大方得体，这些手法后来成了现代建筑最常用的设计语言。法古斯工厂是格罗皮乌斯早期的一个重要成就，也是第一次世界大战前最先进的一座工业建筑。1914 年，格罗皮乌斯在设计德意志制造联盟科隆展览会办公楼时，再次使用了透明玻璃幕墙。

图 4-22　法古斯工厂

格罗皮乌斯是德意志制造联盟的成员，尽管他在联盟战前那次有名的科隆会议上，从与威尔德相反的方向反对穆特休斯关于标准化的提议，认为这些提议会使当时的设计状况成为固定模式，从而阻碍设计的进一步发展，但实际上他的思想与穆特休斯并无基本矛盾，他们的标准概念并不是工业的概念，而是一种以美学形式的方法确定的文化标准。在如何改进工业产品方面，他的观点仍与当时大多数设计改革家的观点相似。他相信艺术家具有“将生命注入到机器产品之中”的力量，主张“艺术家的感觉与技师的知识必须相结合，以创造出建筑与设计的新形式”。1913 年，他在《论现代工业建筑的发展》一文中指出：“洛可可和文艺复兴的建筑式样完全不适应现代世界对功能的严格要求和尽量节省材料、金钱、劳动力和时间的需要。搬用那些样式只会把本来很庄重的结构变成无聊感情的陈词滥调，新时代要有它自己的表现方式。”

1914 年，格罗皮乌斯被推荐接替威尔德担任魏玛工艺学校校长。他早就认为“必须形成一个新的设计学派来影响工业界，否则一个建筑师就不能实现他的理想。”几个月后，他写成了一份备忘录，阐述了他对建立一种新型设计学校的想法，他说：“单是关怀手工艺品和小工厂的产品是绝对不够的，因为这些产品永远不会失去与‘艺术’的接触。相反地，艺术家必须学习如何去直接参与大规模生产，而工业家也必须认清如何去接受艺术家及艺术家所能产生的价值。”因此，他设想成立一所与工业制造关系紧密的学校，“创造一个能使艺术家接受现代生产力最有力的方法——机械（从最小的工具到最专门的机器）的环境。”1914 年 7 月第一次世界大战爆发，格罗皮乌斯应征入伍，他办学的事因此被搁了下来。

1918 年 11 月，第一次世界大战结束，德国战败，损失严重。部分艺术家与设计师企图在这个时候振兴民族的艺术与设计。格罗皮乌斯参加了由画家、雕塑家和建筑师组成的表现主义团体“11 月社”。这些艺术家主张“以绝对、必然以及内在真实的表现作为艺术的本质”。并宣称要在废墟上建立起一个新的世界，这些表现主义的思想对包豪斯的早期产生了深远的影响。1919 年 4 月 1 日，格罗皮乌斯终于实现了自己的理想，在德国魏玛筹建国立建筑学校，简称“包豪斯”。

包豪斯（Bauhaus，1919—1933），“包豪斯”一词是格罗皮乌斯生造出来的，由德语的“建造”和“房屋”两个词的词根构成。包豪斯学校由魏玛艺术学校和工艺学校合并而成，其目的是培养新型设计人才。虽然包豪斯名为建筑学校，但直到 1927 年之前并无建筑专业，只有纺织、陶瓷、金工、玻璃、雕塑、印刷等科目，因此，包豪斯主要是一所设计学校。在格罗皮乌斯的指导下，这个学校在设计教学中贯彻一套新的方针、方法，逐渐形成了以下特点：第一，在设计中提倡自由创造，反对模仿因袭、墨守成规；第二，将手工艺与机器生产结合起来，提倡在掌握手工艺的同时，了解现代工业的特点，用手工艺的技巧创作高质量的产品，并能供给工厂大批量生产；第三，强调基础训练，从现代抽象绘画和雕塑发展而来的平面构成、立体构成和色彩构成等基础课程成了包豪斯对现代工业设计作出的最大贡献之一；第四，实际动手能力和理论素养并重；第五，把学校教育与社会生产实践结合起来。这些做法使包豪斯的设计教育卓见成效。在设计理论上，包豪斯提出了三个基本观点：①艺术与技术的新统一；②设计的目的是人而不是产品；③设计必须遵循自然与客观的法则来进行。这些观点对于工业设计的发展起到了积极作用，使现代设计逐步由理想主义走向现实主义，即用理性的、科学的思想来代替艺术上的自我表现和浪漫主义。

包豪斯的教育体系和设计理论的完善经历了一段时间的摸索。包豪斯早期深受英国工艺美术运动的影响，由格罗皮乌斯签署的包豪斯建校宣言声称：“建筑师、雕塑家和画家们，我们都必须转向手工艺。艺术不是一种‘职业’，在艺术家与手工艺人之间并无根本的差别。艺术家是一类身份较高的艺人，在灵感出现并超出个人意志的珍贵瞬间，上苍的恩赐也许就导致了他的作品在艺术的花园中盛开。但是，手工艺人的熟练技巧对于每一位艺术家的作品都是基本的，其中蕴藏着创造性的源泉。”“让我们创建一个新型的手工艺人行会吧，它没有导致在手工艺人与艺术家之间产生势利屏障的等级区别，让我们一起来设想和创造新的未来大厦吧，它将把建筑、雕塑和绘画联成一个整体，并且有一天它将作为一种信念的象征在千百万艺术工作者的手中升起，如日中天。”在这个宣言中，格罗皮乌斯提出了学校的两个目标：一是打破艺术界限；二是提高手工艺人的地位，使其与艺术家平起平坐。这实际上是拉斯金、莫里斯思想的延续。格罗皮乌斯后来曾暗示，这个宣言中有很多东西都是一种烟幕，因为整个建校计划都是在当时极为不利的情况下进行的。不过，包豪斯的教育体制确实源于手工艺行会，重视传授手工艺。

包豪斯教学时间为三年半，学生进校后要进行半年基础课训练，然后进入车间学习各种实际技能。在车间中取消了“老师”与“学生”之类的正式称呼，代之以“师傅”“工匠”和“学徒”等中世纪手工行会的称呼。包豪斯与工艺美术运动不同的是它并不敌视机器，而是试图与工业建立广泛的联系。这既是时代的要求，也是生存的必须。但是，由于实际条件的限制，包豪斯的车间是以手工艺为基础的，在其中获得的经验与工业的具体情况并无多大关系。包豪斯成立之初，在格罗皮乌斯主持下，欧洲一些最激进的艺术家来到包豪斯任教，使当时流行的艺术思潮，特别是表现主义对包豪斯的早期理论产生了重要影响。包豪斯早期的一批基础课教师有俄罗斯人康定斯基（Wassily Kandinsky，1866—1944）、美国人费宁格（Lyonel Feininger,1871—1956）、瑞士人克利（Paul Klee,1897—1940）和伊顿（Johnnes Itten,1888—1967）等，其中康定斯基曾担任过莫斯科教育学院金属和木制品车间的绘画课教师。这些艺术家都与表现主义有很强的联系。表现主义（Expressionism）是 20 世纪初首先出现于德国和奥地利的一种艺术流派，主张艺术的任务在于表现个人的主观感受和体验，鼓吹用艺术来改造世界，用奇特、夸张的形体来表现时代精神，这种理想主义的思想与包豪斯“发现象征世界的形式”和创造新的社会的目标是一致的。

包豪斯对设计教育最大的贡献是基础课，它最先是由伊顿创立的，是所有学生的必修课。伊顿提倡“从干中学”，即在理论研究的基础上，通过实际工作探讨形式、色彩、材料和质感，并把上述要素结合起来。但由于伊顿是一个神秘主义者，十分强调直觉方法与个性发展，鼓励完全自发和自由的表现，追求“未知”与“内在和谐”，甚至一度用深呼吸和振动练习来开始他的课程，以获取灵感。这些都与工业设计的合作精神与理性分析相去甚远，从而遭到了很多批评。特别是风格派代表人物陶斯柏及构成派主要成员李西茨基先后到包豪斯讲学，对伊顿的神秘主义进行了抨击。1923 年，伊顿辞职，由匈牙利出生的艺术家纳吉（Laszlo Moholy-Nagy,1895—1946）接替他负责基础课程。纳吉是构成派的追随者，他将构成主义的要素带进了基础训练，强调形式和色彩的客观分析，注重点、线、面的关系。通过实践。使学生了解如何客观地分析两度空间的构成，并进而推广到三度空间的构成上。这些就为工业设计教育奠定了三大构成的基础，同时也意味着包豪斯开始由表现主义转向理性主义。另一方面，构成主义所倡导的抽象几何形式，又使包豪斯在设计上走上了另一种形式主义的道路。这种变化也反映了格罗皮乌斯思想的新发展。1923 年，包豪斯举行了第一次展览会，展出了设计模型、学生作业以及绘画和雕塑等，取得了很大成功，受到欧洲许多国家设计界和工业界的重视和好评。在这次展览会上，格罗皮乌斯作了《艺术与技术的新统一》的讲演，更加强调技术的作用。从 1923—1925 年，包豪斯技术方面的课程得到了加强，并有意识地发展了与一些工业企业的密切关系。1926 年，他在所著的一篇《包豪斯的生产原则》的文件中总结了这一段的工作目标：“包豪斯的车间基本上是实验室。在这种实验室中制作出的产品原型适于批量生产，我们时代的特征在这里被精心地发展和不断地完善。在这些实验室中，包豪斯打算为工业和手工业训练一种新型的合作者，他们同时掌握技术和形式两方面的技巧，为了达到创造一批满足所有经济、技术和形式需要的标准原型的目的。就要求选择最优秀、最能干和受过完整教育的人。他们富于车间工作的经验，富于形式、机械以及它们潜在规律的设计因素的准确知识。”但由于各种条件的局限，格罗皮乌斯的这些设想并未完全实现。1925 年 4 月 1 日，由于受到魏玛反动政府的迫害，包豪斯关闭了在魏玛的校园，迁往当时工业已相当发达的小城德绍，继续自己的事业。

迁到德国之后，包豪斯有了进一步的发展。格罗皮乌斯提拔了一些包豪斯自己培养的优秀教员为教授，制订了新的教学计划。教育体系及课程设置都趋于完善，实习车间也相应建立起来了。特别值得一提的是包豪斯新建的校舍（图 4-23）。这座新校舍是格罗皮乌斯设计的，1925 年秋动工，次年年底落成。它包括教室、车间、办公室、礼堂、饭厅及高年级学生宿舍。德绍市另外一所规模不大的职业学校也与包豪斯设置在一起。校舍建筑面积接近一万平方米，是一组多功能的建筑群。

图 4-23　新校舍

包豪斯校舍本身在建筑史上有重要地位，是现代建筑的杰作。它在功能处理上有分有合，关系明确，方便而实用；在构图上采用了灵活的不规则布局。建筑体型纵横错落，变化丰富；立面造型充分体现了新材料和新结构的特色，法古斯工厂的工业建筑风格被应用到了民用建筑之上。完全打破了古典主义的建筑设计传统，获得了简洁而清新的效果。如果以包豪斯实际投产的设计原型来评价格罗皮乌斯的教学方针的成果，那么这些成果并不像它在课程设置和理论研究方面那样显著。包豪斯最有影响的设计出自纳吉负责的金属制品车间和布劳耶（Marcel Breuer，1902—1981）负责的家具车间。包豪斯金属制品车间致力于用金属与玻璃结合的办法教育学生从事实习，这一努力为灯具设计开辟了一条新途径。魏玛时期的金属制品设计还带有明显的手工艺特色。例如布兰德（Marianne Brandt）1924 年设计的茶壶（图 4-24），虽然它采用了几何形式，但却是用银以人工锻制的，与工艺美术运动异曲同工; 而 1926—1927 年她设计的台灯（图 4-25）不但造型简洁优美，功能效果好，并且是由莱比锡一家工厂批量生产的。这说明包豪斯在工业设计上已趋成熟。

图 4-24 茶壶

图 4-25 台灯

在包豪斯的家具车间，布劳耶创造了一系列影响极大的钢管椅（图 4-26），开辟了现代家具设计的新篇章。尽管在谁先想到用钢管来制作家具这一点上尚有争议，但包豪斯首先实现了钢管家具的设想并进行了工业化生产却是没有疑义的。这些钢管椅充分利用了材料的特性，造型轻巧优雅，结构也很简单，成了现代设计的典型代表。1928 年，布劳耶曾写道：“我有意识地选择金属来制作这种家具，以创造出现代空间要素的特点……先前椅子中沉重的压缩填料被绷紧的织物和某种轻而富于弹性的管式托架所取代，所用的钢，特别是铝，都是很轻巧的。尽管它们经受了巨大的静态应变，但其轻巧的形状增加了弹性。各种型号都是以同样的标准制造的，基本零件均可方便地拆下互换。”

1928 年，迫于种种压力，特别是右派势力对于包豪斯进步思潮的无端攻击，格罗皮乌斯辞去了包豪斯校长的职务。格罗皮乌斯去职后仍进行工业产品设计。1930 年，他设计的“阿德勒”小汽车（图 4-27 ）是 20 世纪 20 年代功能主义造型原则的典型例子。他是这样来表达他的美学观念的：“一辆车美的标准并不取决于它的装饰配件，而是取决于整个有机组织的和谐，取决于它功能的逻辑性。车的整个外观造型也必须符合内部的真实，少空话，多符合功能。所有的部件都是一个完整的有机组织的完善因素，这样的造型才是美的表达，正如技术机器的功能性一样。这种纯造型是有意识地克服了不必要的能源、材料质量及装饰浪费的结果。一辆现代日用车应当是技术精湛、美观和造价低廉的。这一目标只有在优异的技术、造型及商业的最密切的工作配合下方能达到。”尽管“阿德勒”小汽车的设计强调了实用功能和几何性原则，但它并未能批量生产。这说明如果设计只考虑功能和生产，而忽略了其他一些因素，如消费者对于象征性、趣味性等的追求，则设计也是难于成功的。

图 4-26 钢管椅

图 4-27 “阿德勒”小汽车

格罗皮乌斯离开包豪斯后，由建筑师汉内斯 · 迈耶（Hannes Meyer，1889—1954）接任校长。迈耶上任后更加强调产品与消费者、设计与社会的密切关系，加强了设计与工业的联系。在他的领导下，包豪斯各车间都大量接受企业设计委托。1930 年，迈耶由于与格罗皮乌斯同样的原因而被迫辞职，由米斯担任第三任校长。米斯是著名的建筑师，于 1928 年，提出了“少就是多”的名言。1929 年，他设计了巴塞罗那世界博览会德国馆，这座建筑物本身和他为其设计的巴塞罗那椅（图 4-28 ）成了现代建筑和设计的里程碑。与布劳耶一样，米斯也长于钢管椅设计。1927 年，他设计了著名的魏森霍夫椅（图 4-29 ）。

米斯到达包豪斯后，一方面禁止学生从事政治生活，一方面加强以建筑设计为主的学术研究，使学校又重现生机。但到 1932 年 10 月时，纳粹党徒控制了德绍，并关闭了包豪斯。米斯和师生只好将学校迁至柏林以图再起，后由于希特勒的国家社会党上台，盖世太保占领学校，包豪斯终于在 1933 年 7 月宣告正式解散，从而结束了 14 年的办学历程。在这期间共有 1250 名学生和 35 名全日制教师在包豪斯学习和工作过。学校解散后，包豪斯的成员将包豪斯的思想带到了其他国家，特别是美国。从一定意义上来讲，包豪斯的思想在美国才得以完全实现。格罗皮乌斯于 1937 年到美国哈佛大学任建筑系主任，并组建了协和设计事务所；布劳耶也于同期到达美国，与格罗皮乌斯共同进行建筑创作；米斯 1938 年到美国后任伊利诺工学院建筑系教授；纳吉于 1937 年在芝加哥成立了新包豪斯，该校是作为包豪斯的延续而建立起来的，它将一种新的方法引入了美国的创造性教育，但这所学校的毕业生多数被聘为艺术家、手工艺人和教师，而不是工业设计师，新包豪斯后来与伊利诺工学院合并。

图 4-28　巴塞罗那椅

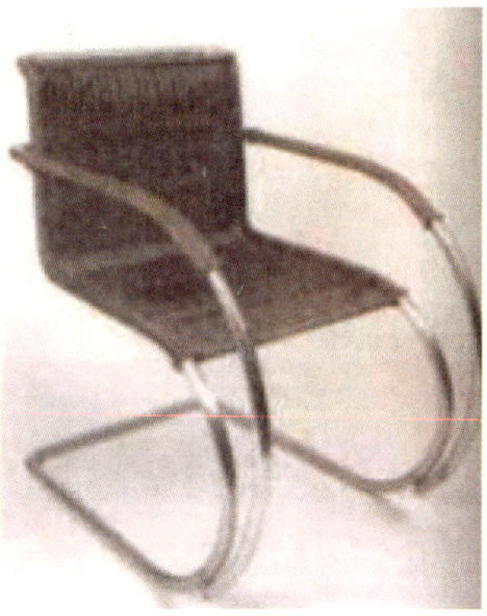
图 4-29　魏森霍夫椅

包豪斯对于现代工业设计的贡献是巨大的，特别是它的设计教育有着深远的影响，其教学方式成了世界许多学校艺术教育的基础，它培养出的杰出建筑师与设计师把现代建筑与设计推向了新的高度。相比之下，包豪斯所设计出来的实际工业产品无论在范围上或数量上都是不显著的，在世界主要工业国之一德国的整体设计发展进程中，包豪斯的产品并未起到举足轻重的作用。包豪斯的影响不在于它的实际成就，而在于它的精神。包豪斯的思想在一段时间内被奉为现代主义的经典，但包豪斯的局限也逐渐为人们所认识到，因而它对工业设计造成的不良影响受到了批评。例如包豪斯为了追求新的工业时代的表现形式，在设计中过分强调抽象的几何图形。“立方体就是上帝”，无论何种产品，何种材料都采用几何造型。从而走上了形式主义的道路，有时甚至破坏了产品的使用功能。这说明包豪斯的“标准”和“经济”的含义更多是美学意义上的，因此所强调的“功能”也是高度抽象的。另外，严格的几何造型和对工业材料的追求使产品具有一种冷漠感，缺少应有的人情味。包豪斯积极倡导为普通大众设计，但由于包豪斯的设计美学抽象而深奥，因而曲高和寡，只能为少数知识分子和富有阶层所欣赏。时至今日，不少包豪斯的产品仍价格高昂，只能被视为是一种审美水准和社会地位的象征，如米斯的巴塞罗那椅就是典型的例子，售价达数百美元。

对于包豪斯最多的批评是针对所谓的“国际式”风格。尽管格罗皮乌斯反对任何形式的风格，但由于包豪斯主张与传统决裂并提倡几何构图，事实上消除了设计的地域性，各国、各民族的历史文脉被忽视了，加之一些建筑师曲解了包豪斯的精髓，以抄袭代替创造，形成了千人一面的“国际式”风格。以平屋顶、白墙面、通长窗为特征的方盒子式建筑风行世界各地，对于各国的建筑文化传统产生了巨大冲击，因而受到广泛的批评。

无论对于包豪斯有多少保留意见，它的巨大影响是无可争议的。集合在格罗皮乌斯旗下的精英都有其鲜明的个性，但也发展了那份强烈的共性。当他们从第三帝国移民各地时，都怀着坚定的信念，在各自工作或任教的地方传播了包豪斯的思想，并使其发扬光大。

第六节　现代主义时代开启

从 19 世纪后期到第一次世界大战前，许多设计师和理论家针对设计发展所面临的种种实际问题进行了多方面的探索，并形成了众多的风格和流派，如工艺美术运动、芝加哥学派、新艺术运动、德意志制造联盟等，它们先后提出过富有创新精神的设计思想。但这些努力是零散的，新的观点还未形成系统，更重要的是还没有产生出一大批比较成熟而有影响的实际作品。因此，这阶段是现代主义的酝酿和准备阶段。第一次世界大战之后，现代主义形成和发展的各种条件都已成熟，工业和科学技术已发展到了一定水平，大众市场已发育健全，同时艺术上的变革改变了人们的审美趣味，这为新的更富于时代气息的美学铺平了道路。现代建筑的兴起更是为设计上的现代主义起到了极大的推动作用。在这种情况下，先前分散的各种设计改革思潮终于融会到一起，形成了意义深远的现代主义，并标志着现代工业设计的开端。现代主义首先起缘于对机器的承认，机器既是以批量生产方式产生理性的现代设计的源泉，其本身也是一种进步的象征。20 世纪之前，当机器及其产品成为消费品而进入家庭环境时，它们往往要借助于传统的装饰，而现代主义则认为机器应该用自己的语言来自我表达，也就是说任何产品的视觉特征应由其本身的结构和机械的内部逻辑来确定。在产品设计上，这种思想通常是以象征效率的风格来体现的。这里，科学性取代了艺术性。所以被称为“机械化时代的美学”。现代主义的关键因素是功能主义和理性主义。功能主义是一种持续了两百年的哲学思想，早在 18 世纪即已出现。在最简单的意义上，功能主义认为一件物品或建筑物的美和价值是取决于它对于其目的的适应性。功能主义最有影响的口号是“形式追随功能”，强调功能对于形式的决定作用。而理性主义则是以严格的理性思考取代感性冲动。以科学的、客观的分析为基础来进行设计，尽可能减少设计中的个人意识，从而提高产品的效率和经济性。需要注意的是，现代主义并不是功能主义，也不等于理性主义，它具有更加广泛的意义。现代主义的代表人物也反对这些名称。

现代主义首先是在德国兴起的，后来在法国、奥地利、意大利等国也发展起来。在英国，尽管有少数先行者的努力，但拉斯金和莫里斯的反工业化思想为接受现代主义设下了巨大障碍，直到第二次世界大战后，现代主义才在英国真正扎下根来。

现代主义最早是在建筑界出现的。第一次世界大战后，一批思想敏锐而有一定建筑经验的青年建筑师，在前人革新实践的基础上，提出了比较系统而彻底的改革主张。形成了现代建筑思潮。由于这些建筑师大多身兼工业设计师的职责，以使工业产品与建筑环境协调，现代建筑很快影响到了工业设计。现代主义正是在德国的格罗皮乌斯、米斯和法国的柯布西埃这些杰出的建筑师和设计师的积极推动下形成的。这三个人在1910年前后都曾在柏林的贝伦斯事务所工作过。第一次世界大战结束时，他们都只有30多岁，并立即站到了建筑与设计革新运动的前列。1919年，格罗皮乌斯担任了“包豪斯”设计学校的校长，推行一套新的教学制度和教学方法，使该校成了西欧最激进的一个设计中心和现代主义的摇篮。米斯后来也来到了包豪斯学校，并担任校长。柯布西埃于1920年创办《新精神》杂志，鼓吹创造新建筑。1923年出版的《走向新建筑》一书成了机器美学的经典之作。他们的理论与实践加上包豪斯的设计教育体系，为现代主义做出了重要贡献。20世纪30年代后期，格罗皮乌斯、米斯等一批欧洲现代主义的重要人物移民美国，由此把现代主义带到了美国，并根据不同的环境在理论上作了修改。他们在美国纽约现代艺术博物馆、哈佛及芝加哥等大学校园发现了更广大的学生和业主。在德国从未完全实现的梦想在美国变成了现实。

现代主义主张创造新的形式，反对袭用传统的样式和附加的装饰，从而突破了历史主义和折中主义的框框，为发挥新材料、新技术和新功能在造型上的潜力开辟了道路，为了避免肤浅的附庸风雅，现代主义主张设计应注重以计算和功能为基础的工程技术，而不是唯美主义，并试图通过这种方式使自己与现代技术结合起来。应该指出，尽管现代主义者反对任何形式的风格，认为这将导致浅薄的模仿和假冒，但实际上现代主义的理论还是被“翻译”成了一种现代风格。这种风格是以机器隐喻为基础的，即所谓“机器美学”。用净化了的几何形式来象征机器的效率和理性，反映工业时代的本质特点。这些造型语言是以20世纪初的各种抽象艺术理论为基础的。由于机器的功能千差万别，简洁的几何形态实际上只是体现了机器在形式和精神上的抽象“功能”，这种“功能”只是由机器的结构和材料，而不是机器本身的目的性所决定的。对于几何形态的追求，往往形成了新的形式主义，这在现代主义的早期是难以避免的。另外，现代主义强调批量生产，大众消费的概念却被忽略了，与市场的联系较少。由于过分强调简洁与标准化。消费者多样性选择的权利被剥夺了，这也妨碍了现代主义在实际上的发展。

现代主义的建筑和设计实际上是一种社会目标的反映，其几何规则性肯定了人类对于理解、说明和控制自己环境的希望。现代主义认为形式不能与伦理价值和社会目的分开，其中心信念和奋斗动机是为新的技术世界创造一种新的美学，以改善人类的生活质量，并通过艺术的创造性的力量来解决世界面临的问题。这是一个十分抽象的过程，其结果也是一些十分抽象而深奥的形式。这些形式尽管常常是极富想象力的，但与它们所要解决的实际问题相距甚远，并招致不理解甚至敌意。复杂的社会问题并不能只通过形式主义的美学方式来解决，艺术家和设计师是人类社会的组织者，这一信念是十分诱人的，但只是一种空想而已。现代主义的理想与工业和社会的现实之间差距很大，这是现代主义在其发源地欧洲并未完全实现自己的目标的原因之一。

第七节　20世纪20～30年代的商业设计

一、艺术装饰风格

艺术装饰风格是20世纪20～30年代主要的流行风格，它生动地体现了这一时期巴黎的豪华与奢侈，艺术装饰风格以其富丽和新奇的现代感而著称，它实际上并不是一种单一的风格，而是两次大战之间统治装饰艺术潮流的总称，包括了装饰艺术的各个领域，如家具、珠宝、绘画、图案、书籍装帧、玻璃陶瓷等，并对工业设计产生了广泛的影响（图 4-30）。20 世纪 30 年代早期，艺术装饰风格已成了大众趣味的一个标志。在法国，风格的概念传统上是与手工艺和强调个性联系在一起的。第一次世界大战之后，这两个因素再度复苏，并形成了称之为艺术装饰风格的基础。艺术装饰风格的起源可以追溯到新艺术运动。新艺术在 1900 年的巴黎博览会上受到了普通大众的关注，由于它所具有的吸引力，很快就被商业化了，但这也导致新艺术渐渐失去了自己的势头。于是设计师们开始寻求一种前人尚未探索过的新风格。这种新风格既要吸收法国 19 世纪后期的各种风格，又不落入历史主义的窠臼。他们认为，新艺术在抛弃传统方面走得太远了，应该将传统的精华与时代的新潮结合起来。1910 年，法国装饰艺术家协会成立，其目标是使艺术与设计相结合。一些新艺术的艺术家改弦易辙，以一种更为简洁的方法来从事装饰艺术，并强调室内设计从家具、墙纸到装饰物品的统一。这些室内设计师在法国装饰艺术界有很高的地位，他们主要是为富有阶层服务，设计都极为豪华。一直到 20 世纪 20 年代，巴黎依然是法国上流社会荟萃之地。由于上流人士的赞助，使设计师们能使用昂贵、稀罕的材料创造出有异国情调的风格，以满足有闲阶层猎奇的需要。另一方面，设计师们也希望利用人们仰慕虚荣的心理，借助富人的财富来引导人们的审美情趣，将新风格推向大众。1910 年左右，以维也纳分离派和以麦金托什为代表的新艺术中的直线派波及法国，对风格的发展产生了一种新的影响，使从历史中寻求灵感的态度开始改变。同一时期，俄国芭蕾舞在巴黎上演，其鲜明的色彩和服饰也对后来的艺术装饰风格产生了影响。此外，立体主义在美学上的发展在许多方面与第一次世界大战后的装饰图案有异曲同工之妙。尽管有人对于半抽象的立体主义绘画不甚了解，但是一旦立体主义与装饰艺术相结合，从画布走向实际的产品，就变得颇有吸引力了。第一次世界大战之后，装饰艺术在法国得到了更大发展，设计机构纷纷成立。1923 年，法国海外领地艺术展览又启发了后来装饰艺术中的原始情调。为重建法国自洛可可风格以来在装饰艺术领域中的领导地位，法国装饰艺术家协会早在 1910 年就提出了举办巴黎国际装饰艺术博览会的建议，要求联合一切艺术家和所有装饰艺术，包括建筑、实用物品和装饰品，共同创造一种彻底的现代艺术，并坚持摒弃一切模仿和拼凑。但由于种种原因，这次博览会迟至 1925 年才举行，它的全称是“国际现代装饰与工业艺术博览会”，艺术装饰风格的名称即由此而来。这次展览将法国最优秀艺术家的作品集合在一个令人眼花缭乱的豪华展示之中，这些展品的设计者们雇用技艺高超的手工匠人来制作自己的设计，所用材料大都是珍贵而富于异国情调的。如硬木、生漆、宝石、贵重金属、象牙等。色彩也很艳丽。这种富有而豪华的风格是当时法国人对于装饰的态度的缩影，体现了法国的新富足。正是在这次博览会上，柯布西埃展示了他的“新精神馆”，在一派奢侈之风中以其清新朴素而独树一帜。

图 4-30　艺术装饰风格

第一次世界大战后，法国人对于现代建筑与设计的兴趣不断增加。早在 1917 年，法国人卡地亚（Louis Cartier）设计的“坦克”表（图 4-31）就反映了第一次世界大战对于文化的影响。机器意识开始渗入到了文明之中：战前手表的设计总是显得有些娇弱，多为女子所用，但在战争中士兵们无暇掏出怀表看时间，因此手表也被男人接受了。卡地亚的坦克表得名于美军的坦克部队。在风格和名称上，它都反映了机器美学，在珠宝设计中，一些女性用的饰物开始用规整的几何构图，而不是繁复的传统纹样（图 4-32）。有的饰物甚至以机器零件为主题，巴黎珠宝商以重炮弹壳的形式来制造吊饰，并在手镯上安置滚珠。（图 4-33）

图 4-31　“坦克”表
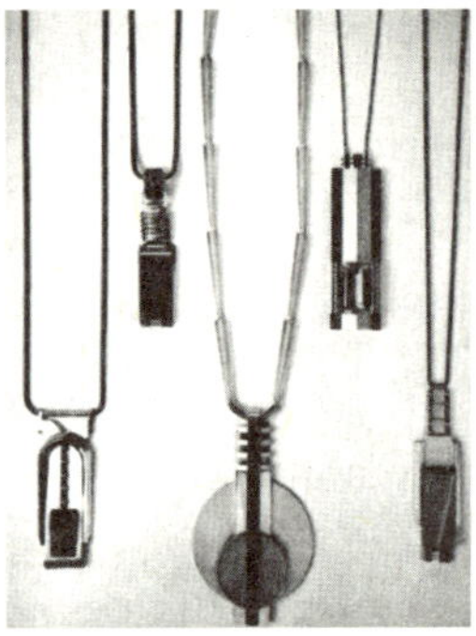
图 4-32　规整的几何构图
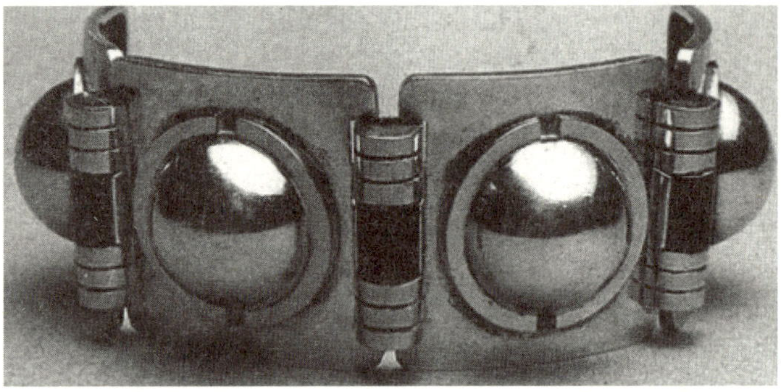
图 4-33　机器零件为主题

到 20 世纪 20 年代中期，不少设计师尝试将现代主义严格的形式感和富有的主顾对于豪华、时髦的向往揉为一体。如图 4-34 所示的几何体银质台灯就是这一趋势的体现，它反映了曾经迷恋于历史风格的上流社会开始接受新的美学形式。与此同时，传统的木制家具已开始受到金属家具的挑战。包豪斯严谨的钢管家具与贵重的材料和精湛的手工艺相结合，出现于许多中产阶级的家中。（图 4-35）

博览会之后，各方面的订货源源而来，这种装饰风格立即被商业化了。随着塑料之类新材料的出现取代了昂贵的材料，以及手工制作让位于批量生产，艺术装饰风格进入了更大的市场。略带贬义的法语单词“摩登”（Moderne）成了“艺术装饰”风格的同义语，以描述这一现代美学与巴黎奢侈豪华的畸形儿。希利埃（Bevis Hillier）在《艺术装饰风格》一书中写道：“艺术装饰风格是一种明确的现代风格，发展于 20 世纪 20 年代，在 20 世纪 30 年代达到顶峰。它从各种源泉中获取了灵感，包括新艺术较为严谨的方面、立体主义和俄国芭蕾、美洲印第安艺术以及包豪斯。与新古典一样，它是一种规范化的风格，不同于洛可可和新艺术。它趋于几何又不强调对称，趋于直线又不囿于直线，并满足机器生产和塑料、钢筋混凝土、玻璃一类新材料的要求。它最终的目标是通过使艺术家们掌握手工艺和使设计适应于批量生产的需要来结束艺术与工业之间旧有的冲突和艺术家与手工艺人之间旧有的势利差别。”这种“摩登”风格在 20 世纪 30 年代由法国影响到了其他欧洲国家。金字塔状的台阶式构图和放射状线条等艺术装饰风格的典型造型语言（图 4-36）被作为“现代感”的标志而到处使用。在美国，艺术装饰风格被好莱坞发展成了一种以迷人、豪华、夸张为特色的所谓“爵士摩登”（Jazz Moderne），并为批量生产所采用，波及了 20 世纪 30 年代早期从建筑到日常生活用品的各个方面，成为人们逃避经济大萧条的一剂药方。

图 4-34　几何体银质台灯
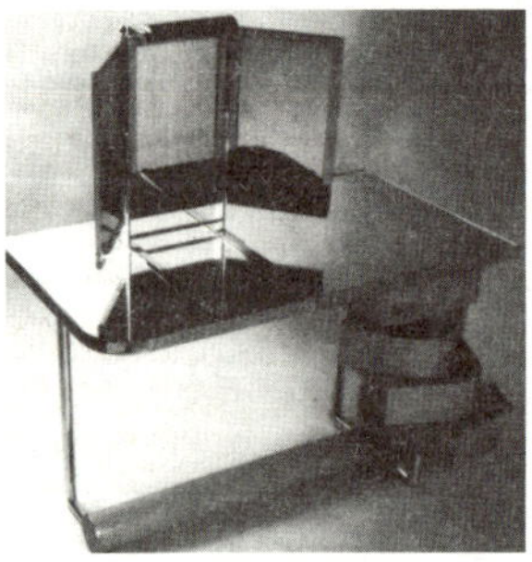
图 4-35　包豪斯的家具
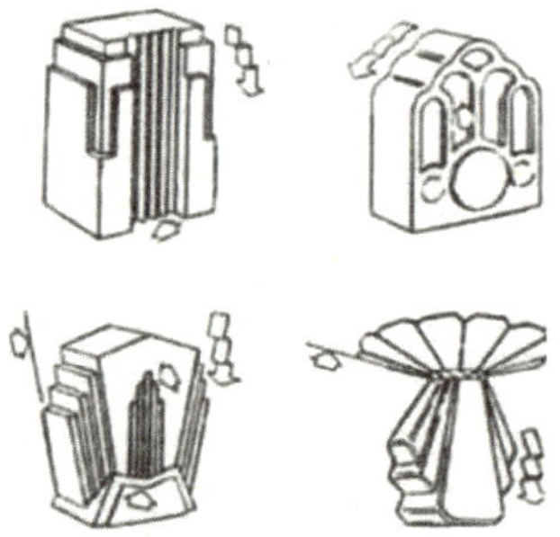
图 4-36　金字塔状的台阶式构图

尽管艺术装饰带有与现代主义理论不相宜的商业气息，与先前设计中的矫揉造作之风并无本质上的区别。但市场表明它作为象征现代化生活的风格被消费者接受了。大规模的生产和新材料的应用，使它为百姓所用并广为流行，直到 20 世纪 30 年代后期，才逐渐被另一种现代流行风格——流线型风格所取代。

二、流线型风格

流线型原是空气动力学名词。用来描述表面圆滑、线条流畅的物体形状，这种形状能减少物体在高速运动时的风阻。但在工业设计中，它却因成了一种象征速度和时代精神的造型语言（图 4-37）而广为流传，不但发展成了一种时尚的汽车美学，而且还渗入家用产品的领域中，影响了从电烫斗、烤面包机到电冰箱等的外观设计，并形成为 20 世纪 30-40 年代最流行的产品风格。

图 4-37　流线型风格

任何有关流行风格的讨论都不可避免地要涉及产品的商业化以及它们和消费者之间在心理学上的联系。早期的现代主义无视工业资本主义以市场为主导的消费特点，片面强调批量生产的民主理想和产品的实用价值。在最具商业气息的环境中产生的美国流线型风格正是给现代主义的清高以巨大冲击。流线型在实质上是一种外在的“样式设计”，它反映了两次世界大战之间美国人对设计的态度，即把产品的外观造型作为促进销售的重要手段。为了达到这个目标，就必须寻找一种迎合大众趣味的风格，流线型由此应运而生。二战萧条期间产生的激烈的商业竞争，又把流线型风格推向高潮，它的魅力首先在于它是一种走向未来的标志，这给 20 世纪 30 年代大萧条中的人民带来了一种希望和解脱。因此，流线型在感情上的价值超过了它在功能上的质量。在艺术上，流线型与未来主义和象征主义一脉相承，它用象征性的表现手法赞颂了“速度”之类，体现工业时代精神的概念正是在这个意义上，流线型是一种不折不扣的现代风格。它的流行也有技术和材料上的原因。20 世纪 30 年代，塑料和金属模压成型方法得到广泛应用，并由于较大的曲率半径，有利于脱模或成型。这就确定了设计特征，无论是冰箱，还是汽车的设计都受其影响。工业设计师多仁（Harold Van Doren）曾在《设计》杂志上发表了一篇题为《流线型：时尚还是功能》的文章，论述了冰箱形式与制造技术发展的关系，他以一系列图示（图 4-38）说明了尽量减少冰箱外壳构件的趋势。

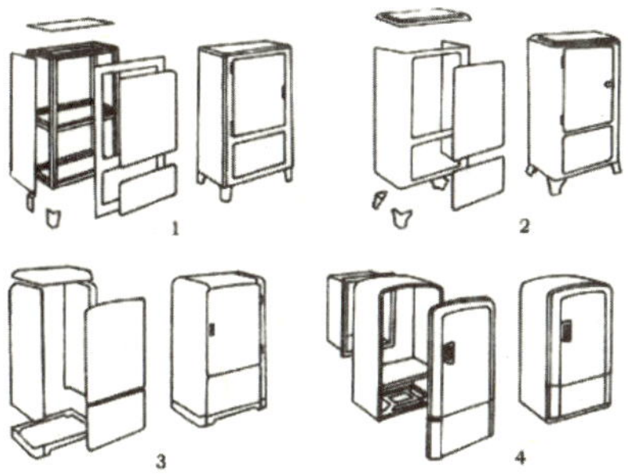

图 4-38　冰箱外壳演变

1939 年，威斯汀豪斯公司推出了以单块钢板冲压整体式外壳的技术，完全消除了对结构框架的需要，圆滑的外形也是这种生产技术的结果。

流线型与艺术装饰风格不同，它的起源不是艺术运动，而是空气动力学试验。有些流线型设计，如汽车、火车、飞机、轮船等交通工具是有一定科学基础的，但在富于想象力的美国设计师手中，不少流线型设计完全是由于它的象征意义，而无功能上的含义。1936 年，由赫勒尔（Orlo Heller）设计的订书机（图 4-39）

就是一个典型的例子，号称“世界上最美的订书机”。这是一件纯形式和纯手法主义的产品设计，完全没有反映其机械功能。其外形颇似一只蚌壳，圆滑的壳体罩住了整个机械部分，只能通过按键来进行操作。这里，表示速度的形式被用到了静止的物体上，体现了它作为现代化符号的强大象征作用。在很多情况下，即使流线型不表现产品的功能，它也不一定会损害产品的功能，因而流线型变得极为时髦。

图 4-39　订书机

滥用流线型风格并没有掩盖流线型的真正成就。在一些工程设计师的作品中，流线型有力地综合了美学与技术的因素而极富表现力。流线型的起源可以追溯到 19 世纪对自然生命的研究以及对于鱼、鸟等有机形态的效能的欣赏。这些观念被应用到了潜艇和飞艇的设计上，以减少湍流和阻力。到 1900 年，“泪滴”状已作为最小阻力形状而被接受，并在第一次世界大战前后用于小汽车的外形设计上。1921 年，一位在德国齐柏林工厂工作的匈牙利工程师加雷（Paul Jaray）开始在风洞中试验流线型汽车模型的空气动力学特性，他所试验的形式对于两次大战之间欧洲的汽车设计产生了深远影响，从增加速度和改善稳定性两个方面为流线型提供了科学的解释。

在飞机设计方面，金属材料的改进、结构技术和科学研究的发展，对设计产生了革命性的影响。笨重的盒式框架机身和沉重的双层支撑翼被具有流线型空气动力学形式的整体结构所取代。采用这些成就的第一架商业飞机是 1933 年的波音 247，它是由军用轰炸机改型而成的。同年道格拉斯 DC1 出现，这是一种专为民用而设计的飞机，使用全金属结构，机翼与机身合为一体，覆以熠熠发光的铝质蒙皮。这种形式产生了戏剧般的效果。第二年，一架波音飞机和一架更大型的道格拉斯 DC2 参加了由伦敦至澳大利亚墨尔本的飞行比赛，并获得成功。这两架飞机引起了轰动，参加这次飞行比赛的一位驾驶员凯（Cyril Kay）回忆说：“只要瞧一眼它们空气动力学的简洁线条和闪闪发光的蒙皮，就足以认定它们是当代设计的佼佼者。”道格拉斯设计队伍工作的最高成就是比 DC2 更大的 DC3 型飞机，它 1935 年开始生产。这种飞机是空中运输的革命，总共生产了 13000 架。

奥地利人列德文克（Hans Ledwinka）所设计的塔特拉 V8-81 型汽车（图 4-40）就采用了流线型形式，并加上了一个尾鳍，这被认为是 20 世纪 30 年代最杰出的汽车之一。德国新兴的高速公路刺激了对流线型的极大热情，诸如梅赛德斯和巴伐利亚等汽车公司都生产了很好的汽车，将流线型与严格的欧洲车身设计传统结合起来。

图 4-40　塔特拉 V8-81 型汽车

图 4-41　酷似甲壳虫的大众牌小汽车

与美国相比，更明显的区别反映在小型车设计领域上。在两次大战之间，奥斯汀 7 型小汽车开创了小型车的先河。各家公司都推出了自己的小型车，其中最有代表性的是由德国设计师波尔舍（Ferdinand Porsche, 1875—1951）设计的酷似甲壳虫的大众牌小汽车（图 4-41）。波尔舍是流线型理论与实践的专家，他的“大众”车原型是 1936—1937 年间设计的，但第二次世界大战后才得以大批量生产。它是一种适于高速公路的小型廉价汽车，其甲壳虫般的外形成了 20 世纪 30 年代流线型设计最广为人知的范例。

流线型作为一种风格是独特的，它主要源于科学研究和工业生产的条件而不是美学理论。新时代需要新形式、新的象征，与现代主义刻板的几何形式语言相比，流线型的有机形态毕竟易于理解和接受，这也是它得以广为流行的重要原因之一。（图 4-42）

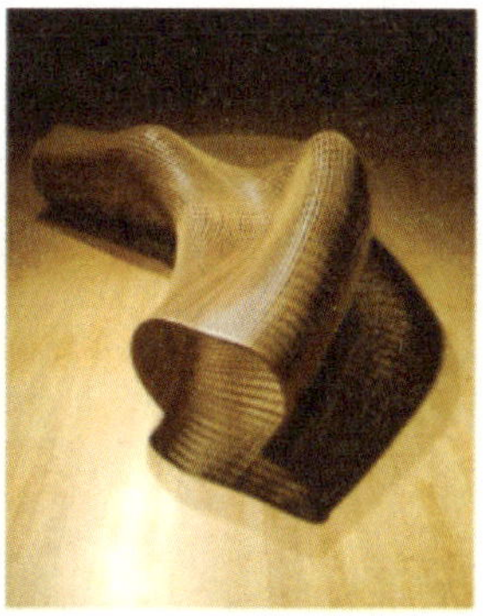

图 4-42　Matthias Pliessnig2006 年设计的 Providence 流线型家具

5 第五章　战后工业设计的发展与成熟

战后初期，设计的主要任务是满足现实和重建的需要。对于厂家和设计师而言，有两种象征重建的方式：一种是技术性的，一种是艺术性的。在一些国家，工业的发展被视为自强自立的必要手段，美国、德国、瑞士和日本将全部精力投入到了工业生产之中，并发展了一种强调机器效率的工业设计风格，生产的重点放在技术产品上。与此相反，斯堪的纳维亚国家、英国、意大利则以创造美好生活的社会理想来描绘自己国家的未来，它们试图从家用产品着手，创造一种体现稳定和各自成就，又为大众认同的环境。随着大批量生产的发展，这两种方式都产生了一种设计上的形式主义，德国式刻板的机器美学和“当代”意大利家具的浪漫风格就是典型的代表。这种对于形式的关注反映了设计与公众间的新关系。到 20 世纪 50 年代，经济迅速增长，消费文化也开始繁荣起来，战后重建的实际需要已为风格上的追求所取代。公众日益认识到设计所能提供的并不仅仅是生活必需品。因此，如何了解或者引导消费者的选择成了一个关键性的问题。

战后在设计的基本理论探讨中，也发展了两种不同的设计观，一种是所谓的“价值创新”理论，另一种是所谓“合适设计”理论。前者着眼于设计的商业价值，强调通过设计为产品创造新的附加价值，从而诱导消费，增加生产者的生产效益。这种设计观实际上是把设计作为一种市场竞争的手段，使设计变成了推动经济运转的不可缺少的动力。美国 50 年代的商业性设计和“有计划的商品废止制”就是这种设计观的典型体现。后者则着眼于通过设计改善人们的生活质量，强调设计应适合于人们的实际需要，着重解决人类生活的基本问题，反对使设计沦为浪费资源和能源的媒介。英、美等国设计机构所推崇的“优良设计”就是后一种设计观的反映。这两种设计观实际上是战前实用主义设计思想和理想主义设计思想的延续，两者在战前平行发展，在战后却产生了激烈的交锋，并以形形色色的设计风格体现出来。

本章主要讨论欧美主要国家和亚洲新兴工业化国家和地区战后发展的情况以及一些有关的专题。

第一节　斯堪的纳维亚设计

战前以包豪斯为中心的功能主义在 20 世纪 40 年代物质匮乏的困难条件下被广泛接受了，但到了 40 年代中期，功能主义已逐渐包括了许多实际上和风格上的变化。这些变化离开了包豪斯纯几何形式和“工程”语言的美学，其中最引人注目的是斯堪的纳维亚设计，这在 30 年代即已取得较大成就，并获得了国际声誉。早在 1930 年的斯德哥尔摩博览会上，斯堪的纳维亚设计就将德国严谨的功能主义与本土手工艺传统中的人文主义融汇在一起。在当年的纽约国际博览会上，又确立了“瑞典现代风格”作为一种国际性概念的地位。经过 40 年代一段艰苦的时期之后，斯堪的纳维亚设计在 50 年代产生了一次新的飞跃。其朴素而有机的形态及自然的色彩和质感在国际上大受欢迎。在 1954 年米兰三年一度的国际设计展览中，斯堪的纳维亚设计展示出了全新的面貌，参展的瑞典、丹麦、芬兰和挪威都获得了很大成功。这些国家的设计组织在战后实行了一种合作政策，它们的第一项主要成就是名为“斯堪的纳维亚设计”的展览。在美国艺术基金会的赞助下，这个展览1954—1957年在北美22个城市的主要博物馆巡回展出，因此使“斯堪的纳维亚设计”的形象在国际间广为流行。

在斯堪的纳维亚现代功能设计运动中，各国设计组织在全国或地方层次上举行了大量展览，这些活动成了50年代的一个主要特点。斯堪的纳维亚设计年展轮流在各国举办，影响十分广泛，它们与出版物和期刊一道，为设计界的交流作出了重大贡献。设计组织不仅举办展览，它们也是设计这一领域的重要倡导者，鼓励厂家投资于有创见的产品开发，说服当局在其设计政策中支持优秀设计。它们还启发公众意识到好的设计和日常使用中更美的东西，这对于50～60年代早期的设计发展起了重要作用。除了设计组织的努力之外，支配50年代社会和经济生活的力量对设计的发展有着更为深刻的影响。随着工业化和城市化的进程，整个人口结构发生了变化不断提高的生活水准影响了大多数 人民以及他们的生活方式，产生了普遍的乐观情绪和对于发展与进步的信心。新的观念开始深入人心，如认为普通百姓有权享有舒适的家，这个家不但是有益于健康的，而且还应满足功能和美学上的要求。在50年代，福利国家最终在斯堪的纳维亚建立起来。

就风格而言，斯堪的纳维亚设计是功能主义的，但又不像30年代那样严格和教条。几何形式被柔化了，边角被光顺成S形曲线或波浪线，常常被描述为“有机形”，使形式更富人性和生气。40年代为了体现民族特色而产生的怀旧感，常常表现出乡野的质朴，推动了这种柔化的趋势。早期功能主义所推崇的原色也为40年代渐次调和的色彩所取代，更为粗糙的质感和天然的材料受到设计师们的喜爱。1945年后，另一种怀旧的趋势——丹麦精良的手工艺传统在瑞典和挪威也得到了加强。

50年代，一批战前就素负盛名的设计师如汉宁森、克兰特、马姆斯登、阿尔托等仍走在设计的前列。例如汉宁森在战后又设计了许多新型的PH灯具，特别是他设计的PH-5吊灯（图5-1）和PH洋蓟吊灯（图5-2）取得了很大成功，至今畅销不衰。另一方面年轻设计师也脱颖而出，由此推动了斯堪的纳维亚设计的进一步发展。

图5-1 汉宁森设计的PH-5吊灯

图5-2 汉宁森设计的PH洋蓟吊灯

瑞典的现代工业基础雄厚，并拥有大批的创造性天才人物，能适应新的工业的需要。如博纳多特（Sigvard Benedotte）既设计过优美的银器，也设计过很好的办公用具和办公机器，他于50年代塞特电器公司设计的电动打字机就是其中的一例。沙逊（Sixten Sason）曾在巴黎学过艺术，后来成为一名工程师，这样的经历使他能将美学处理与技术上的因素结合起来。他的设计包括为胡斯奎纳公司设计的家用设备及电动工具和为 Electrolux 设计的真空吸尘器等，他还是哈斯摄影器材模数系列的设计顾问。沙逊也与沙巴公司建立了工作关系，负责该公司小汽车的外观与内部设计，他 1945 年设计的小汽车（图 5-3）的空气动力学线条反映了该公司以飞机生产起家的影响。1960 年他设计了杰出的“99”沙龙车，在他 1969 年逝世后不久投产，这一设计采用了当时非常先进的楔形车身，将外形优美的比例与舒适、操作方便结合起来。另一位设计师威斯加德（Jan Wilsgaard）为沃尔沃公司设计了“亚马逊”型小汽车（1953 年），这种车性能好，外形清晰大方，式样平凡但富有人情味，合乎和平、清静的北欧人心理，因之连续生产了 18 年，用户十分普及。

这方面瑞典的工业设计师做了大量工作。从 1965 年开始，由 6 名设计师组成的瑞典“设计小组”参

图 5-3　沙逊设计的小汽车

图 5-4　瑞典“设计小组”设计的索尔纳胶印生产线

图 5-5　阿特拉斯 - 柯普柯公司设计的移动式空压机

与了索尔纳公司的胶版印刷生产线的开发设计工作，他们对生产线操作过程进行了详尽的人机工程分析，并重新设计了标志、符号、指令和操纵手柄，使工作条件得到了很大改善（图 5-4）。瑞典阿特拉斯 - 柯普柯公司的机械产品设计也较有影响，由该公司设计师设计的移动式空压机（图 5-5）不仅有很好的隔音效果和机动性，而且机体的两侧面板可以方便地举起，大大方便了操作人员进行维护工作。

战后丹麦的家具设计成就很大，在国际上享有盛誉。丹麦战后最重要的设计师之一是维纳（Hans Wegner）。他出生于安徒生的故乡欧登塞，毕业于哥本哈根工艺美术学校。维纳与其他丹麦家具设计师一样，自身就是手艺高超的细木工，因而对家具的材料、质感、结构和工艺有深入的了解，这正是他们成功的基础。维纳最有名的设计是 1949 年设计的一把名为“椅”（The Chair）的扶手椅（图 5-6），它使得维纳的设计走向世界，并成为丹麦家具的经典之作。维纳的设计极少有生硬的棱角，转角处一般都做成圆滑的曲线，给人以亲近之感，“椅”的设计也是如此。

“椅”原是为有腰疾的人设计的，因而坐上去十分舒适。它那抒情而流畅的线条、精致的细部处理和高雅质朴的造型，又使它具有雕塑般的质量。这种椅迄今仍大受欢迎，成为世界上被模仿得最多的设计作品之一。维纳早年潜心研究传统的中国家具，东方的启示在他个人风格的设计中是显而易见的。他从 1945 年起设计的系列“中国椅”（图 5-7），便吸取了中国明代椅的一些设计特

图 5-6　维纳设计的扶手椅

图 5-7　系列“中国椅”之一

征。1947 年，他设计了“孔雀椅”，被放置在联合国大厦。维纳是一位不知疲倦的设计师，一生作品累累，及至古稀之年仍在努力创作。

50 年代具有国际性影响的另一位人物是建筑师、设计师雅各布森（Arne Jacobsen，1902—1971）。他 1927 年毕业于丹麦皇家艺术学院，但大器晚成，直到 50 年代才开始成名。他将刻板的功能主义转变成了精练而雅致的形式，这正是丹麦设计的一个特色。雅各布森的作品十分强调细节的推敲，以达到整体的完美。他把家具、陈设、地板、墙饰、照明灯具和门窗等的细部看成与建筑总体和外观设计一样重要。他的大多数设计是为特定的建筑而作的，因而与室内环境浑然一体。雅各布森在 50 年代设计了三种经典性的椅子，1952 年为诺沃公司设计的“蚁”椅（图 5-8），1958 年为斯堪的纳维亚航空公司旅馆设计的“天鹅”椅和“蛋”椅（图 5-9、图 5-10），这三种椅子均是热压胶合板整体成型的，具有雕塑般的美感。

图 5-8　“蚁”椅

图 5-9　“天鹅”椅

图 5-10　“蛋”椅

进入 60 年代后，丹麦的工业设计中开始反映出立体主义艺术和所谓“硬边艺术”的影响，在产品设计中强调简洁、有力的形式，并使用工业化的材料，雅各布森设计的筒系列餐具（图 5-11）就是其代表作。不锈钢的材料、简洁的外形和精湛的制作工艺使产品富于高雅的现代感。雅各布森 60 年代的另一设计，是沃拉系列卫生间用具。该系列以一个能调节水流和水温的龙头为中心，能与其他功能的配件相连接，满足一个现代家庭供水系统的全部需要。整个系列的形式都统一为圆柱体，非常简洁、明快。

图 5-11　不锈钢餐具

丹麦的邦与奥卢胡森公司（简称 B&O 公司）是 60 年代以来工业设计的佼佼者，B&O 公司是当时大约 12 家丹麦无线电产品厂家之一。它不同于别的企业之处，在于它是唯一系统解决设计问题的公司。

今天，B&O 公司成了丹麦在生产家用视听设备方面唯一仅存的公司，也是日本以外少数国际性同类公司之一。多年来该公司把设计作为生命线，一方面系统地研究新产品的技术开发，首创了线性直角唱臂等新技术；另一方面瞄准国际市场的最高层次，并致力于使技术设施适合于家庭环境，从而设计出了一系列质量优异、造型高雅、操作方便并富于公司特色的产品（图 5-12），它达到了世界一流的水准，享誉西方各国。公司特别强调逻辑操作和人机之间的双向交流，因为电子技术越来越复杂了，逻辑操作意味着技术服务于人，而不是相反。不应故意强调产品的高技术特点，人为地使操作复杂化。这正是丹麦设计文化在高技术产品上的体现。B&O 公司的产品风格早期受家具设计的影响，多采用柚木作为机壳。该公司 60 年代生产的收音机（图 5-13）形似一只朴素的小木盒，带有 5 个预选电台按键，简洁而实用。60 年代以后趋于“硬边艺术”风格，采用拉毛不锈钢和塑料等工业材料制作机身，造型十分简洁高雅。由于采用了遥控技术，机身上的控制键减少到了最低限度。B&O 产品朴素而严谨的外观设计便于进入国外市场。因为国际市场往往是五光十色的，这种一贯简洁的设计反而引人注目，并容易与居家环境协调。

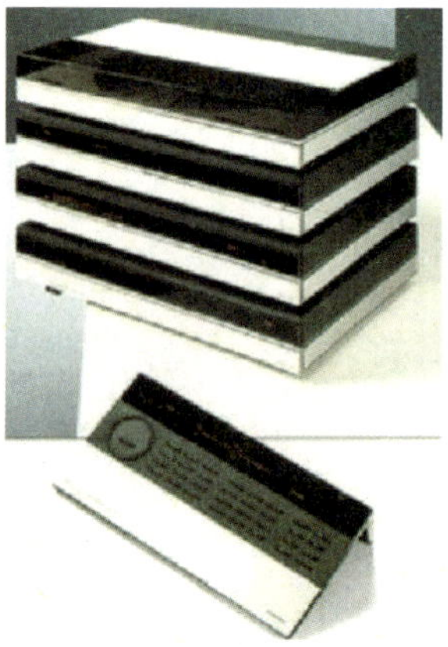

图 5-12　B&O 公司生产的视听设备

图 5-13　B&O 公司生产的收音机

丹麦十分重视机械设备、仪器仪表等投资类产品的设计，把其作为与国外同行竞争的重要手段，并且产生了许多优秀的设计作品，受到丹麦设计协会的表彰。丹麦格朗富斯公司生产的泵曾多次获奖，由该公司负责人彦森（Poul Due Jensen）设计的多级离心泵（图 5-14）在设计上就非常成功。这种系列泵的外观形态是为了适应 3 个特殊问题而设计的：①在结构上必须能经受机械应力；②在整个工作范围内都必须保持高效率；③泵必须尽可能少占空间，易于安装，管道流线应简洁。第一个问题意味着泵应能抵抗管线热膨胀，即进出泵的管线必须在同一轴线上，以抵消压力，防止扭曲。第二个问题在技术上就体现为采用多级泵的形式。第三个问题反映在采用小基础泵，并在同一系列中用相同的基本尺寸，以便于改变泵头而不改变管线系统，只是泵高有所变化。格朗富斯多级离心泵的设计几乎就是这些问题的图解：吸入、泵出在同一轴线上；电机、离合器和多级泵同在垂直竖轴上，泵的压力通过泵的级数来调整，即改变泵的高度，泵直接装置在管线上，因此只占最小的空间。

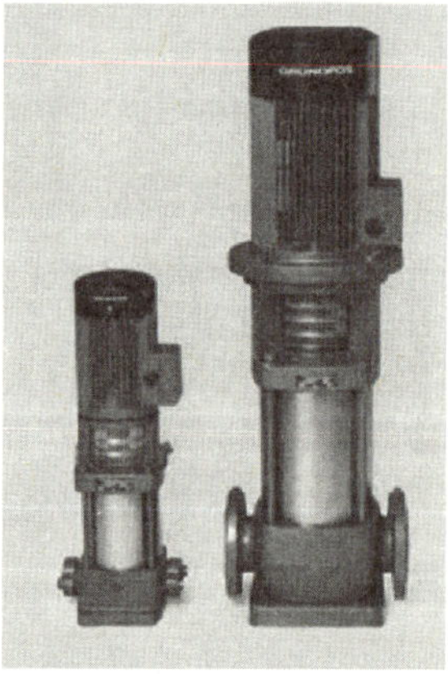

图 5-14　格朗富斯公司的多级离心泵

丹麦设计师苏胡斯梅德（Georg Jensen Solvsmedie）在仪表显示的设计方面取得了令人瞩目的成就，他将精确的显示和精练、雅致的形式结合起来，设计了大量的工业和民用仪表，并把这种风格应用到了手表、闹钟的设计之上，流行一时。

战后芬兰、挪威的设计也有很大的发展。芬兰与丹麦不同，比较重视家具的机械化批量生产。阿尔托设计的多数家具都是工厂化生产的。50 年代芬兰出现了两位重要的设计师，他们是塔皮奥瓦拉（Iimari Tapiovaara）和鲁梅斯理米（Antti Nurmesniemi）。前者曾师承柯布西埃，受到现代主义的影响，但他将现代主义原则与传统风格结合，并以机械化方式生产新一代家具。后者 1960 年设计的一种供公共场合使用的卢基 T 型可堆放椅，在当年的米兰国际设计展览中获得金奖。1962 年挪威特克尼特龙公司推出了塞拉牌电视机，这种电视机以柚木为壳，设计中把荧光屏作为视觉中心，成为 60 ～ 70 年代国际流行的电视机形式。

第二节　现代主义的发展

20 世纪 40 ～ 50 年代，美国和欧洲的设计主流是在包豪斯理论基础上发展起来的现代主义。其核心是功能主义，强调实用物品的美应由其实用性和对于材料、结构的真实体现来确定。与战前空想的现代主义不同，战后的现代主义已深入到了广泛的工业生产领域，体现在许多工业产品上。随着经济的复兴，西方在 50 年代进入了消费时代，现代主义也开始脱离战前刻板、几何化的模式，并与战后新技术、新材料相结合，形成了一种成熟的工业设计美学，由现代主义走向“当代主义”。

现代主义在战后的发展集中体现于美国和英国。这两个国家的设计机构通过各种形式扩大了现代主义在本国设计界和公众中的影响，并为现代主义设计冠以“优良设计”（Good Design）之类的名称加以推广，取得了很大的成效。

1. 美国现代主义的发展

20 世纪 40 年代时功能主义已在美国牢固地建立起来了，这在很大程度上是由于早年包豪斯的领袖人物格罗皮乌斯、米斯、布劳耶、纳吉等先后到了美国，并把持了美国的设计教育界，从而把战前欧洲的现代主义传播到了美国。但早在包豪斯师生来到美国之前，美国对于德国和斯堪的纳维亚国家的现代设计就已感到兴趣，这为战后广泛接受现代主义的美学打下了基础。在这方面，美国纽约的现代艺术博物馆起了积极的作用。现代艺术博物馆成立于 1929 年，它从成立之日起就致力于宣传现代主义的设计，使美国公众对于欧洲，特别是包豪斯的设计有了一定了解。该馆利用举办竞赛和各种展览方式来推动现代主义设计在美国的发展。30 年代后期，现代艺术博物馆举办了几次“实用物品”展览，展品是直接从市场上的功能主义设计商品中挑选出来的，以向公众推荐实用的、批量生产的、精心设计的和价格合理的家用产品。1940 年，现代艺术博物馆为工业设计提出了一系列“新”标准，即产品的设计要适合于它的目的性，适应于所用的材料，适应于生产工艺，形式要服从功能等。这种美学标准在 40 年代大受推崇，并作为该馆组织的第二批“实用物品”展览的选择标准。这些实用物品被誉为“优良设计”，在 1945 年以后的一段时间内大行其道，被视为道德和美学意义上的典范。如图 5-15 所示是当时沃森（Kurt Versen）设计的台灯，采用黑色金属管支架，亚麻布灯罩，非常精练质朴，被认为是高雅趣味的体现。

图 5-15　沃森设计的台灯

为了促进工业设计的发展，现代艺术博物馆于 30 年代末成立了工业设计部。经格罗皮乌斯推荐，著名工业设计师诺伊斯（Eliot Noyes,

1910—1977）被任命为工业设计部第一任主任。他和他的继任者考夫曼（Edgar KaufmannJr.）都竭力推崇“优良设计”，把它作为反抗流线型一类纯商业性设计的武器。所谓商业性设计就是把设计完全看作一种商业竞争的手段，设计改型不考虑产品的功能因素或内部结构，只追求视觉上的新奇与刺激。这种设计观与包豪斯直接由使用、材料和生产过程确定形式的原则是背道而驰的。与那种把新奇作为设计必须遵循的质量标准的商业性要求相反，诺伊斯认为好的设计是一个美学爱好的问题，“在日常用品中，好的设计表明了设计师的趣味和好的意识，不应在任何物品上武断地使用装饰，而应使这些东西真正看上去就像它们自己。”从这一立场出发，考夫曼进一步贬低了商业成功的重要性：“一个流行的错误观念就是好的现代设计的主要目标是有利于销售，销售量大便是优秀设计的证明。并不是如此，销售仅仅是所设计产品发展的一个阶段，使用才是应首先考虑的。”

诺伊斯和考夫曼在推动将功能主义作为美国现代设计美学的努力中，最重要、最富有成效的手段是现代艺术博物馆举办的设计竞赛。到 40 年代，尽管实用的家庭用品已能满足需要，但美国人需要更多更好的现代用品。为此现代艺术博物馆与部分有志于现代设计的厂商合作，举办了几次设计竞赛，以促进低成本家具、灯具、染织品、娱乐设施及其他用品的设计，并在现代技术基础上创造出一种自然形式的现代风格。竞赛中的获奖产品破投入生产，并在全国各地销售。这些竞赛获得了极大成功，一位英国评论家对此发表评论说：“美国在战后最初几年显示了比前 20 年更为明显的现代主义运动，在 1939 年，美国对于现代主义知之甚少，但如今的迹象表明，他们自己的现代设计形式正在发展，应用各种材料和材料组合的当代设计已经出现。原木、胶合板、层积木、玻璃纤维材料、钢管、钢条、铝合金、玻璃、塑料等都被以各种方式来生产新的形式。”出自低成本产品竞赛并在整个 50 年代以“优良设计”为特点的风格，适于战后住宅较小的生活空间。这种风格具有简洁无装饰的形态，可以用合理的价格批量生产，特别是家具轻巧而移动方便，有时还具有多功能。这些设计探索了新的塑料材料和粘接技术，多少反映了当时材料的匮乏和资金的限制。

现代艺术博物馆在力图促进美国现代主义设计方面并不是孤立的，一些企业也投身于这项工作，特别是两家进行室内设计的生产家具的厂家——米勒公司和诺尔公司。它们将现代主义的目标与其所爱好的新生产技术结合在一起，开发和生产了由美国设计师设计的家具。这些美国设计师将包豪斯的理论与 20 世纪的斯堪的纳维亚设计美学的相结合，创造出了许多有影响的作品。其中最有代表性的人物是伊姆斯（Charles Eames，l907—1978）和埃罗·沙里宁（Eero Saarinen，1910—1961）。他们都曾是位于密执安州的石溪学院的教员。这所学校由沙里宁的父亲、移居美国的著名芬兰建筑师艾利尔 · 沙里宁（Eliel Saarinen，1873—1950）创建，是美国现代设计的摇篮之一。伊姆斯和沙里宁都由于在现代艺术博物馆的设计竞赛中获奖而崭露头角。1940 年伊姆斯与沙里宁在该馆举办的“家庭装修中的有机设计”竞赛中获首奖。1946 年该馆专门为伊姆斯举办了他的胶合板家具展览，取得了很大成功。伊姆斯不少作品都是为米勒公司设计的，这些设计使他成了本世纪最杰出的设计师之一。1946 年伊姆斯与其妻子在洛杉矶设立了自己的工作室，成功地进行了一系列新结构和新材料的试验。他多年研究胶合板的成型技术，试图生产出整体成型的椅子，但他最终还是使用了分开的部件以便于生产。以后，他又将注意力放在铸铝、玻璃纤维增强塑料、钢条、钢管等材料上，产生了许多极富个性，但又适于批量生产的设计。伊姆斯为米勒公司设计了第一件作品——餐椅（图 5-16），这是他早年研究胶合板的结果。椅子的坐垫及靠背模压成微妙的曲面，给人以舒适的支撑，镀铬的钢管结构十分简洁，并采用了橡胶减震节点。所有构件和连接的处理都非常精致，使椅子稳定、结实而且很美观。1955 年他设计了椅面用塑料整体成型的可重叠椅。1958 年，又设计了铸铝结构、发泡海绵作面料的转椅，这些设计都产生了较大影响。伊姆斯的其他作品还有 1956 年设计的安乐椅和配套的垫脚凳（图 5-17）等。

图 5-16 伊姆斯设计的餐椅

图 5-17 伊姆斯设计的安乐椅和垫脚凳

沙里宁出生于芬兰，随父移居美国后学习建筑，曾获奖学金赴欧洲考察学习两年，后来到石溪学院任教。1940 年他与伊姆斯合作，设计了一套组合家具参加现代艺术博物馆举办的设计竞赛，被诺伊斯授予一等奖，以表彰他们利用先前从未用于家具的生产技术和材料，并创造了新的三度空间形式。沙里宁是一位多产的建筑师，同时也是一位有才华的工业设计师。他的家具设计常常体现出“有机”的自由形态，而不是刻板、冰冷的几何形，这标志着现代主义的发展已突破了正统的包豪斯风格而开始走向“软化”。这种“软化”趋势是与斯堪的纳维设计联系在一起的，被称为“有机现代主义”。与伊姆斯一样，沙里宁也对探索新材料和新技术非常热心。他最著名的设计有“胎”椅（图 5-18）及“郁金香”椅（图 5-19）。“胎”椅是 1946 年设计的，采用玻璃纤维增强塑料模压成型，覆以软性织物。“郁金香”椅设计于 1957 年，采用了塑料和铝两种材料。由于圆足的特点，不会压坏地面。这两个设计都被作为五六十年代“有机”设计的典范。这些形式是仔细考虑了生产技术和人体姿势才获得的，并不是故作离奇，它们的自由形式是其功能的产物，并与某种新材料、新技术联系在一起。正如沙里宁自己所说的，如果批量生产的家具要忠于工业时代的精神，它们“就决不能去追求离奇”。

图 5-18 沙里宁设计的“胎”椅

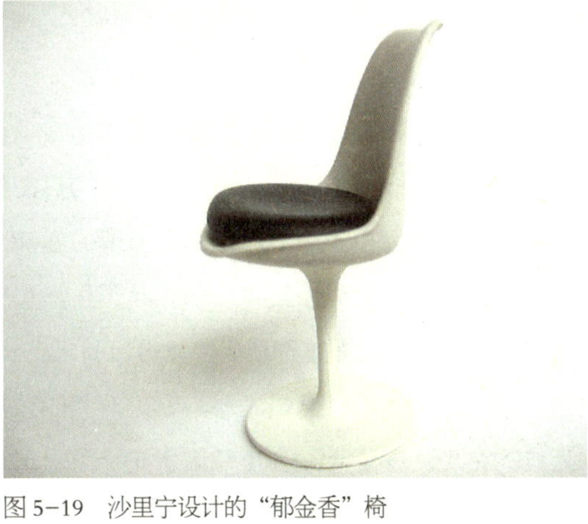

图 5-19 沙里宁设计的“郁金香”椅

为了宣传“优良设计”，即那种形式与功能完美结合，并揭示一种实用的、简洁的、易于感受的美的设计，现代艺术博物馆在1950—1955年间继续举办了一系列一年两度的“优良设计”展览，以促进优良设计在美国的发展。“优良设计”展览把现代设计介绍给了美国各地的百货商店和家用品商店，报社、杂志社、建筑师、设计师乃至家庭经济学教师都认为这种新颖激动人心的风格是居家环境的最佳设计。

50年代美国的现代主义设计仍具有浓厚的道德色彩，认为追求时尚和商品废止制都是不道德的形式，只有简洁而诚实的设计才是好的设计。这种设计不玩弄花招，没有假造的古董光泽，也没有适于材料本身处理以外的表面修饰。例如伊姆斯的塑料椅与金属支架的节点就不加掩饰地暴露出来。同样，如果一把椅子事实上是塑料制成的，就应该体现这种材料，而不能把其伪装成皮革或其他昂贵材料制成的。这种设计哲学实际上是英国工艺美术运动思想的延续。尽管在50年代不少人信奉这种设计观，但也有人对此抱怀疑态度，认为诚实设计不过是另一种公共关系策略而已。

这时期即使一些受到权威称赞的设计，大多数消费者并不一定认可。尽管有些设计师为大众家庭创造了一批现代家具，但这一时期的经典作品并未引起家庭主妇们的兴趣，仅仅是那些热衷于现代主义的建筑师和其他设计师问津。诺尔和米勒公司的产品只能在这些特定的顾客家中或者公共建筑中找到适当的去处。事实上，现代美国家具的市场是公司或工商企业，大多数家具是特别为办公室而不是为家庭设计的。

随着经济的发展，现代主义越来越受到资本主义商业规律的压力。功能上好的设计往往是与“经济奇迹”背道而驰的，因为资本主义社会要求把设计作为一种刺激高消费的手段，而不只是建立一种理想的生活方式。现代主义试图以技术和社会价值来取代迄今似乎仍是不可缺少的美学价值，这在商业上是行不通的。就在“优良设计”展览的早年，考夫曼就发现现代主义由于对市场的依赖，不得不作出妥协。“‘优良设计’并不体现我们设计师所能作出的最好设计，只是表明了设计师能得到社会认可的最好设计——因为可买卖的产品是有限制的。”正因为如此，现代主义在50年代不得不放弃先前一些激进的理想，使自己能与资本主义商品经济合拍。甚至格罗皮乌斯来到美国之后也修正了他在包豪斯时期的主张，更加强调设计的艺术性与象征性。1959年他为罗森塔尔陶瓷公司设计的茶具（图5-20）就体现了这一点，不但造型更加“有机”，而且还由他在包豪斯时的同事拜耶（Herbert Bayer）设计了表面装饰。

图5-20 格罗皮乌斯为罗森塔尔公司设计的茶具

2. 英国现代主义的发展

第二世界大战前英国依然恪守工艺美术运动的传统，尽管受到一些来自异国的影响，如斯堪的纳维亚设计的“人情味”以及美国注重工业和技术的思想等，但总的说来现代主义没有能在英国真正确立起来。在大战期间，一方面由于一些包豪斯的重要人物流亡到英国，另一方面由于战争的迫切需要和国家在物资和人力上的短缺，使得强调结构简单、易于生产和维修的功能主义设计得以广泛应用，这样现代主义才开始在英国扎下根来，然而这种现代主义仍带有工艺美术运动的气息。

战争期间，为了应付家具木材的匮乏，英国政府贸易局决定通过国家控制生产和供应的办法来推行标准化家具的生产，并于1942年制定了这种家具的设计要点，要求充分利用材料而设计出宜人的家具。著名设计师拉瑟尔（Gordon Russel）被任命负责此项工作，他本人深受工艺美术运动的影响其评选设计的准则是简洁而实用的，这种准则一直影响，到战后多年。1942 年，英国为了在设计上赶上美国，按照美国职业设队伍的工作模式成立了第一家设计协作机构——设计研究所，由雷德（Herbert Read）为首的一批设计师、建筑师负责研究所的日常工作。其任务是为各种实际的设计课题提供咨询服务。该所在战后为许多企业进行建筑与产品设计，从而推动了设计与工业的结合。

英国现代主义发展中起关键作用的机构是 1944 年成立的英国工业设计协会。该协会是由政府贸易局资助的一个官方机构，其目的是把工艺美术的传统与当代社会不断发展中的工业联系起来，并“以各种可行的方式来改善英国工业的产品”。工业设计协会利用展览、出版物、电视等宣传媒介广泛向企业和公众进行设计教育，并提出了“优良设计、优良企业”的口号，积极推进“优良设计”在英国的发展。何谓“优良设计”工业设计协会有如下见解：“只有那些最大限度地利用宝贵的劳动力和原材料的设计才是优良设计，设计是质量标准的一个基本部分，首要的设计问题是它的工作性能如何？第二个问题是它看上去合适吗？优良设计总是考虑生产技术、所用的材料以及所要达到的目标。”

40 年代后期，英国产生了一些出色的工业设计作品。1948 年设计师伊斯戈尼斯（Aleelssigonis）设计的莫里斯牌大众型小汽车（图 5-21）就是一个很好的例子。这辆车的设计是从大众化、实用化的原则出发，小巧而紧凑但同时又考虑到英国国民普遍存在的追求表面高贵的心理，使其成为英国第一台可以在国际市场上与德国“大众”牌汽车媲美的小汽车，它生产了十年之久。1959 年伊斯戈尼斯设计了另一型号的莫里斯小型轿车（图 5-22），十分干净利落，被认为是战后“英国工业设计的杰作”。

图 5-21　莫里斯牌大众型小汽车

图 5-22　伊斯戈尼斯设计的莫里斯牌小轿车

1949 年，英国穆拉德无线电公司设计出了 MAS-276 型收音机，用深色外框把钮、刻度板、喇叭等部件集中到面板中间，这一设计成为 50 年代台式交流收音机式样的典型。在家具方面，英国“实用家具咨询委员会”在战后仍控制了家具的生产、供应和设计，能以低廉价格提供标准化的“实用家具”，并以此去影响大众的口味。由于实用家具的设计对于普通大众来琢往往过于刻板，因而“实用”一词在战后成了廉价和不如意的同义语。到 50 年代末，以“人情味”为特征的英国设计兴起，开始注重设计中造型、色彩等心理因素。1949 年，英国工业设计协会创办了《设计》杂志，积极推动以轻巧、灵活和多功能设计为特征的“当代主义”风格。

当代主义主要是 50 年代出现在家具、室内设计等方面的一神设计美学，对于办公机器等的设计也有较大影响。它的基础仍然是功能主义，但由于斯堪的纳维亚设计的影响使其又具有弹性及有机的特点。当代主义的发展是与现代建筑的发展密切相关的。50 年代正是现代建筑蓬勃发展之时。不少战前的工业设计师投身于现代建筑的热潮之中，他们积极主张建筑风格与室内及产品风格的统一与协调，以创造一种全新的当代风格。由于现代建筑强调室内外空间的流动与空间的自由划分，因而要求室内设计、家庭用品、工作和生活空间具有一种可移动性和灵活性的特征，以及轻盈活泼、简洁明快的设计风格，使之与现代建筑有机地融合成一体。当代主义实质是 20 ～ 30 年代国际现代主义的发展，因而又被人称为新国际现代主义，它源于美国和斯堪的纳维亚，50 年代在英国得到了很大的发展，并逐步取代了“实用家具”笨重而朴素的风格。

英国当代主义风格的代表人物之一是雷斯（Erenest Race，1913—1963）。早在 1945 年他就利用飞机残骸制成的再生铝设计了一把靠背椅和其他一些家具，这把椅子在 1951 年的米兰国际工业设计展览中获得金奖。1951 年他利用钢条和胶合板设计了著名的“安德罗普”椅（图 5-23），这把椅子的造型轻巧而有动感，既可用于室外，也可放置在居室。另一位当代主义风格的设计师是罗宾 · 戴（Robin Day）。戴就学于英国皇家艺术学院，毕业后从事家具与室内设计。1948 年他设计的一把椅子在美国纽约现代艺术博物馆举办的“国际低成本家具设计竞赛”中获一等奖。1951 年米兰国际工业设计展中他的家具又获金奖。这些荣誉奠定了他事业成功的基础。戴早期的作品受到伊姆斯等人的影响，热衷于热压成型的胶合板家具。1950 年他为希尔公司设计的可叠放椅（图 5-24）便是胶合板制成的，这种椅子所采用的倒 V 形腿成了当时的风尚。戴还将当代主义风格应用到了家用电器设计上，他 1957 年设计的电视机（图 5-25）便是其中一例。

图 5-23　雷斯设计的“安德罗普”椅

图 5-24　戴设计的可叠放胶合板椅

图 5-25　戴设计的电视机

1951 年英国为纪念“水晶宫”博览会 100 周年而举办了一次盛大的“英国节”，以展示英国的工业成就和文化，并向公众进行设计教育。这次活动得到了工业设计协会的大力支持，并由工业设计协会选送了部分展品。“英国节”展现了艳丽的色彩和丰富的表面装饰，与战前现代主义对装饰的厌恶和战时的严酷形成了鲜明的对比。这标志着英国公众已从战争的阴影中解放出来，开始向往欢快、热烈的生活，同时也为后来英国设计中更为形式感的因素的兴起铺平了道路。

从 50 年代起，公众趣味逐渐取代了设计机构的说教而成为设计师关心的焦点，各种装饰图案和“艺术”形式开始复兴。工业设计协会对这种趋势采取了针锋相对的态度，大力宣传“高尚、健康的情趣”和“雅致的生活环境”，并对美国流线型风格的浸染提出了批评。这样，在设计机构的理想和大众趣味之间产生了激烈的冲突。1953—1956 年间，另一个英国设计机构“设计与工业协会”开辟了两个展厅，一个展示流行趣味，另一个则展示“当代主义”风格，试图通过比较来帮助公众识别设计的优劣。但是，这类活动并没有取得理想的效果，“优良设计”与大众趣味的矛盾反而愈演愈烈，并在 60 年代达到高潮。1956 年工业设计协会所属的设计中心正式成立，从而巩固了工业设计协会在英国设计界的重要地位。设计中心不仅收集和展出优秀设计，还负责评奖工作和提供各种有关设计的咨询服务，影响很大。由于工业设计领域的扩展，英国工业设计协会于 1972 年改称英国设计协会。

随着现代科学技术的飞速发展，英国设计中心在 60 年代引入了一系列新的评选程序，以保证其展出的“优良设计”能满足新建立起来的技术标准。1967 年，设计中心奖的评选范围从家用产品扩展到了工程设计，积极推进机电产品的设计，由此产生了大批优秀作品。如图 5-26 所示是英国兰斯·波士公司生产的侧向叉车，该设计获得了 1970 年投资类产品设计奖；图 5-27 所示是英国海德罗凡空压机公司生产的空压机也由于在设计上的成就而获得了英国设计协会的 1988 年欧洲设计奖荣誉提名。该公司在顾问设计师的帮助下创造了一系列具有鲜明特色的工业机器，特别在人机工程和色彩设计上独树一帜。除了具有外观表现的工业机器外，还有一些产品主要由于内部结构的设计而获得了英国设计协会的奖励。例如 1987 年的汽车工业产品设计奖就授予了由卢卡斯·戈林公司与福特英国公司合作设计的停车控制系统，其作用是能使制动力与路面摩擦力相协调，以防止汽车打滑。

图 5-26　侧向叉车

图 5-27　海德罗凡公司生产的系列空压机

第三节　美国的商业性设计

现代主义的设计在 40 ～ 50 年代取得了巨大的成功，但是，与其平行发展并同样有影响的设计流派也在发展中。这些流派的宗旨常常是与现代主义的信条相背离的，但它们在设计史中的地位也不应被忽略，美国的商业性设计就是其中之一。由于工业设计作为一种社会上公认的职业起源于美国，它是 30 年代激烈商品竞争的产物，因而一开始就带有浓厚的商业色彩。商业性设计的本质是形式主义的，它在设计中强调形式第一，功能第二。设计师们为了促进商品销售，增加经济效益，不断花样翻新，以流行的时尚来博得消费者的青睐，但这种商业性设计有时是以牺牲部分使用功能为代价的。

第二次世界大战前，美国的工业设计就以一种未来主义的态度来看待机器及其产品，对电气化、高速交通等现代工业的产物大唱颂歌，并发展了“流线型”一类具有象征性的“时代风格”。战后美国工业设计的实践仍然是建立在这种基础上的，即强调设计的象征意义，迎合美国人追求新奇的心理。随着经济的繁荣，50 年代出现了消费的高潮，这进一步刺激了商业性设计的发展。在商品经济规律的支配下，现代主义的信条“形式追随功能”被“设计追随销售”所取代。美国商业性设计的核心是“有计划的商品废止制”，即通过人为的方式使产品在较短时间内失效，从而迫使消费者不断地购买新产品。商品的废止有三种形式：一是功能型废止，也就是使新产品具有更多、更完善的功能，从而让先前的产品“老化”；二是合意型废止，由于经常性地推出新的流行款式，使原来的产品过时，即由不合消费者的意趣而废弃；三是质量型废止，即预先限定产品的使用寿命，使其在一段时间后便不能使用。有计划的商品废止制是资本主义经济制度的畸形儿，对于它有两种截然不同的观点。厄尔等人认为这是对设计的最大鞭策，是经济发展的动力，并且在自己的设计活动中实际应用它。另一些人，如诺伊斯等则认为有计划的商品废止制是社会资源的浪费和对消费者的不负责任，因而是不道德的。50 年代的美国汽车设计是商业性设计的典型代表。战后的美国人需要一系列新的设计来反映和实现他们的乐观主义心情，消除战争期间物质匮乏带来的艰辛生活的记忆，汽车成了寄托他们希望的理想之物。正当强调功能、偏爱柔和色彩和简洁形式的现代主义在许多设计领域占上风时，美国的通用汽车公司、克莱斯勒公司和福特公司的设计部却把现代主义的信条打入冷宫，不断推出新奇、夸张的设计，以纯粹视觉化的手法来反映美国人对于权力、流动和速度的向往，取得了巨大的商业成效（图 5-28）。50 年代的美国汽车虽然宽敞、华丽，但它们耗油多、功能上也不尽完善。对制造商来说这些无关紧要，因为他们生产的汽车并不是为了经久耐用，而是为了满足人们把汽车作为力量和地位标志的心理。有计划的商品废止制在汽车行业中得到了最彻底的实现，通过年度换型计划，设计师们源源推出时髦的新车型，让原有车辆很快在形式上过时，使车主在一两年内即放弃旧车而换新车。这些新车型一般只在造型上有变化，内部功能结构并无多大改变。

图 5-28　克莱斯勒小汽车

美国工业设计师厄尔在战后的汽车业中继续发挥着重要作用。他在汽车的具体设计上有两个重要突破。其一是他在 50 年代把汽车前挡风玻璃从平板玻璃改成弧形整片大玻璃，从而加强了汽车的整体性；其二是改变了原来对镀铬部件的使用方式，从只是在边线、轮框上部分镀铬变成以镀铬部件作车标、线饰、灯具、反光镜等，这称为镀铬构件的雕塑化使用。厄尔主要为通用汽车公司从事设计。通用汽车公司的主要目标是国内市场。根据美国的道路条件及消费者的要求，通用汽车公司从 20 世纪 40 年代起就定下了一个基本模式，即采用大功率发动机和低底盘，从而提高车速，这也为厄尔的汽车设计定下了基调。厄尔在车身设计方面最有影响的创造是给小汽车加上尾鳍，这种造型在 50 年代曾流行一时（图 5-29）。早在 1948 年，由厄尔设计的凯迪拉克双座车就出现了尾鳍，它成了这一阶段最有争议的设计特征。到 1955 年卡迪拉克“艾尔多拉多”型小汽车（图 5-30）的尾鳍已趋成熟，其整个设计是一种喷气时代高速度的标志，车篷光滑地从车头向后掠过，尾鳍从车身中伸出，形成喷气飞机喷火口的形状。1959 年他又推出了“艾尔多拉多”59 型轿车，其使车身更长、更低、更华丽的手法达到了顶峰。厄尔的设计基本上是一种

图 5-29　小汽车加上尾鳍

图 5-30　厄尔设计的凯迪拉克“艾尔多拉多”小汽车

纯形式的游戏，汽车的造型与细部处理和功能并无多大关系。这显然是与现代主义的设计原则背道而驰的，尽管厄尔一生作品累累，影响也十分广泛，但他没有获得过任何设计奖，因为多数设计评奖都是由鼓吹现代主义的设计机构主持的。

随着经济的衰退、消费者权益意识的增加和后来能源危机的出现，大而昂贵的汽车不再时髦。同时，从欧洲、日本进口的小型车提供了不同形式和功能的概念，并开始广泛地占领市场，迫使制造商改弦更张，放弃有计划的商品废止制，由梦幻走向现实。在其他一些工业设计领域，许多产品并不像汽车那样夸张。大量产品投入市场确实创造了选择的多样性，但又使得消费者不易了解产品的功能质量，而使选择遇到了困难，因此不愿接受过于标新立异的东西。这就使得设计师不能沉缅于纯形式的研究，而必须在创新与争取消费者认同之间作出平衡。罗维提出了 MAYA 原则，即“创新但又可接受”。德雷夫斯也认为必须将新的形式与人们熟悉的模式结合起来，才能为消费者接受。罗维在战后仍活跃于美国的设计界，他战后初期的一些设计还带有商业性设计的特征。1948 年设计的可口可乐零售机（图 5-31）就采用了流线型，该产品一度成为流行于世界各地的美国文化的象征。同年，罗维设计了微型按钮电视机（图 5-32），他简化了早期型号的控制键，采用了一种更适于家庭环境的机身，其标志清晰，外观也很简洁。这说明罗维已开始脱离流线型风格。1963 年罗维设计的“皮特尼 · 鲍斯”邮件计价打戳机（图 5-33）完全采用了简洁的块面组合，标志着设计师风格的巨大转变。

图 5-31　可口可乐零售机

图 5-33　罗维设计的“皮特尼 · 鲍斯”邮件计价打戳机

图 5-32　罗维设计的微型按钮电视机

图 5-34　罗维创作的“空军一号”色彩设计

50 年代美国工业设计的重大成就，还应首推 1955 年设计成功的波音 707 飞机。这架喷气客机是由波音公司设计组与美国著名工业设计师提革的设计班子共同完成的。提革与工程人员密切合作，使波音飞机具有很简练的现代感外形。美国总统的座机“空军一号”就采用了波音 707 飞机，并由罗维完成了它的色彩设计。（图 5-34）

从50年代末起，美国商业性设计走向衰落，工业设计更加紧密地与行为学、经济学、生态学、人机工程学、材料科学及心理学等现代学科相结合，逐步形成了一门以科学为基础的独立完整的学科，并开始由生产设计扩展到企业的视觉识别计划。工业设计师不再把追求新奇作为唯一的目标，而是更加重视设计中的宜人性、经济性、功能性等因素。60 年代以来，美国工业设计师积极参与政府和国家的设计工作，同时向尖端科学领域发展，工业设计的地位达到了前所未有的高度，罗维的设计实践就说明了这一点。

美国宇航计划草创之初，肯尼迪总统便委任罗维为国家宇航局——NASA 的设计顾问，从事有关宇宙飞船内部设计、宇航服设计及有关飞行心理方面的研究工作（图 5-35）。在宁静的太空，如何使宇航员在座舱内感到舒适、方便，并减少孤独感这是工业设计的一个新课题。罗维对此进行了深入研究，提出了一套航天工业设计的体系与方法，并取得了巨大的成功。当宇航员完成阿波罗登月飞行之后，从太空向罗维发来电报，感谢他完美的设计工作。70 年代中期，罗维参加了英国、法国合作研制的“协和”式超音速民航机的设计工作，这些都标志着工业设计发展到了新水平。

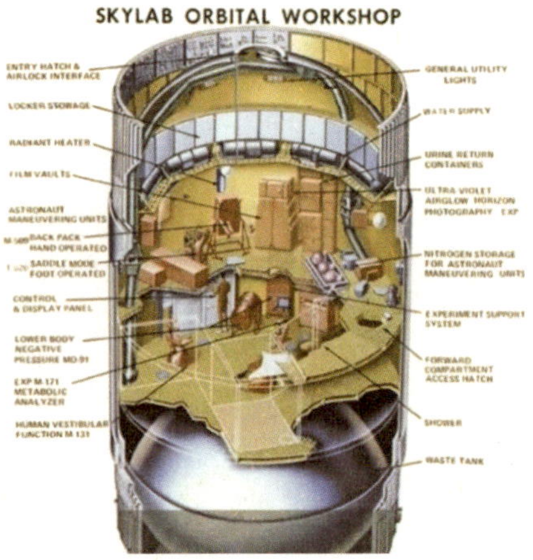

图 5-35　罗维为宇宙飞船内部设计所作的分析图

第四节　意大利的风格与个性

战后意大利设计的发展被人称为“现代文艺复兴”，对整个设计界产生了巨大冲击。意大利设计是一种一致性的设计文化，它融汇于产品、服装、汽车、办公用品、家具等诸多的设计领域之中。这种设计文化是根源于意大利悠久而丰富多彩的艺术传统之中的，并反映了意大利民族热情奔放的性格特征。总体来说，意大利设计的特点是由于形式上的创新而产生的特有的风格与个性。

早在第二次世界大战之前，意大利就产生过一些优秀设计，特别是奥利维蒂公司的设计。该公司是一家生产办公机器的厂家，成立于1908年。公司很早就意识到了工业设计的重要性，在设计师尼佐里（Macello Nizzoli）等的参与下，奥利维蒂公司成了意大利工业设计的中心，几乎每一个有名的意大利工业设计师都为其工作过。1935 年尼佐里为该公司设计的打字机奠定了现代手动打字机的基础，一直到 60 年代才为 IBM 公司的电动球形字头打字机所取代。

但从国际的角度来说，“意大利设计”作为一种代表特殊风格的专有名词出现，并建立起世界性的声誉是在 1945 年之后，即意大利人称之为“重建”的时期。战后工业和社会的变革否定了法西斯主义的浮华与荒谬，为设计的发展铺平了道路。这期间由庞蒂主持的设计杂志《多姆斯》起了很大作用，它促进了现代主义在意大利的翻版——理性主义在意大利设计界的发展，并把它作为解决崩溃的社会秩序所遗留下来的问题的灵丹妙药。庞蒂在 1947 年的一期《多姆斯》中写道：我们的家庭和生活方式与我们好的生活理想和趣味完全是一回事。这并不是沉溺于哲学表达，而是战后意大利人对于如何将生活与艺术最佳地组织起来的思考。战后初期的意大利深受美国设计的影响，这种影响是两方面的。一方面受到所谓“优良设计”的功能主义设计的影响，如伊姆斯的椅子就对意大利的家具设计有影响；另一方面，美国的商业性设计，特别是流线型设计也对意大利产生了较大影响。但是，设计师们并不是生搬硬套，而是通过借鉴与自己的传统进行综合，创造出了完全意大利式的设计。意大利一家设计杂志就声称，在美国工业设计代表了自由竞争制度的结果，在这种制度下，特殊的经济和生产条件导致了不断的市场膨胀。反之，在意大利设计的特点在于生产与文化之间的协调关系。

意大利设计的中心是米兰。这个城市的一系列特殊的社会经济条件，孕育了深厚的物质文化。米兰有个开明的实业阶层，他们对设计的革新起了积极的推动作用。另一方面。米兰的工艺学院培养了大批的建筑师、设计师。这些都促进了以建筑为基础的设计文化的发展。米兰还有一个常设的展览机构，即三年一度的国际工业设计展览。这个展览最早是在 1923 年始于蒙扎的双年展，1933 年迁到米兰并改为三年一度的展览。1917 年举办了战后第一次展览，规模较小。1951 年的展览才恢复到战前的规模。三年一度展览在展出范围和风格上来说都是很广泛的，既有简洁朴素的功能主义设计，又有装饰和表现性的手艺品，以及展示新材料、新技术的现代主义作品。米兰三年一度展览影响很大，它既可吸收世界各国的设计精华，也有助于传播意大利的设计文化。另外，在意大利的汽车城都灵，菲亚特汽车公司生产出了一系列优美的小汽车，这对于将意大利的艺术传统与工业时代的精神相结合，起了重要作用。到 40 年代末，意大利已发展出了一种以改进了的流线型为特色的风格。1946 年，意大利设计师阿斯卡尼奥设计了“维斯柏”98CC 小型摩托车，该车融合了航空技术、意大利人的趣味和美国的流线型而大受欢迎，连续生产了 30 年之久。1948 年，兰布列轻型摩托车问世。上述两种摩托车在战后很长一段时间内成了意大利城市生活的一大特色，因为它们能穿趣狭窄而弯曲的街道，适应这个国家地理与环境的特点，并满足战后对于廉价机动交通的需求。

奥利维蒂公司战后仍保持了自己在工业设计方面的主导地位。1948 年，尼佐里为该公司设计的“拉克西康 80”型打字机（图 5-36），采用了略带流线型的雕塑形式，在商业上取得了很大的成功。1950 年，尼佐里又推出了“拉特拉 22”型手提打字机（图 5-37），设计师从工程、材料、人机工程以及外观等各方面考虑，并且把原打字机的 3000 只元件减至 2000 只，设计出了这种机身扁平、键盘清晰、外形优美的打字机。该机对美国的办公机器设计也产生了重大影响。

图 5-36　“拉克西康 80”型打字机

图 5-37　“拉特拉 22”型打字机

在 1951—1957 年间，意大利设计风格已牢固地建立起来了。1953 年，意大利《工业设计》杂志创刊，1956 年工业设计师协会成立。一家全国性的大型联号商店于 1953 年举办了“产品的美学”大型展览。该店在 1954 年设立了“金罗盘奖”，奖励优秀的工业设计作品。尼佐里的“拉特拉 22”型打字机获得了第一届金罗盘奖。这时间的米兰三年一度国际工业设计展览也大获成功。从这以后，意大利设计就以一种激动人心的形式展现于世。50 年代，许多设计师与特定的厂家结合，产生了工业与艺术富有生命力的联姻。1956 年尼佐里为尼奇缝纫机公司设计了“米里拉”牌缝纫机（图 5-38），机身线条光滑、形态优美，被为战后意大利重建时 期典型的工业设计产品。1953 年，庞蒂为意大利理想标准公司设计了一系列陶瓷卫生用具，包括一只坐式便器（图 5-39）。他认为 “这些产品形式并不新奇，但真实”，因为它们的形式真实反映了功能要求，但自身又有美学价值。

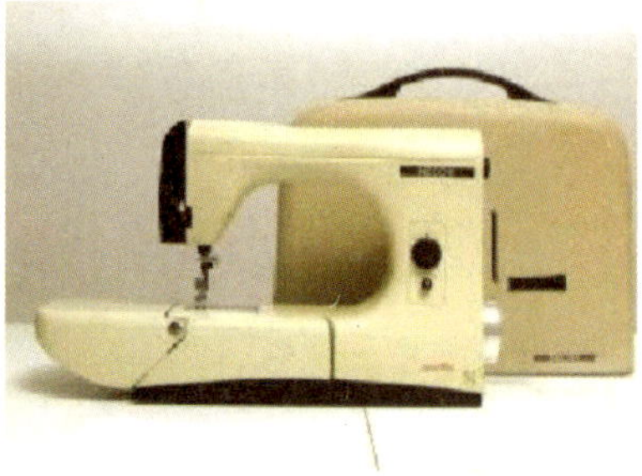
图 5-38 “米里拉”牌缝纫机

50 年代意大利设计的视觉特征是所谓当代“有机”雕塑，这种视觉特征与新的金属和塑料生产技术相结合，创造了一种独特的美学。这种美学显然受到英国雕塑家摩尔（Henry Moore）和美国“有机设计” 的影响。摩尔的雕塑大都以人体为题材，并加以变形处理，体型简练，线条流畅，富于生命力。1948 年，摩尔的作品参加了威尼斯双年展并获头奖，使“有机”雕塑（图 5-40）在意大利流行开来。

图 5-39 庞蒂设计的便器

从 60 年代开始，塑料和先进的成型技术使意大利设计创造出了一种更富有个性和表现力的风格。大量低成本的塑料家具、灯具及其他消费品以其轻巧、透明和艳丽的色彩展示了新的风格，完全打破了传统材料所体现的设计特点和与其相联系的绝对的永恒的价值。意大利在商业性家具生产中采用新材料和新工艺方面的成功，是由于小规模的工业。随着拥有熟练手工艺人和工匠的手工作坊的发展，工业能够承担开发新产品的风险。这些新产品由于工程费用高，在别的国家使人望而却步。而这种手工艺高超的小型作坊能使家具生产商可以放手实验和改型。由于他们不仅有能力创造样品，也能生产和制作所需的模具和工具，从而减少了在研究和开发方面的投资，使塑料家具等产品的设计和生产大为繁荣。

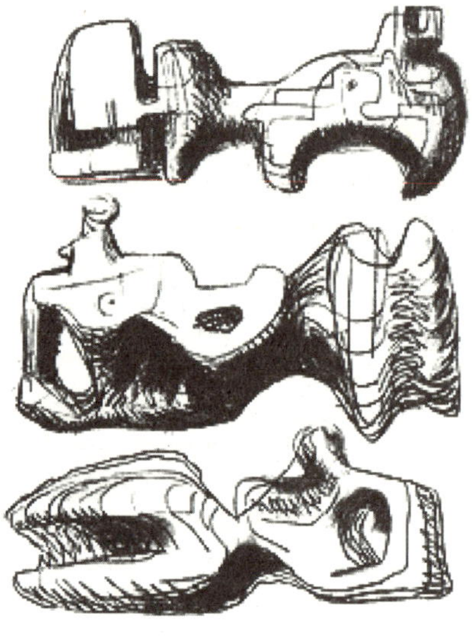
图 5-40 摩尔的雕塑设计草图

柯伦波（Joe Colombo，1930—1971）是 60 年代较有影响的设计师，十分擅长塑料家具的设计，他特别注意室内的空间弹性因素，他认为空间应是弹性与有机的，不能由于室内设计、家具设计使之变成一块死板而凝固。因此，家具不应是孤立的、死的产品，而是环境与空间的有机构成之一。他所设计的可拆卸牌桌（图 5-41）就体现了他的设计思想。柯伦波 1971 年早逝，但他的遗作——塑料家具总成，在 1972 年美国纽约现代艺术博物馆举办的“意大利——新的家庭面貌”大型工业设计展览中引起了普遍的关注。这套塑料家具总成（图 5-42）共有四组，包括厨房、卧室、卫生间等。这些产品都是由可折叠、组合的单元组成的，对不同的房间有很大的灵活性。

图 5-41　可拆卸牌桌

图 5-42　塑料家具总成

图 5-43　可调灯罩式塑料台灯

图 5-44　索特萨斯设计的机器人书架

意大利的灯具也有很高水平。设计师们把照明质量与效果，如照度、阴影、光色等与灯具的造型等同起来，维克・马吉斯特拉蒂（Vico Magistretti，1920—2006）设计的可调灯罩式塑料台灯（图 5-43）就反映了这一点，它有多种组合方式，在形式和照明效果两个方面均有很大的变化余地。

60 年代以来意大利设计的明星是索特萨斯（Ettore Sottsass，1917—2007），他是同时代设计师中最杰出的一位，1917 年出身于奥地利一个建筑师之家，曾在都灵工艺学院学习建筑。50 年代末开始与奥利维蒂公司长期合作，为该公司设计了大量的办公机器与办公家具（图 5-44）。索特萨斯的设计思想受到印度和东方哲学的影响。从 60 年代后期起，他的设计从严格的功能主义转变到了更为人性化和更加色彩斑斓的设计，并强调设计的环境效应。1969 年，他为奥利维蒂公司设计的打字机采用了大红的塑料机壳和提箱（图 5-45）。同一年，他还推出了系统 45 型秘书椅，色彩艳丽，造型别致。即使是一些高端精尖的办公机器，索特萨斯也把它们装扮得颇有情趣。他 1974 年设计的计算机打字输出设备（图 5-45）就是这样，一些按键和手柄采用了鲜艳的三原色，与其他国家办公机器的冷峻与严肃恰成鲜明对比。上述设计反映了索特萨斯勇于探索、刻意求新的精神，正是这种精神使他在 80 年代的设计界中引起广泛争议，造成了巨大冲击。

意大利的汽车车身设计在国际上享有很高的声誉。在这一方面，其代表应该首推工业设计师乔治・阿罗（Giorgetto Giugiaro）以及他与工程师门托凡尼（Aldo Mantovani）共同创建的意大利设计公司。乔治・阿罗 1938 年出生，毕业于都灵美术学院，17 岁进入菲亚特汽车公司工作。意大利设计公司成立于 1968 年，基本的经营方针是将设计与工程技术紧密结合，为汽车生产厂家提供从可行性研究、外观设计、工程设计直到模型和样车制作的完整服务。公司下设设计与研究部和工程与开发部，共有员工 330 人。目前意大利设计公司已成了一个国际性的设计中心，并获得了 1988 年首届欧洲设计奖的荣誉提名。乔治・阿罗本人的设计风格与对于技术的理解融合在一起，产生了许多成功的产品，其中包括大众“高尔夫”（图 5-46）、菲亚特“潘达”（图 5-47）、奥迪 80、绅宝 9000、BMW-M1（图 5-48）等驰名世界的小汽车。1986 年，他设计了一半似摩托、一半似汽车的“麦奇摩托”，革新了现代机动车的概念。同年，他还设计了一种后驱动的赛车“因卡斯”，这种车的门可以向上开启。他不仅设计汽车，也为世界各地的厂家设计其他技术性产品，1982 年他为尼奇公司设计的新型“逻辑”缝纫机（图 5-49）一改 50 年代的“有机”风格，选择了一种适当的技术型外观以适应时代的气息。同年又为日本尼康公司设计了尼康 F3 照相机（图 5-50），使机身细部更为和谐，并按人机工程学理论来决定控制键的位置。他还应邀为日本精工公司设计了一种体现高技术特征的手表。除乔治・阿罗以外，还有不少意大利设计师为国外公司进行设计，这标志着意大利设计已经走向世界，并开始引导潮流。

图 5-45 与 Olivetti 合作的 Valentine 情人打字机（1969）

图 5-46 乔治·阿罗 1983 年设计的大众“高尔夫”小汽车

图 5-47 乔治·阿罗 1980 年设计的菲亚特“潘达”小汽车

图 5-48 乔治·阿罗设计的宝马 MI

图 5-49 乔治·阿罗设计的“逻辑”缝纫机

图 5-50 乔治·阿罗设计的 F3 照像机

第五节 联邦德国的技术与分析

德国的工业设计在战前就有坚实的基础，而德意志制造联盟促进艺术与工业结合的理想和包豪斯的机器美学仍影响着战后的工业设计。随着经济的复兴，联邦德国成了世界上先进的工业化国家之一，并发展了一种以强调技术表现为特征的工业设计风格。

1947 年，为了重建德国的工业，并创造新的产品形式和新的生活方式，战争中被解散的德意志制造联盟重新成立。1951 年工业设计理事会成立，这个理事会积极鼓吹简洁的形式，并为“优良产品”设计制定了一套功能主义的标准，强调产品在整体上不应有与功能无关的表现性特征。另外，不少先前包豪斯的成员也积极宣传功能主义的设计。华根菲尔德战后担任了《造型》杂志的主编，他认为所有实用物品都应是朴实无华的、协调的整体。形式不是一种表面的、艺术性的概念，而是工业生产过程中技术、经济等实际因素的产物。所有这些都为战后德国工业设计定下了基调。

战后对联邦德国工业设计产生最大影响的机构是 1953 年成立的乌尔姆造型学院。这是一所培养工业设计人才的高等学府，其纲领是使设计直接服务于工业。瑞士籍画家、建筑师、设计师比尔（Max Bill, 1908—1994）设计了学院的校舍并担任了第一任院长。比尔曾是包豪斯的学生，他把造型学院看成是包豪斯的继承者，在建校方针上也遵循包豪斯的理论学说，强调艺术与工业的统一。他写道：“乌尔姆造型学院的创建者们坚信艺术是生活的最高体现，因此，他们的目标就是促进将生活本身转变成艺术品。”为了达到这个目标，他在学院开设了机械与形式两方面的课程。另外，与比尔的理论同时存在、平行发展的还有一些别的理论。这些理论具有强烈的科学性和社会政治色彩。两方面的理论发生了争议，后者逐渐占了上风。比尔于 1957 年离开了造型学院，由阿根廷画家马尔多纳多（Tomas Maldonado）接替他担任院长。马尔多纳多对学校的课程设置作了很大的调整，用数学、工程科学和逻辑分析等课程取代从包豪斯继承下来的美术训练课程，产生了一种以科学技术为基础的设计教育模式。其指导思想是培养科学的合作者，这样的合作者应是在生产领域内熟练掌握研究、技术、加工、市场销售以及美学技能的全面人材，而不是高高在上的艺术家。马尔多纳多认为："一个典型的产品设计师能在现代工业文明中的各个要害部门里工作。"

乌尔姆造型学院的改革引起了极大的争议，并受到舆论界的批评。马尔多纳多 1967 年辞职，学院也于次年解散。尽管如此，乌尔姆造型学院的影响十分广泛，它所培养的大批设计人才在工作中取得了显著的经济效益，促进了乌尔姆设计方法的普及与实施，其成果就是联邦德国的设计有了合理的、统一的表现，它真实地反映了德国发达的技术文化。批评的意识在实践中已不存在了。乌尔姆造型学院与德国布劳恩股份公司的合作是设计直接服务于工业的典范。这种合作产生了丰硕的成果，使布劳恩的设计至今仍被看成是优良产品造型的代表和德国文化的成就之一。1951 年布劳恩兄弟继承父业接管公司时，它还只是一家默默无闻的小型企业，为了推进设计，布劳恩聘请了拉姆斯（Dieter Rams，1932—）等年轻设计师在 50 年代中期组建了设计部，并与乌尔姆造型学院建立了合作关系。在该院产品设计系主任古戈洛特（Hans Gugelot，1920— 1965）等教师的协助下，布劳恩公司设计生产了大量优秀产品，并建立了公司产品设计的三个一般性原则，即秩序的法则、和谐的法则和经济的法则。从此布劳恩公司不断发展，成了世界上生产家用电器的重要厂家之一。

在 1955 年的杜塞尔多夫广播器材展览会上，布劳恩公司展出了一系列收音机（图 5-51）、电唱机等产品，这些产品与先前的产品有明显的不同，外形简洁、色彩素雅。它们是布劳恩公司与乌尔姆造型学院合作的首批成果。1956 年，拉姆斯与古戈洛特共同设计了一种收音机和唱机的组合装置（图 5-52），该产品有一个全封闭白色金属外壳，加上一个有机玻璃的盖子，被称为"白雪公主之匣"。

图 5-51　布劳恩公司生产的收音机

图 5-52　布劳恩公司生产的收音机唱机组合

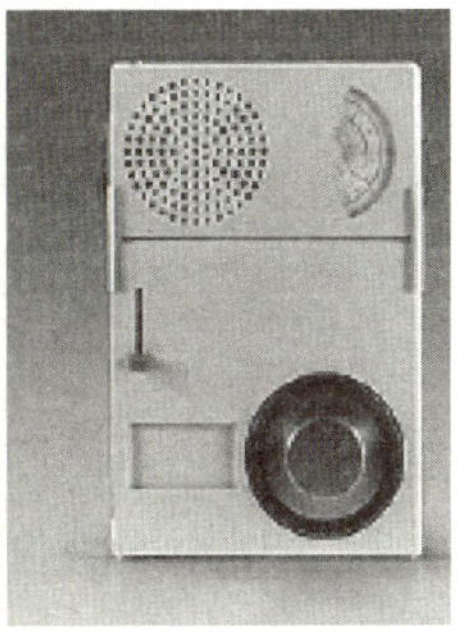
图 5-53　袖珍型电唱机收音机组合

联邦德国设计史上的另一里程碑是系统设计方法的传播与推广，这在很大程度上也应归功于乌尔姆造型学院所开创的设计科学。系统设计的基本概念是以系统思维为基础的，目的在于给予纷乱的世界以秩序，将客观事物置于相互影响和相互制约的关系中，并通过系统设计使标准化生产与多样化的选择结合起来，以满足不同的需要。系统设计不仅要求功能上的连续性，而且要求有简便的和可组合的基本形态，这就加强了设计中几何化，特别是直角化的趋势。古戈洛特和拉姆斯将系统设计理论应用到了产品设计中。1959 年，他们设计了袖珍型电唱机收音机组合（图 5-53），这与先前的音响组合不同，其中的电唱机和收音机是可分可合的标准部件，使用十分方便。这种积木式的设计是以后高保真音响设备设计的开端。到了 70 年代，几乎所有的公司都采用这种积木式的组合体系（图 5-54）。除音响制品外，布劳恩公司还生产电动剃须刀

（图 5-55）、电吹风、电风扇、电子计算器及厨房机具等产品，这些产品都具有均衡、精练和无装饰的特点。色彩上多用黑、白、灰等“非色调”，造型直截了当地反映出产品在功能和结构上的特征。这些一致性的设计语言构成了布劳恩产品的独有风格。1961 年生产的台扇（图 5-56）生动地体现了布劳恩机械产品的特色，它把电机与风扇叶片两部分设计为两个相接的同心圆柱体，强调了风扇的圆周运动和传动结构。这种台扇 1970 年获得了联邦德国的“出色造型”奖。

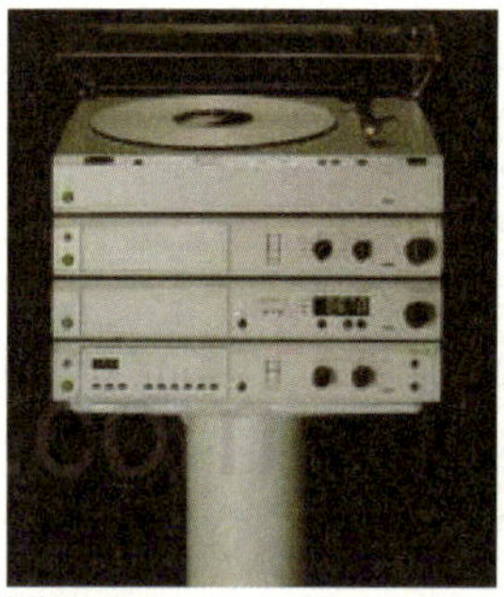

图 5-54

图 5-55　电动剃须刀

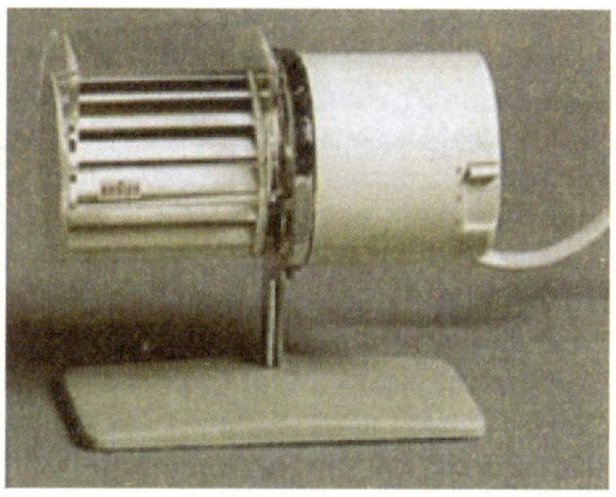

图 5-56　布劳恩公司生产的台扇

继乌尔姆造型学院之后，斯图加特设计中心等重要的设计机构仍努力推进以系统论和逻辑优先论为基础的理性设计。到 70 年代中期，德国设计界出现了一些试图跳出功能主义圈子的设计师，他们希望通过更加自由的造型来增加趣味性。被人称为“设计怪杰”的科拉尼（Luigi Colani，1926—）就是这一时期对抗功能主义倾向最有争议的设计师之一。他的设计得到舆论界和公众的认可，但却遭到来自设计机构的激烈批评。科拉尼的设计方案具有空气动力学和仿生学的特点，表现了强烈的造型意识。在这一点上，他与美国的商业性设计走到一起来了。柯拉尼用他极富想象力的创作手法设计了大量的运输工具、日常用品（图 5-57）。布劳恩公司生产的电动剃须刀和家用电器，其中一部分生产后得到推广，这是市场接受能力的表现和证明。这些设计即使算不上“优良设计”，但也确实有很高的造型质量。

图 5-57　科拉尼 1974 年为罗森塔尔公司设计的茶具

第六节　日本的传统文化与高技术

“日本设计”一词常会使联想到两类截然不同的东西。一类是传统的手工艺品，如木制家具、漆器及瓷器等，这类手工艺品朴素、清雅、自然，具有浓厚的东方情调；另一类则是批量生产的高技术产品，如高保真音响、照相机、摩托车、汽车及计算机等。这种高技术与传统文化的平衡正是日本现代设计的一个特色。

近代西方设计概念是 19 世纪末开始传入日本的，当时西方设计界的一些重要人物，如英国的德莱赛和奥

图 5-58　日产公司的“达特桑”小汽车

地利维也纳学派的创始人瓦格纳等都先后到了日本，从而开创了持续的东西方设计思想的交流。

第二次世界大战之前，日本的民用工业和工业设计并不发达，很多工业产品直接模仿欧美的样本，价廉质次，即这时日本还没有建立起自己的工业特色。1932年，日产公司生产的“达特桑”牌小汽车（图5-58）显然是刻意模仿当时欧美流行的车型，特别是福特T型车。20年代由夏普公司的前身生产的收音机，也是欧美产品的复制品。由于政治、经济等方面的原因，战前日本与德国关系密切，有些日本人曾去德国学习设计，将包豪斯的设计思想和教育体系带回了日本。由于第二次世界大战爆发，一切工作都陷于停顿。战后日本经历了恢复期、成长期和发展期三个阶段，在经济上进入了世界先进行列，工业设计也有了很大进步。今天，日本工业设计已得到国际设计界的高度重视，有很高的地位。

1. 恢复期的日本工业设计

1945—1952年是日本工业的恢复阶段，由于曾受到战争的严重破坏，这时工业中一半设备已不能使用，另一半设备也陈旧不堪，生产总值只有战前的30%。日本正是在这种困难条件下开始恢复工作的。在美国的扶植下，通过7年时间，经济基本上恢复到了战前的水平。

随着工业的恢复和发展，工业设计的问题就成了一件十分紧迫的工作。工业设计的发展首先是从学习和借鉴欧美设计开始的。日本《工艺新闻》1948年号上集中介绍了英国工业设计协会的情况以及它的活动与成绩。1917年日本举办了“美国生活文化展览”。通过展览，一方面介绍了美国文化和生活方式，另一方面以实物和照片介绍了美国工业产品设计在人民生活中的应用。以后几年中各种展览不断地举办，如1918年的“美国设计大展”、1949年的“产业意匠展览”和1951年的“设计与技术展览”等，这些展览给日本设计人员许多有益的启发。与此同时，一些设计院校也相继成立，为设计发展培养了人才。1951年，由日本政府邀请，美国政府派遣著名设计师罗维来日本讲授工业设计，并且为日本设计师亲自示范工业设计的程序与方法。罗维的讲学，对日本工业设计是一次重大的促进。1952年日本工业设计协会成立，并举行了战后日本第一次工业设计展览——新日本工业设计展。这两件事是日本工业设计发展史上的里程碑。

图5-59 索尼公司的录音机

恢复期的日本工业设计尚处于启蒙阶段，优秀设计作品不多。1953年的米兰三年一度国际工业设计展览曾邀请日本参展，但日本以不具备参加国际性展览的条件谢绝。当时日本的许多产品仍是工程师设计的，比较粗糙。如索尼公司生产的“G”型磁带录音机（图5-59）在技术上是相当先进的，但看上去像台原型机。

2. 成长期的日本工业设计

这指的是1953—1960年这一时期，日本的经济与工业都在持续发展。不少新的科学与技术的突破对工业设计提出了新要求。1953年，日本电视台开始播送电视节目，使电视机需要量大增；日本的汽车工业也在同期发展起来，摩托车从1958年开始流行，随着家庭电气化的到来，各种家用电器也迅速普及。到1960年，日本电视机产量为357万台，占世界第二位；摩托车149万台，占世界第一位。所有这一切，对日本的工业设计都是一种巨大的促进力量。

从1957年起，日本各大百货公司接受日本工业设计协会的建议，纷纷设立优秀设计之角，向市民普及工业设计知识。同年，日本设立了“G”标志奖，以奖励优秀的设计作品。日本政府于 1958 年在通产省内设立了工业设计课，主管工业设计，并于同年制定公布了出口产品的设计标准法规，积极扶持设计的发展。

为了改变日本产品在国际上价廉质次的印象，日本的工业设计从模仿欧美产品着手，以求打开国际市场，这就使日本的不少产品都具有明显的模仿痕迹。如本田公司 50 年代的摩托车显然脱胎于意大利“维斯柏”轻型摩托车。日本早期的汽车也多是模仿国际流行的名牌车。电视机设计也是这样，夏普公司 1960 年制造的彩色电视机就深受美国商业性设计的影响，采用了镀铬的控制键盘。

3. 发展期的日本工业设计

从 1961 年起日本工业进入了发展阶段，即日本的工业生产和经济出现了一个全盛的时期，工业设计也得到了极大的发展，由模仿逐渐走向创造自己的特色，从而成了居于世界领先地位的设计大国之一。

日本政府为了使日本迅速成为先进的工业大国，十分注意引进和消化先进的科学技术。60 年代初，不少日本产品在技术上已处于世界领先地位。因此，一些日本厂商将新技术作为市场竞争的主要手段，忽视了建立整体设计战略的重要性。例如夏普公司 1962 年在日本率先生产了微波炉。这在当时是一种十分先进的炊具，但设计制作都较简陋，特别是外壳上直露的螺钉，使人觉得细节上欠考虑。该公司于 1964 年生产了全晶体管的台式计算器（图 5-60），当时称得上是一种先进的办公机器，但设计也不精致。随着新技术的普及，仅靠技术上的新奇就无法生存了。这就迫使日本的生产厂家更加重视工业设计，相继建立了自己的设计部门，以改善产品的形象。这大大促进了日本高技术产业中设计的发展。

1973 年，国际工业设计协会联合会在日本举行了一次展览，使日本设计师看到了布劳恩公司的产品。他们吸取了这些产品的风格特点，并且在新兴的电子产品设计中发展了一种高技术风格，即强调技术魅力的象征表现。例如夏普公司新型微波炉（图 5-61）在设计上比先前的产品要精致得多。由于面板上复杂的操作指令，使人觉得这是一件高精尖的技术产品。在音响设计中，高技术风格更加突出。许多音响产品采用全黑的外壳，面板上布满各种按钮和五颜六色的指示灯，使家用产品看上去颇似科学仪器。实际上其中不少东西并非必要，而是为满足人们买有所值的心理而设置的。

图 5-60 夏普公司的全晶体管台式计算器

图 5-61 夏普公司新型微波炉

日本的汽车、摩托车是从仿制起家的，但到 70 年代，日本形成了自己独特的设计方法，大量使用计算机辅助设计，并且十分强调技术和生产的因素，在国际上取得了很大成功。在这个领域中，水城忠明（铃木公司工业设计科主任）主持设计的各种铃木牌摩托车，GK 工业设计研究所设计的山叶牌摩托车，佐佐木享（铃木汽车公司工业设计师）设计的几种汽车，管原浩二设计的日产牌卡车，荒崎良和、松尾良彦、吉田章夫等人参与设计的各种日产小汽车等，都是十分出色的作品。本田公司不是日本最大的汽车公司，但该公司十分注重工业设计，因此在欧美各国也享有较高声誉。如图 5-62 所示是

图 5-62 本田公司 1997 年生产的轻型车

本田公司 1997 年生产的轻型车，车身紧凑而简练，在日本生产的小汽车中独树一帜。

照相机是典型的日本产品，它几乎独占了国际业余用照相机的市场。由日本 GK 工业设计研究所于 1982 年设计的奥林巴斯 XA 型照相机是日本小型相机设计的代表作，荣获了当年的“G”标志奖。这种照相机的设计目标是使相机适于装在口袋之中，而依然使用 135 胶卷。相机置于口袋中时，需要用一个盖子来保护镜头，该设计以一个碗状的盖子在结构上完成了这一功能，并赋予相机的设计一个与众不同的形态特征。

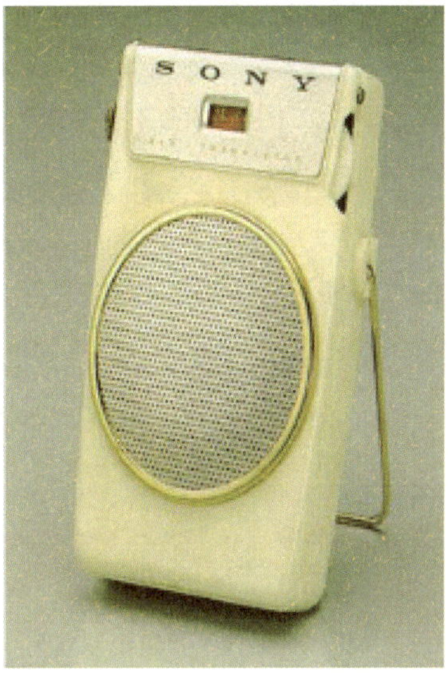

图 5-63　索尼公司的 TR60 晶体管收音机

日本的大型公司多实行终身雇佣制，并且十分重视合作精神。因此日本的设计师大多是公司的雇员设计成果被视为集体智慧的结晶，并以公司的名义推出。设计师本人则是默默无闻的无名英雄，这一点与欧美的职业设计师有很大不同。日本的企业设计中，索尼公司成就斐然，成了日本现代工业设计的典型代表而享誉国际设计界。索尼是日本最早注重工业设计的公司，早在 1951 年它就聘请了日本最有名的设计师之一柳宗理设计了“H”型磁带录音机。1954 年公司雇用了自己的设计师并逐步完善了公司全面的设计政策。索尼的设计不是着眼于通过设计为产品增添“附加价值”，而是将设计与技术、科研的突破结合起来，用全新的产品来创造市场，引导消费，即不是被动地去适应市场。1955 年索尼公司生产了日本第一台晶体管收音机，1958 年生产的索尼 TR60 晶体管收音机（图 5-63）是第一种可以放入衣袋中的小型收音机，1959 年生产出了世界上第一台全半导体电视机（图 5-64），此后它又研制出独具特色的单枪三束柱面屏幕彩色电视机（图 5-65），这些产品都很受好评。

与其他公司强调高技术的视觉风格不同，索尼的设计强调简练，其产品不但在体量上要尽量小型化，而且在外观上也尽可能减少无谓的细节。1979 年开始生产的“随身听”放音机（图 5-66）就是这一设计政策的典型，取得了极大的成功。

图 5-64　全半导体电视机

图 5-65　立体声彩色电视机

图 5-66　随身听放音机

日本是一个历史悠久的国度，日本设计在处理传统与现代的关系中采用了所谓的“双轨制”。一方面在服装、家具、室内设计、手工艺品等设计领域系统地研究传统，以求保持传统风格的延续性；另一方面在高技术的设计领域则按现代经济发展的需求进行设计。这些设计在形式上与传统没有直接联系，但设计的基本思维还是受到传统美学观念的影响，如小型化、多功能及对细节的关注等。通过这种“双轨制”，使传统文化在现代社会中得以发扬光大，并产生了一些优秀的作品。1956 年柳宗理设计的“蝴蝶”凳（图 5-67）就是一例。设计师将功能主义和传统手工艺两方面的影响融于这只模压成型的胶合板凳之中。尽管这种形式在日本家用品设计中并无先例，但它使人联想到传统日本建筑的优美形态，对木纹的强调也反映了日本传统对自然材料的偏爱。

进入 80 年代，特别是 80 年代后期，由于受到意大利设计的影响，日本家用电器产品的设计开始转向所谓“生活型”，即强调色彩和外观上的趣味性，以满足人们的个性需求。针对年轻人市场的录音机一改先前冷漠的黑色面孔，以斑斓的色彩显示青春的活力。松下电器公司的一些家用电器设计也在造型和色彩上作了大胆探索，把高技术与高情趣结合起来。（图 5-68、图 5-69）

图 5-67　柳宗理设计的“蝴蝶”凳

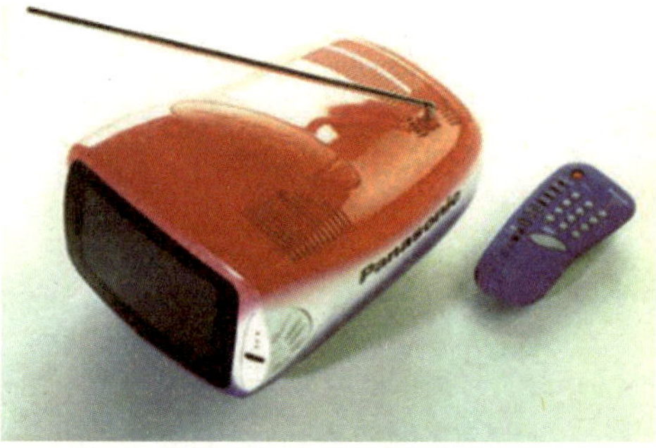

图 5-68　松下公司 1988 年设计的小型电视机

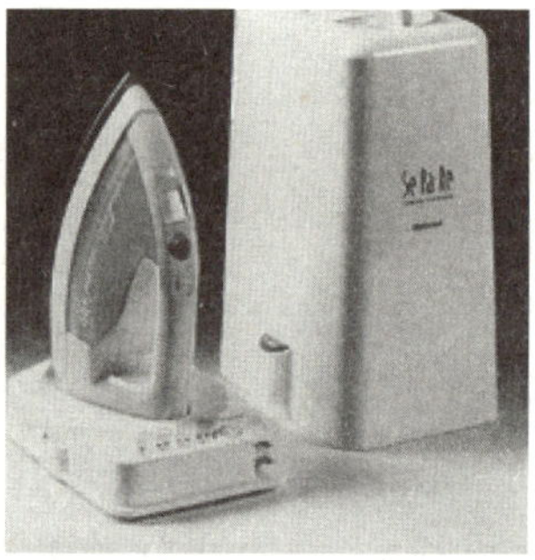

图 5-69　松下公司 1988 年设计的分离式电熨斗

第七节　中国台湾地区及韩国的工业设计

20 世纪 60 年代以后，亚洲新兴的工业化国家和地区在经济上有了很大的发展。这些国家和地区的工业一般都有赖于国际市场，因而十分重视产品的设计，促进了工业设计的较大发展，引起了国际设计界的关注。在这方面中国台湾地区和韩国取得了较大的成就。

我国台湾正式发展工业设计是在 1961 年底，并在“台湾生产力及贸易中心”机构中设立了产品改善组，邀请美国工业设计师从事观念宣传及公开讲习工作。应该中心之邀，日本千叶大学吉岗道隆教授在 1963—1966 年间每年暑期到台湾举办工业设计训练班，借以培养师资并挑选优秀人才出国深造。1964 年，明志工专在创校时同时设置了工业设计科（五年制），该校还发行《工业设计》杂志。“台湾生产力及贸易中心”在设立产品改善组之初，为唤起工业界对产品设计的注意，曾进行示范设计，供各厂家选用 。

各企业进行产品设计，成效显著。随着我国台湾地区工业的迅速成长，市场竞争走向激烈，如何改良产品的设计，成了工业发展的重要工作。在这种情况下，台湾工业设计协会于 1967 年 12 月成立，各院校也纷纷成立工业设计系，大力培养设计人才。1973 年 5 月台湾工业设计及包装中心成立，并于次年举办了第一届产品设计竞赛。1979 年在外贸协会中设立了产品设计处，接替原工业设计及包装中心的工作。外贸协会产品设计处成立后，通过研论会、展览会、咨询服务、技术协助及出版技术资料等方式来推广产品和包装设计。1981 年 7 月举办了外销产品与包装优良设计选拔及展览，以鼓励厂商运用设计技能，从事产品与包装的研究开发，树立台湾地区高品质产品与包装的优良形象。所有获奖的产品与包装均获得授

权使用专门的标志。（图 5-70）

图 5-70　台湾优秀产品标志

韩国面积约 10 万平方公里，近五万人口，资源缺乏，只能依靠加工产品来出口。由于极大地发挥了工业设计人才的作用，这为韩国经济飞速发展作出了积极的贡献。韩国的工业设计始于 1960 年。在此以前的设计只是将纯美术的因素用于产业。早在 50 年代前期，“金星社”电子公司虽然首先开始 对本企业生产的收音机、电扇的外形进行了专门设计。但是，企业所要求的设计工作始终限于应用美术认识阶段。到了 60 年代，韩国制订了经济发展的五年计划，此后出现了生产的增长和出口的扩大，对设计的认识也由工艺概念进而发展为工业设计的概念。

60 年代初，韩国工业界开始重视工业设计。除金星公司外，三星电子、现代汽车、“大韩”电线及 KLA 汽车等企业都有不少工业设计人员，很多中小企业也雇用了数名工业设计师。尽管当时不少企业都在仿制国外产品，但也在为设计有自己特色的制品而努力。因此这一时期的设计活动十分活跃，政府在政策中也奖励“技能出口”。1965 年汉城国立大学应用美术部的教授向政府提议成立设计中心，韩国议会据此通过了成立韩国设计研究中心的决议，后改为韩国设计中心。进入 20 世纪 70 年代之后，韩国的工业设计无论在教育方面还是在实际生产方面，都取得了很大的进展。1971 年成立了韩国工业设计协会，并在商工省设置了设计包装部门，负责处理有关的问题。到了 80 年代，工业设计教育迅速发展，在一些著名的综合性大学和理工大学内开设了工业设计系。 1983 年韩国已有 31 所大学设立了工业设计专业，在校的人数为 2045 人，专门学校 44 所，工业设计专业在校人数为 4560 人。韩国工业设计的发展与设计教育的发展有密切关系。由于国际商品的竞争从某种意义上来说是设计和技术的竞争，因此归根结底是人才的竞争。

除韩国、中国台湾地区以外，我国香港的工业设计也有较大发展。我国香港在 70 年代大力发展设计教育，推广工业设计，使香港的钟表、服装、电器、皮革制品及玩具等行业的产品在国际市场上有强大的竞争力，如美国市场上的玩具有一半就来自香港。

第八节　公司识别计划

战后工业设计的一个重要进展就是公司识别计划的兴起。公司设别计划是把企业作为设计对象进行整体设计，建立起企业明确的识别特征，全面地、正确地体现出企业的视觉形象。公司识别计划的内容十分广泛，包括了从产品设计、环境设计到标志、广告、包装、文书等视觉传达设计的全部企业设计。通过所有视觉因素的系统化和秩序化，创造出企业独具特色的风格。公司识别计划的概念在战前即已萌发。20 世纪 30—40 年代，许多企业把产品设计和年度换型计划作为市场竞争的手段。但也有一些企业较少从单个产品的角度来促进销售，而是着重于传达一种现代化、高质量和良好服务的整体印象，以获得消费者的信赖。图案文字等平面设计和形形色色的印刷材料被广泛用来发展一种统一而富有个性的企业形象，产品、机器、装修、用具也被用于公司识别。

在许多情况下，对于识别的关注是出于对竞争压力的反应。两次世界大战之后，各种其他形式的交通工具，如汽车、飞机等迅速发展，使铁路旅客运输面临巨大的威胁，于是铁路公司一方面引进新型机车如内燃机车、电力机车来更新营运方式；另一方面通过树立一种高速度和现代化的形象来应付竞争，对车站建筑、标志、车辆、员工的制服等进行统一设计，以全新的面貌来吸引旅客。长途汽车客运服务也是这样。美国灰狗公司是全美最大的汽车客运企业，为了增加竞争力，该公司 30 年代开始委托罗维与通用汽车公司合作，以建立起一种明确的公司识别。他们采用了一种以水平线条为主的铝合金车身，转角光滑圆润，并标有一只跳跃的灰狗作为公司的标志，从而形成了视觉上的识别特征。这种“银边”的客车后来经过修改，以适应不同的车型，但基本特征仍保留下来了。（图5-71）

图 5-71　罗维 1946 年为灰狗公司设计的长途客车

战前较系统地建立起公司识别的大公司之一是意大利的奥利维蒂公司。它在公司识别方面的成功对于战后识别计划的发展起了很大推动作用。包豪斯现代设计理论传入意大利后，奥利维蒂公司意识到了平面设计对公司的重要性，对公司的广告、招贴、宣传手册进行了统一设计，使其具有现代感。同时改变了公司的产品设计政策，于 1936 年聘请尼佐里全权负责公司全部产品的设计，他还参与公司的广告设计和建筑设计，包括公司在米兰总部大楼的设计，使公司体现出一种完整、统一的形象。

图 5-72　意大利提玛 -164 型洗衣机（左）和哲瓦特 -955 型洗衣机（右）

第二次世界大战后，批量生产逐渐集中于少数大公司。在产品种类减少的同时，竞争性型号的设计由于共同的利益和相同的技术而走到一起来了。特定范围内的产品越来越相似，也就说每家企业的产品与其竞争对于并无多大差别。如图 5-72 所示的意大利两个竞争性公司在 70 年代生产的滚筒式洗衣机，外观设计非常近似。在这种情况下，突出整个企业而不是单个产品的形象就更为重要。因此，公司识别计划倍受重视，得到了很大的发展。不少公司都建立自己的识别体系，取得了显著成效，美国国际商业机器公司 （IBM）就是一个典型的例子。IBM 在 50 年代初虽已颇具规模，但并没有完整的设计政策，所以在设计上表现混乱，无法与奥利维蒂公司在国际市场上竞争。

图 5-73　兰德设计的 IBM 标志

1914 年在 IBM 公司总经理小托马斯 · 华生（Thomas Watson Jr.）的支持下，著名设计师诺伊斯吸取奥利维蒂公司的成功经验，制订了 IBM 公司的识别计划，以适应公司业务不断扩大的需要。著名平面设计师兰德（Paul Rand）为 IBM 重新设计了标志（图 5-73）。接着诺伊斯被聘为设计部主任，着手对 IBM 公司的设计进行全面改造和统一管理。诺伊斯首先推行了产品外形的标准化、系列化。IBM 是国际性的公司，若无统一的设计管理，它将不会有一个完整的国际形象，在装配、生产、宣传各环节中都会有许多麻烦。在他的主持下，公司抛弃了那种每年改型的商业性竞争的设计战略，强调设计的一致性和连续性。公司的打字机、计算机等产品的外形全部统一，形成了 IBM 风格（图 5-74）。这种风格突出

图 5-74　IBM 计算机

图 5-75　罗维设计的壳牌石油公司标志

了尖锐的棱角和以立方体为基础的几何形，外观整齐划一。在色彩上则采用素洁的冷色。通过这些设计因素体现出商业界的冷漠、秩序和效率，获得了有个性的造型特征。公司在各地的建筑也与整个 IBM 风格统一起来。通过这些努力，使 IBM 在国际市场上树立了鲜明的形象，在许多方面超过了曾一度领先的奥利维蒂公司。“IBM 不是竞争，而是创造环境。”这就是 IBM 的设计原则，它在美国工业设计中是独具特色的。

IBM 的成功促进了公司识别计划的进一步普及，不少设计师纷纷将工作重点转向公司识别上，在美国更是如此。罗维在战后为许多大公司制订了识别计划，影响很大。1967 年，他为荷兰壳牌石油公司设计了标志（图 5-75）、员工制服和系列化的加油站，在世界各地都可以看到。

德国的乌尔姆造型学院也将系统设计理论应用到了公司识别上。这些识别计划包括从公司标志、名片直到字体的形式、颜色、大小和间距等的各个方面，因而十分完整，向外界全方位地表现了企业的视觉特征。学院为汉莎航空公司所作的标志设计就是一个有名的例子，它使这家国际性的大公司有了一个明确的形象。

第九节　人机工程学的发展

人机工程学是一门多学科交叉的边缘学科。第二次世界大战之前一些设计师就开始对人体各部位的尺寸、动作范围进行研究，使人的生理尺度与日常使用的物品尺寸协调起来，从而设计出更宜人更有效率的产品。丹麦设计师克兰特和美国设计师德雷夫斯是这方面工作的先驱。随着功能解析研究在斯堪的纳维亚兴起，人机工程学作为一门独立的学科在第二次世界大战中发展起来，它在更全面的意义上研究了人与机器的关系。人机工程学的研究中引进了实验心理学和生理学的研究成果，根据人的手、眼及脑的特点来设计控制系统，以提高工作效率和改善工作条件。第二次世界大战以后，人机工程学在飞机驾驶舱设计中得到应用，特别是用于与视觉显示有关的问题上，就是使仪表的设计及其布局与人眼感知的生理及心理机制相适应（图 5-76）。到 50 年代，人机工程学原理已为许多工业设计师所采用，因而得以改善产品的人机关系。

图 5-76　飞机驾驶舱中的高度表

例如瑞典设计师曾纳尔（Rune Zernell）针对阿特拉斯—柯普柯公司生产的电钻（图 5-77）手握不便与噪声大的缺点，利用人机模型和“8 小时执握”试验于 1955 年设计出了阿特拉斯 LBB33 型手持电钻（图 5-78），执握舒适，操作方便，而且噪音小。由此可见人机工程原理在工具设计中的重要性。

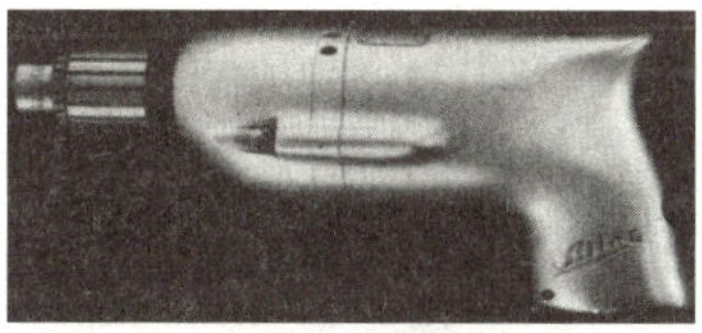
图 5-77　改造前的阿特拉斯电钻

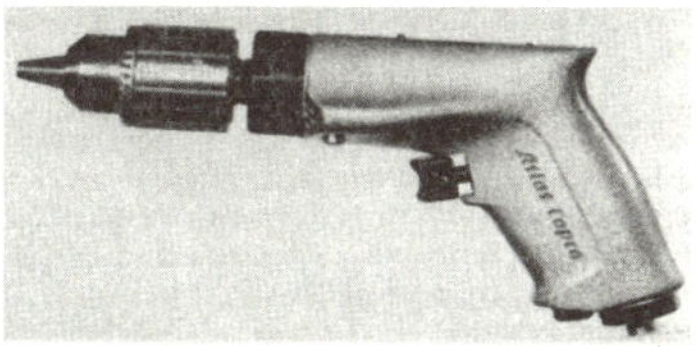
图 5-78　改造后的阿特拉斯电钻

进入 60 年代，随着科学技术的飞速发展，人机关系越来越复杂，由此使人机工程学作为工业设计的一门基础学科得到更大的发展。罗维为“阿波罗”登月计划所作的设计就证明了这一点。由于计算机应用的普及，计算机的人机界面设计成了人机工程学研究的一个新课题。另外，对于伤残人员的人道主义也向人机工程学提出了新的要求。在这方面，瑞典人机设计小组取得了令人瞩目的成就。这个小组是一个从事工作环境、残疾人用品及医院设施研究和设计的组织，共有 14 名成员，成立于 60 年代末。人机设计小组特别关注设计中的生理与心理因素。

在设计过程中，设计师要花费大量时间进行调查研究。所有设计都要制成足尺模型进行人机关系的精密测试，并采用摄影等手段对工作过程和动作进行分析。通过这种设计方法，产生了大量的优秀设计，同时也形成了简洁、明了而富有表现力的外观特征（图 5-79）。1974 年人机设计小组的两位设计师为有手疾的人设计了一种特殊的面包餐刀与切盘（图 5-80），使用起来方便而省力。由于精心的设计，这类产品也能为健全的人使用，因而销路很广。

在家具设计方面，人机工程学的应用也很广泛。挪威的斯托克公司利用人机工程原理设计了一系列新型座椅（图 5-81）。这种座椅通过使人体坐姿前倾和膝部支承，让脊椎和躯体处在一条直线上，保持自然的平衡状态，从而使身体各部位能最佳地完成其功能，消除背部、颈部、臀部和腿部的应力。这种椅子在造型上也别具一格。

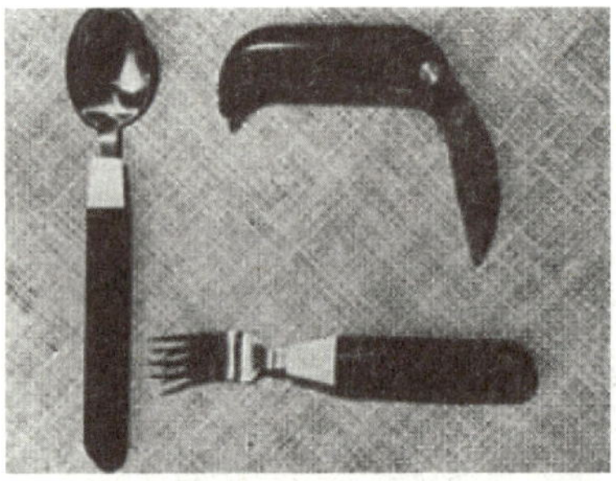
图 5-79　瑞典人机设计小组为有手疾的人设计的多种手握方式餐具

图 5-80　为有手疾的人设计的一种特殊的面包餐刀与切盘

图 5-81　挪威斯托克公司的新型座椅

人机工程学的发展一方面使设计更具有社会学的色彩，另一方面也使设计逐步走向科学化，从而使产品形式更少受到设计师自我意识的影响。这些都对专注于形态价值判断的设计美学观念产生了冲击。

第十节　新技术及新材料与设计

第二次世界大战后，科学技术飞速发展，出现了大量的新技术、新材料，这对工业设计的演化产生了重大的影响。1947 年晶体管的发明标志着电子技术的革命。随着大规模集成电路的出现，引起了 60—70 年代急速的小型化浪潮，使许多产品能以很小的尺寸来完成其先前的功能，这样设计师在产品外观造型上就有了更多的变化余地。由于电子线路的功能是看不见的，并没有天赋的形式，人们无法仅从外观上判断电子产品的内部功能，因此，“形式追随功能”的信条在电子时代就没有真正的意义了。这些都给工业设计提出了新课题。

图 5-82　贝里尼为雅马哈公司设计的录音机

图 5-83　扎努索设计的一体化电话机

意大利设计师贝里尼（Mario Bellini）是最早意识到这种变化的设计师之一。他认为随着机械部件基本上被电子线路所取代，产品的外形就只是由传统、美学和人机工程学的综合来决定了。这就要求更多地考虑文化、心理及人际关系等方面的因素，即赋予简单的外形以一种有价值的内涵。他为日本雅马哈公司设计的录音机（图 5-82）就体现了这一思想，其楔形的造型就是由人机工程关系决定的，各种控制键十分简洁明了，而录音键和电平指示的两点鲜艳的红色则起到了画龙点睛的作用。其他意大利设计师在这方面也作了积极探索，致使意大利在新兴的电子工业产品的设计方面取得了巨大成功。1968 年，扎努索（Marco Zanuso）利用集成化和按键拨号新技术设计出了一种新型电话机（图 5-83），将机身与听筒两大部分融为一体，既简洁优美，又使用方便，开创了电话机设计的新时代。

技术革新也影响了人们的行为方式。电视技术的发展就是一个例子，早期设计者是把电视机作为代替传统壁炉的东西，即整个家庭的中心。而 80 年代微型便携式电视机的设计者是从另一角度来看待电视机，即把它作为一件高精尖的玩具，这预示着一种个人的而不是共享的体验。这种变化有赖于飞速发展的科学技术，其中微芯片和新型的扁平屏幕使微型化成为可能。另外微型录音机、个人计算机、游戏机、录像机等现代科技的结晶都在不同程度上强调了个人的活动。

战后材料和工艺上的革新改变了人们所熟悉的概念。新型塑料多样化的鲜明色彩和成型工艺上的灵活性，使许多产品呈现出新颖的款式和颜色，与先前标准化的金属表面处理和工业化形式形成了强烈的对比。从 60 年代起，各种塑料，如聚乙烯、聚氯乙烯、聚丙烯等开始被广泛地用于各种产品上，如电话机、电吹风、家具、办公用品、机器零件以及各种包装容器。塑料成了工业设计最热门的材料，由此 60 年代曾被称为“塑料的时代”。

新材料不但大大丰富了设计的语汇，而且对传统的设计观念产生了极大的冲击。丹麦设计师潘顿（Verner Panton，1926—1998）在探索新材料的设计潜力的过程中创造出了许多富有表现力的作品，颇有影响。潘顿毕业于丹麦皇家艺术学院，曾在雅各布森的事务所工作过，后定居瑞士巴塞尔。从 50 年代末起，他就开始了对玻璃纤维增强塑料和化纤等新材料的试验研究。像许多丹麦设计师一样，潘顿对椅子的设计特别感兴趣。60 年代，他与美国米勒公司合作进行整体成型玻璃纤维增强塑料椅的研制工作，经反复的试验和改进于 1968 年定型（图 5-84）。这种椅子可以一次模压成型，不加修整即可投放市场。椅的造型直接反映了生产工艺和结构的特点，同时又非常别致，具有强烈的雕塑感，色彩也十分艳丽。这种椅至今仍享有盛誉，被世界许多博物馆收藏。1968 年，潘顿开始着手于利用发泡塑料技术探索非传统的空间形式。他是第一位乐此不疲的设计师。泡沫塑料既可切割成型，也可按模具制成所需的形状，其软硬程度可在制作中得到控制。这充分显示出泡沫塑料在造型上的潜力。他的室内设计完全突破了传统的空间和分离式家具的概念，以图创造出一种完美的整体环境。1970 年，他为联邦德国拜耳公司的流动展览船“维纳西”2 号设计了充满幻想情调的空间，座椅、床和桌子好似从墙上、天花板和地板上生长出来，形成了一个大而完整的景观。其中所有东西都是泡沫塑料覆以化纤织物制成的，形式古怪，色彩鲜艳，给人一种强烈的感受。

图 5-84　潘顿设计的整体成型玻纤维增强塑料椅

除此之外，他还为联邦德国一家联号百货公司设计了发泡塑料家具，一时风靡欧洲。这是一个大胆的创新，奠定了他作为国际知名设计师的基础。

潘顿还长于利用新材料来设计灯具。他与许多丹麦厂家建立了密切的合作关系，1970 年设计的潘特拉灯具（图 5-85）就是这种合作的成果之一。它既可用作台灯，也可用作落地灯。其简洁、明快的造型使它在不同的环境中都可以适用。1975 年，潘顿用有机玻璃设计了 VP 球形吊灯，既满足了灯具在防眩光、补偿光色等方面的要求，造型又晶莹诱人，获得了很大的成功。

潘顿还是一位色彩大师，他关注设计中的色彩问题，并发展了所谓的“平行色彩”理论，即通过几何图案将色谱中相互靠近的颜色融为一体。他的色彩理论为他创造性地利用新材料中丰富的色彩打下了基础。

图 5-85　潘顿设计的潘特拉灯具

第六章　职业工业设计师

6

在每一年的国际航空展上，总有人执著地带上个人制造的飞机前来参展。媒体也总是把“农民设计制造飞机”当成新闻里的趣事。其实，这种行为和小时候用树枝制作弹弓是一回事儿。不管我们愿不愿意，不管我们是否意识到，每个人都在扮演着一个“设计师”的角色。

正如帕帕奈克所说：“每个人都是设计师。”日常生活中的每一个人，虽然不像职业设计师那样自觉地进行设计，但在每一个人心中都隐藏着蠢蠢欲动的设计意识。只要看看人们在生活中对器物所特有的“不安分”的、别出心裁的使用方法，就能看出所谓“劳动人民的智慧”是多么丰富的设计活动，人们对服装充满个性的搭配穿着，是人类设计意识的天然反应。有人喜爱在旧衣服甚至新买来的衣服上动些手脚，他们离设计师已经相去不远了；让室内设计师头痛不已的是，业主们总要对他们的设计“横加指责”，就好像他们是专家一样。可是，有谁不想“设计”自己的家呢？实在没有条件，至少也要调整一下房间里家具的摆放位置，让孩子在新鲜感中增加一些学习的乐趣；院子里的花花草草、瓶瓶罐罐是要自己用心去经营的。最好再配些清脆的鸟鸣，哪怕是从鸟笼子里发出来的声音；用完的易拉罐怎么办？除送去回收站，易拉罐被许多人各怀心思地“解构”与“重构”，变成许多具有新功能的产品……

对日用品进行二次利用是日常生活中人们进行产品设计的一个最直观的例子。人们总能针对那些已经成熟的产品发明出它们的设计师都没有想到的用途：矿泉水瓶的设计师或许会想到水瓶可以反复充灌纯净水，但恐怕想不到它还可以被灌进沙土作为哑铃使用；而在中国的劳动人民中，自行车和拖拉机以及其他的机动车经常被进行五花八门的改装，因为这些产品才是他们最需要的。“一个物体不论原本的功用为何，往往会有其他别出心裁的功用，如树枝可充当叉子，贝壳可当汤匙，人类制作的器具当然也不例外，回形针就是一例。很少东西像回形针那样，随着形状的改变而有不同的功能。关于回形针的调查和它的起源一样五花八门。”根据霍华德·舒弗林在 1958 年的调查，每 10 个回形针就有 3 个不知去向，而且 10 个当中只有 1 个用来夹定纸张，其他的用途包括当牙签、指甲夹、挖耳勺、领带夹、玩纸牌的筹码、游戏的记分工具、别针的替代品，还可充当武器。为了满足普通产品使用者的设计意识，一些设计师甚至主动地将产品的设计活动部分地“下放”给消费者。例如宜家家居等企业的“DIY”营销理念，就是让消费者“享受”一部分设计和生产的乐趣。通过让消费者自己选择产品的颜色、材料、大小并自己组装甚至完成产品设计与生产的最后一道工序来体验设计自己生活方式的愉悦感。Droog 设计公司于 2001 年设计的“DO 创造”系列作品则赋予了消费者更多的创造乐趣，设计师让使用者最后自己完成产品的生产，而这一过程带有很大的随意性。比如在一个完全漆黑的灯具上刻上任何自己喜欢的图案或语言，灯光才可能通过刻下的痕迹散布出来；或是甩锤子将一个金属的盒子砸成一张沙发；荷兰建筑师赫曼·赫茨伯格在代尔夫特建造的代岗公寓都是“未完成”的，使用者可以根据房屋本身的骨架完成最终的房屋设计。

这些未完成的产品和建筑虽然不是职业设计中的主流，甚至可以被看做是职业设计师和使用者开的一个玩笑或是玩的一个游戏，但显然，这些设计师也意识到了人们在生活中的创造力和设计欲望。同时也不经意地透露出一个设计的哲理：消费者自己设计的作品肯定是最满意的。

第一节　工业时代前的设计师

设计师的含义就好像是一组俄罗斯套娃，它所包括的范围从大到小逐渐地细化。设计师最大的范畴自然是指人类整体，因为在生活中，每一个普通人都曾扮演过设计师的角色。他们也许是为了图方便，改进或设计过一些小物件，但他们自己却并没有意识到这是一种设计行为。在这个区域中的设计师是最广义的设计师，即人人都是设计师。

第二个范围内的设计者大多是设计爱好者。他们设计、制作物品是出于个人的爱好，属于自娱自乐，并不以设计和制造物品谋生，这些人包括做女红的妇女、贵族、中国古代的士大夫以及一些设计爱好者等；然而爱好转化为谋生手段也是情理之中的事。

第三个范围内是这些走向商业化的设计爱好者，在这个范围内的设计师在职业设计师出现之前，曾经在漫长的岁月里担负着设计师的任务。这包括手工艺人、工匠、部分画家、雕刻家，以及一些发明家等，他们往往既要负责设计也要负责制造。

第四个范围是那些手工业时代出现的设计师。一方面，他们不像手工艺人那样负责生产；另一方面，他们不像工业时代的设计师那样依靠科学的设计方法来应对极为庞大的产量与工程，而更多的依靠经验和技巧操控着相对小规模的生产过程。

最后一个范围就是我们通常所说的最狭义的设计师，即第一次工业革命以后出现的，以设计为职业的设计师。他们的工作重心是设计工业时代的产品及其他物质和文化需要，而非亲力亲为地制作或制造那些所需之物，这是社会分工不断细化带来的结果。

这个设计师的演变过程是一个从普遍到特殊的过程，即人们普遍具有与职业设计师相类似的设计行为，并通过这种行为完成相类似的目标。但职业设计师的形成却是一个特殊的现象。从“套娃”的最外一层到最里一层，设计师的职业意识和设计的自觉精神在不断地加强，所对应的人群也逐渐微缩、细分，就好像套娃玩具的体量变化那样。

一、原始人的设计

“原始人停下车来，他判定这儿是他的土地，他选了一块林中空地，他砍倒过于逼近的树木，平整周围的土地；他开辟道路通向河流和他刚刚离开的部落；他埋设木桩拴牢他的帐篷。他用栏栅围住帐篷，在栏栅上安一个门。”柯布西耶如是设想人类最初是如何开始造物的，这样的设计物品并非由职业设计师们所创造，它们是原始人类在生活、劳动的过程中制造出来的。

这些物品是早期人类的设计行为的产物，其产生于生存与生活。这个行为的产生依赖于人类正在发展的智力和逐渐灵巧的手。因此，渺小的人类为了能够生存下去，必须竭尽全力去适应自然、改造自然，以获得必需的生产和生活资料，有生存的愿望和能力就会产生出生存设计。这种设计的质量决定了设计者的生死，因而常常是很成功的设计，如果设计失误后果将是致命的。因此，这些失误会马上得到纠正，无数次失败的教训成了早期人类在设计方面最好的老师。无论是澳大利亚土著居民所使用的飞镖，还是格陵兰人所用的兽皮筏都在当时人们的物质条件下达到了很高的水平。这些设计与他们的生活相契合，简单但有效。人类的设计就是在满足生存最基本需求的工具的基础上发展起来的，以石器为例，我们可以看到这些工具的设计对于人类文明发展的重要性。“迄今为止，最早的石器是 1969 年发现于肯尼亚特卡纳湖的石器，它被测定为 261 万年前的工具（钾氩法）；在东非其他地区也发现了不少于 200 万年的石器，所以石器时代开始的最早年代可能在 300 万年以前。”由此，人类设计行为的产生可以追溯到至少 300 万年前，这些原始人是人类史上的第一批设计师。他们对天然石块进行简单的加工，把石头敲打成粗糙的砍砸器、刮削器等。用这些粗糙的工具去砍伐树木、砸击野兽、采摘果实、挖掘植物的根块。在生产、生活的实践中，这些打制石器在功能上的缺点逐渐显现，原始人进而把石块进行改进，磨制成形似斧、刀、铲、锄等较精细、锐利的工具，有效地提高了生产效率。因此，当这个世界上出现了会制造工具的原始人类时，最早的设计行为便诞生了，原始人用石块相互敲击出来的粗糙的工具就是最早的设计品。人类从最早的设计行为发生开始，在随后漫长的岁月中，不断地探讨着设计行为在材料、范围、形式、功能上的可能性。在随后到来的青铜时代、铁器时代、蒸汽时代、电气时代，一直到今天的信息时代，人类不断地通过设计行为改造着世界，使自己生活在一个被设计过的环境中。人类将无生命的和未加工的物质转化成工具，并给予它们以未加工的物质从未有的功能和样式。功能和样式是非物质性的，正是通过物质，它们才被创造成非物质的。这是从古至今人类设计行为的结果，并不是仅仅依靠职业设计师来完成的。越来越细的社会分工使得人们不需要再像原始人或小农经济时代的人 一样，男耕女织，自给自足，但人们在生活中仍然不断闪现出有创造性的设计行为，包括建造房屋这类今天看来极其专业的活动。

二、因为喜爱而设计

17 世纪 20 年代，当明熹宗朱由校埋头在皇宫里操斧拉线享受木匠的快乐时，他想不到一百多年后，在法国的后宫里，有一位皇帝和他志同道合——路易十六对钟表和锁具的热爱远远超过了他对玛丽 · 安托瓦内特皇后的兴趣。当我们把两位皇帝的结局和他们的行为相对照时，“玩物丧志”这个词是如此地适合他们。

然而，他们的“玩物”现象只不过是整个社会的一个缩影罢了。无论是王公贵族还是平民布衣，都有可能对造物产生极大的兴趣。只不过富人和贵族们的活动更加引人注意而已。例如路易十五的著名情妇蓬巴杜尔夫人便是这样一位对当时的时尚甚至日常生活的面貌都有着极大影响的人。当时的人写道：“我们现在只根据蓬巴杜尔夫人的好恶生活。”马车是蓬巴杜尔式，衣服的颜色是蓬巴杜尔色，吃的炖肉是蓬巴杜尔风味，在家里，将壁炉架、镜子、餐桌、沙发、椅子、扇子、盒子甚至牙签都做成蓬巴杜尔式！她不仅直接影响着宫廷内外的审美趣味和工匠们的形式追求，甚至带来一种参与设计和制作的生活风尚，很多贵族阶层也纷纷参与到一些物品的制作中去。由于蓬巴杜尔夫人的个人爱好，她更是对各种文化事业加以扶持。她是文学和艺术的赞助人，是作家、画家、雕塑家以及各类工匠的保护神。在她的大力资助和努力下，塞夫勒瓷厂于 1756 年从万塞纳迁至她的城堡府邸所在地——塞夫勒，扩大了生产规模，并在 1759 年成为皇家瓷厂，对欧洲陶瓷的发展起到了极大的推动作用。在这个设计师范畴中，从事设计活动的设计师都有自己的职业，或者不以设计为自己的生存需要，仅仅把它当成是一种业余爱好。自娱自乐的“设计师”，把设计当作一种游戏，会像天真的孩童一样充满了纯粹的创造性。因为，他们的设计不需要拿到市场上出售，不需要考虑生产成本和利益回收，只要满足自己使用上的需要和心理上的愉悦感就可以了。

在中国古代，“士”是一个重要而特殊的阶层。在那些舞文弄墨的文人中，有许多像李渔那样的艺术家和文学家除了寄情山水外，把相当多的精力放在设计自己的生活世界中。例如从宋朝开始，“江南园林有不少文人画家参与园林的设计工作，因而园林与文学、山水画的结合更加密切，形成了中国园林发展的一个重要阶段，但毕竟人为的成分居于主导地位，产生一些生硬堆砌的缺点”。文人的参与对园林产生了和对中国画一样深远的影响。在这个意义上，由于他们对于园林最后形态的产生至关重要，他们已经接近较为职业的设计师，只不过在设计目的上，他们和职业设计师还有关键的差别。但当宫廷需要时，他们将很自然地担当起设计师的职责。他们在艺术方面的修养为他们的设计提供了最基本的保证。

除了王公贵族和文人雅士，那些平时忙于生计的劳动人民同样对各种物质创造充满了旺盛的欲望。人们出于各种愿望和要求，对自己身边的产品和环境不断地进行改进甚至重新设计。人们对设计不仅是一种自上而下的方式，另外也带有主动性。许多人设计的动机并不复杂，有的出于好奇和好胜；有的出于社会责任感，由于对社会中产品或环境不满意，而试图自己动手解决问题；更多人希望能在工作之余创造出商业价值，给自己带来经济利益或改变自己的工作类型；当然也有人是为了享受生活或炫耀。

三、工匠们的设计

社会的进步导致了第一次社会大分工的出现，一部分从事手工业的劳动者从农业工作者中分离出来，成为专门制作劳动工具和生活用品的工匠。他们都是真正的职业设计师，和当代职业设计师唯一不同的是，他们的设计和制作常常是由一个人甚至是同一个过程里完成的。

《考工记》中最早记载了百工及其制作工艺，如汉代的漆器工艺十分发达，一件漆器的制作就需要九个以上的不同工序的技术工匠分工完成，体现了设计操作工艺流程的合理性。在各行各业手工匠人中，早期的祖师和做出杰出贡献的匠人成为他们崇拜的偶像，他们会在一定的日子里举行仪式，敬奉祖师，这也是手工匠人独特的行业特点。

中国古代工匠的职业通常在家族中进行传承，至于专业的匠师，则被封建统治者编为世袭户籍，子孙不得转业。如清朝的雷发达一门七代，长期主持宫廷建筑的设计。《荀子》中也写道：“工匠之子莫不继事”。除家族性传承以外，师徒传承也具有广泛的基础。在一定范围内形成较为固定的行业组织，各组织都有自己的行业规范、行话、禁忌。这就使得手工艺作为一个行业具有了一定的神秘性，它的各种工艺和经验基本是秘而不宣的，只能在家族继承人或徒弟中间流传。有的手工匠人还会在教授的过程中故意将一些要领神秘化，留待徒弟自己去揣摩领悟，并且还要保留一些技艺，使徒弟难以达到师傅的水准，这样可以保证师傅的某些技艺成为一种绝活，从而在竞争中立于不败之地。

这种保守的技术遮掩不仅在中国古代的手工匠人中存在，在西方也有将手工艺神秘化的倾向。古德曼在所编著的《手工具图解百科全书》的序言中指出他在编书的过程中充满困难，因为工匠很少以文字记录手工具的发明缘由，甚至到中世纪时，手工具还被视为“秘密”，当陌生人一进工作室，工匠就把手工具收起来，当有人询问起工具，工匠不是语焉不详就是胡言乱语，一般人不敢轻易怀疑，被哄得一愣一愣的。因此，即使是几代前的工具也不能确知其用途。

无论是将前辈著名工匠神圣化的方式还是对工匠技术传播方式的限制，都体现了工匠阶层的职业化和专业化，这是他们和前两种自发的“设计师”之间最大的差别。

中国古代的百工看似散落于民间，但有一项制度可以在需要时将他们召集起来，为皇家各项工程实施设计和其他手工业的生产，这就是自殷商开始历代都在实行的工官制度。中国古代的工官制度主要是掌管统治阶级的城市和建筑设计、征工、征料与施工组织管理，同时对于总结经验、统一做法实行建筑“标准化”，也发挥一定的推进作用。如《营造法式》的编著就是工官制度的产物，它是中国古代建筑的特点之一，至于主管具体工作的专职官吏，《考工记》称为匠人，唐朝则称将作大匠，主要工匠称都料匠，而后者从事设计绘图，又主持施工，后来明朝还有少数由工匠出身成为工部首脑人物的。“大禹治水”的故事妇孺皆知，而禹就是一位工官。

与古代中国相比，古希腊画家和雕刻家的地位比较低，他们被包括在工匠的行列中，一个雕刻家和普通的石匠一样被毫无区分地称为石工。自由的工匠组织了行会，但激烈的竞争和奴隶制的生产方式使得许多自由的手艺人降至非自由人的地位，不得不与奴隶一起在手工作坊中工作，而且拿着相同的酬劳。这种对手工艺人的歧视一直到古罗马时期也没有改变。

中世纪的手工业者一般由行会组织起来，不同的行业成立不同的行会，在行会内部制定从形态到尺寸的设计标准。用今天的眼光来看，这是对设计的标准化规范，也是将好似散兵游勇的手工人按行业进行统一管理的一种方式。这一时期，艺术家仍然与手工匠人属于同一阶级，也是工匠行会的成员。他们设计制作的生活用品风格朴素，材料也多为粗糙的木板，同时装饰细节也很少。因此，中世纪的工匠们一般都长于结构的逻辑性、经济性和创造性，这种风格正是后来艺术和手工艺运动以及包豪斯的家具设计师们所追求的。到了中世纪后期，以手工生产为基础的早期资本主义出现了，设计的专业化不断加强。工业设计的特点——设计与生产过程相分离——开始显现。虽然传统的技巧和手工艺仍是主要的，但他们更加专业化。这样一来，艺术家和手工艺人之间的界限已经很模糊，他们的差别仅在于发展的程度不同，而其训练和技艺的基础是相同的。这些都为即将来临的文艺复兴运动打下了良好的基础。

四、用设计谋生的人

随着生产力的发展和社会分工的进一步细分，产品和建筑进一步分开。一些艺术家由于专业上的特点开始转向专业艺术设计，一些工匠也上升为专事设计或绘图的设计人员。隋唐之交的阎氏父子阎毗、阎立德、阎立本，不仅是著名的大画家，也是著名的建筑师和设计家。

文艺复兴时期的许多艺术家走上了设计的道路，拉斐尔、米开朗基罗是其中的佼佼者。他们的影响非常深远，并不止是因为他们自己从事设计，而是因为他们为了满足大客户的需要而培养训练了专门的设计师，并成立了多个固定的行会，为其他地区设计师的组织和教育提供了模式参考。

在这个时期，各个设计的行业开始出现，但设计师的角色并不清晰。建筑师有时也会充当工业设计师的角色，这种行业的跨越使得他们进入手工艺人的传统领域，而且比画家和雕刻家更加踊跃。另一方面，不少艺术家和匠人转行成了建筑师和产品设计师。因为已经有很多现成的由设计师设计的产品存在，手工匠人可以模仿和改进已有的设计产品。这种工作方式在当时极为普遍，这样可以为人们提供更多时髦产品。正如拉斯金所说：“如果工人能设计得很棒，我就不应该将他放在熔炉旁，我将把他从那带走并把他变成绅士，并且建造一个工作室，让他在那里设计他的玻璃。我会让普通人替他融化和切割玻璃，这样我的设计和我的工作也就完成了。”

13 世纪，欧洲就开始了早期的工业技术革命，多种纺织机械的发明和使用，加快了纺织业的发展，并出现了专门的纺织设计师。在 14 世纪，一个纺织设计师获得的报酬就已经比一个纺织工多很多。18 世纪，法国皇宫中的玛丽·安托瓦内特女王聘请了一位名叫罗丝·伯廷的女帽商。从某种意义上说，她是第一个现在知名的服装设计师，而不再是一个默默无闻的女裁缝，她为下个世纪时装业的兴旺发展打下了良好的基础："就是从那时起，时装设计师才成为艺术家，他们的作品和名字可以骄傲地放在一起了。"正是由于职业设计师在工资待遇和社会地位上的提高，吸引了越来越多的人从事这一行业。

在这个设计师范围内，不论是"半路出家"的艺术家还是"根正苗红"的手工艺师傅，他们都是真正的职业设计师，因为他们都以设计作为自己生存所依赖的职业。这是一条将以上提及的各种"设计师"进行根本区分的边界，正如诺曼说"区分是否是设计的最实用的办法在于这是为了赚钱而制造的行为还是自发的行为"。但是，从知识构成来看，他们都不能适应时代发展的需要。尤其是用艺术家来充当设计师的角色实在是无奈的替代选择，他们的设计也往往过分注重物品的外形和装饰。"从历史角度看，这个现象很有趣，因为把艺术运用到一个器具上的想法——不是要使产品本身美观的想法，正相反，是通过产品本身的功能和形式去实现美观的想法——使工业设计师得以诞生。"

五、工业时代初期的设计师

标准的设计词典会告诉我们："设计师是从事设计工作的人，是通过教育与经验，拥有设计的知识与理解力，以及设计的技能与技巧，而能成功地完成设计任务，并获得相应报酬的人。"这样的职业设计师在手工业时代就已经出现了，而且，在手工艺生产中也长期存在着类似"流水线"的分工生产方式。这是因为将生产的环节细分可以让技术差的工人也能完成其中一部分的工作。

但是在第一次工业革命以后，由于生产力发生巨大变化，设计与生产进一步分离，设计师的性质和功能也发生了变化。尽管传统的手工艺人和一些艺术家专门从事设计，也会生产制作，有的技工设计师（手工艺者）拥有自己的手工作坊，可能还有自己产品的零售途径，但在机器主宰生产的时代，机器改变了设计师的工作方式和地位。一方面，设计师越来越"图纸化"。设计和生产之间产生了巨大的鸿沟，需要大量的工程师来进行补充。手工艺时代的职业设计师们尽管有的也摆脱了产品制作的角色，但他们对那些车间并不陌生，甚至本身就是学术权威。但现在，他们不得不更多地依靠集体的合作来弥补知识结构的不足。从这个角度上讲，设计师的权威性被降低了。另一个方面上讲，机械生产的效率空前提高了，人们不再担心产品生产数量了，而如何刺激消费者购买产品成了主要问题，那么从这个意义上讲，设计师的地位被空前提高了，因为产品需要在被生产出来之前经过精心的设计，通过设计来满足和迎合消费者的需求。

第二节　美国工业设计的职业化

第一次世界大战刺激了美国生产能力的巨大发展，这种发展在 1918 年之后转变成了一种消费高潮。随着以大量资本投入为基础的大规模生产的增长，人们在不断地寻找减小成本和增加销售的方法，标准化、合理化以及改善了的生产方式和材料能大幅度地降低成本，而强调视觉形式则成了一种促进销售的重要手段。随着广告业的发达，产品的视觉形象常比之产品本身传播得更广。但从 20 世纪 20 年代后期开始，出现了衰退。西尔斯等大型公司的邮购业务已满足了国家日常的物质需要，生产消费周期趋于停滞，对外出口增长缓慢，使厂商必须相互竞争以吸引一切消费者可以支配的收入。与此同时，许多小企业出现亏损或被兼并，因此加快了企业大型化的趋势。1929 年，纽约华尔街股票市场的大崩溃和紧接而来的经济大萧条使情况进一步恶化。当时的国家复兴法案冻结了物价，使厂家无法在价格上竞争，只能在外观上下功夫以争取消费者。因此，设计的概念被工业界广泛地接受，设计不仅要考虑美学上的要求，而且要注重于促销。在这种经济背景下，一代新的工业设计师出现了，他们来自各行各业，他们的方法和成就也各有千秋。但正是在他们的努力下，设计开始被认为是工商活动的一个基本特征，是现代化批量生产的劳动分工中一种重要的专业要素。“工业设计”一词在美国最早出现于1919年，当时一个名叫西奈尔（Joseph Sinel，1889—1975）的设计师开设了自己的事务所，并在自己的信封上印上了这个词。至20世纪30年代以前，“工业艺术”一词更加流行。

第一批职业工业设计师中不少是受雇于大企业的驻厂设计师，美国通用汽车公司的设计师厄尔（Harley Earl，1893—1969）就是其中的一个代表。厄尔是美国著名的汽车设计师，他于1919年发明了一种用泥塑模型设计车身的标准技术，使汽车车身设计可以更加自由。20世纪20年代早期，通用汽车公司为了与福特公司抗衡，开始预料到外观将是销售活动中的一个有利因素，于是在1925年邀请厄尔到了底特律。1928年1月1日，通用汽车公司成立了“艺术与色彩部”，由厄尔负责，尔后又委任他为“外形设计部”副主任。厄尔在众多的车型上取得了巨大的商业成功，使他成了其他汽车设计师所不可企及的有影响的人物。作为世界上最大的工业企业的主任设计师，他还为在公司组织中树立设计师新作用与地位起了关键作用。厄尔的设计方法是形式主义的，他的一些车身设计采用了飞机、火箭的造型，以表示其速度感。厄尔在通用汽车公司的工作很见成效，使公司的销售量超过了福特。与此同时，在一些大公司也成立了各种名义的设计部门，聘用设计师专门进行产品的设计工作。除驻厂设计师以外，自行开业、接受企业设计委托的自由设计师在20世纪20—30年代也非常活跃。他们许多来自与广告、绘图有关的行业，如商业艺术、展览、陈列或舞台设计等，因而惯于斡旋各种矛盾的意见而做出决断。由于有这些行业的经验，他们能适应设计咨询机构的组织与工作方式，为各种各样的顾主服务。

提革（Walter D.Teague，1883—1960）是最早开业的工业设计师之一。他原是一位成功的平面设计艺术家，经营过广告业，并享有促进高质量产品销售的声誉。通过对17—18世纪法国历史文化的学习，他逐渐对现代欧洲正在发生的事情感到兴趣，并于1926年越洋到欧洲学习柯布西埃、格罗皮乌斯等人的作品。同时，也考察了较保守的法国装饰艺术家，这些艺术家创造了新的装饰风格，为富有的私人业主服务。回国之后，他马上成立了自己的设计事务所，把在法国学到的东西应用于商业，如为高级商店进行室内装修等，并以此为出发点跨入了工业设计领域。提革的目标一直是为其业主增加利益，但又不以过多损害美学上的完整为代价，并以省略和简化的方式来改善产品的形象。从1927年起，他受柯达公司之托设计照相机和包装。他于1928年设计的柯达便携式照相机偏重于时尚，机身和皮腔采用带镀镍镍金属饰条的各种色彩进行装饰，并附有一只带丝绸衬里的盒子，其后的设计显示出他对技术因素更加重视。1936年的柯达小型手持式相机（图6-1）设计简练，操作方便，其外壳上的水平金属条纹似乎仅仅是装饰性的，但实际上它们凸于铸模成型的机壳之上是为了限制涂漆的面积，以减少开裂和脱皮之虞。提革以美学形式解决技术问题的能力使他与柯达公司建立了终身的业务关系。第二次世界大战后，柯达公司成立了自己的设计部

图6-1　1936年的柯达小型手持式相机

门，提革仍是主任顾问设计师。他的早期作品还有为两家美国公司设计的办公机器。在每个设计中，他都与公司的工程师合作，减少一系列的齿轮、杠杆、螺丝、螺杆和累赘的凸起，从而得到一个简洁统一的形式。不仅外观更吸引人，而且由于重点放在基本的工作部件和控制件上，使机器更易于使用。这些设计的成功，使他的设计委托在规模上和范围上都不断扩大。

罗维（Raymond Loewy，1893—1986）是第一代自由设计师中最负盛名的。他是第一位上《生活》周刊封面的设计师，在该刊列举的“形成美国的一百件大事”中，罗维于 1929 年在纽约开设设计事务所被列为第 87 件，可见影响之大。他出生于巴黎，曾在军中服役，后来到美国从事插图和橱窗陈列工作。他的第一个工业设计是 1929 年为吉斯特纳公司重新设计的速印机（图 6-2）。当时公司给他五天时间进行这项工作，在如此短的时间内只能完成视觉简化工作，但吉斯特纳公司对此印象颇佳，便委托他对后来的一些型号进行彻底的改型设计。罗维将改善外观与提高操作效率及减少清洁面积结合起来，使原来油腻、零乱的机器变成了一种时髦的流线型产品，影响至今。罗维 1935 年设计的“可德斯波特” 牌电冰箱（图 6-3）提供了一个设计对于销售活动产生重大影响的范例。早期的冰箱在外观上一直是纪念碑式的，置于高而弯曲的腿上，还有一个暴露的冷凝器。罗维的设计将整个冰箱包容于一个朴素的白色法琅质钢板箱之内，箱门与门框平齐，其镀镍的五金件试图给人一种珍宝般的质量感，在光洁的背景下十分耀眼。冰箱内部经过精心设计后可放置不同形状和大小的容器。这种冰箱有半自动除霜器和即时脱冰块的制冰盘等装置。这一型号成了冰箱设计的新潮流，年度销量从 1.5 万台猛增到 27.5 万台。

图 6–2　速印机

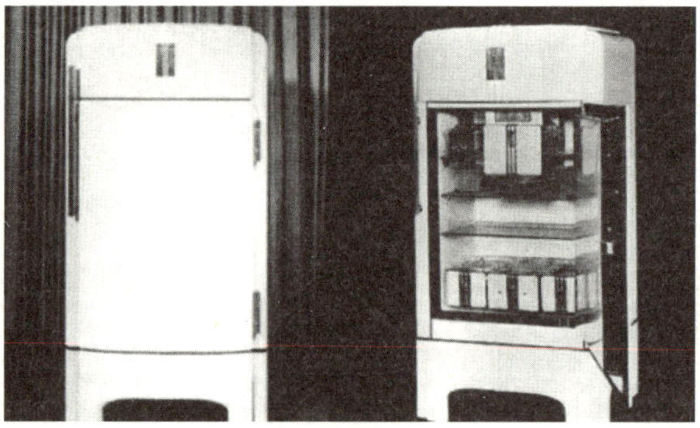
图 6–3　“可德斯波特” 牌电冰箱

图 6–4　“休普莫拜尔”小汽车

罗维还长于运输工具的设计，在 20 世纪 30 年代设计了各种汽车、火车和轮船，影响很大。他也是流线型风格的积极倡导者，在这一时期所作的大多数设计都带有明显的流线型风格。1932 年，罗维设计了“休普莫拜尔”小汽车（图 6-4），该车是获得美国汽车阶层好评的首批车型之一，标志着对于老式轿车的重大突破。1937 年，罗维为宾夕法尼亚铁路公司设计了 K45/S-1 型机车（图 6-5）。这是一件典型的流线型作品，车头采用了纺锤状造型，不但减少了 1/3 的风阻，而且给人一种象征高速运动的现代感。

可口可乐标志及饮料瓶的设计也是罗维 20 世纪 30 年代的成功之作。他采用白色作为字体的基本色，并采用飘逸、流畅的字形来体现软饮料的特色。深褐色的饮料瓶衬托出白色的字体，十分清爽宜人，加上颇具特点的新瓶造型，使可口可乐焕然一新，1940 年畅销全球。罗维重新设计了“法玛尔”农用拖拉机（图 6-6） 在此之前的农用拖拉机常被烂泥沾满铁制轮子，使之变得笨重，影响耕作效率，并很难清洗，外观上也显得零乱烦琐。罗维的设计采用了人字纹的胶轮，易于清洗，四个轮子的合理布局增大了稳定性。

这一设计为后来拖拉机的发展指出了方向。为了应付大量和门类繁多的设计业务，罗维建立了自己庞大的设计组织，除了在美国有几间事务所外，还在英国、法国、巴西等国设立了事务所，设计师达数百人之多，多数事务所都任用一批在工程、市场调查和模型制作方面的专门人才。设计事务所的发展是工业设计师工作为社会所承认的证明，他们的成功有时是由于那些为标榜自己而采用的浮夸的方式，但更重要的是他们具有使自己的创造性适应于商业原则的能力。

图 6-5　K45/S-1 型机车

图 6-6　“法玛尔”农用拖拉机

图 6-7　煤气灶具

盖茨（Norman Bel Geddes）也是美国最早开业的职业设计师之一。与提革一样，他也曾经营过广告业，并由此转入舞台设计而取得很大成功，而后又成了一位有名望的商店橱窗展示设计师，其展示设计常极富戏剧性。由于职业关系，他对工业产品的设计与改型深感兴趣，进而开始从事工业设计工作。在设计上，盖茨是一位理想主义者，有时会不顾公众的需要和生产技术上的限制去实现自己的奇想，因此他实现的作品不多。但由于他 1932 年出版了《地平线》一书而奠定了在工业设计史中的重要地位。盖茨十分憧憬通过技术进步从物质上和美学上改善人们的生活。《地平线》一书包括了一系列未来设计的课题，如为飞机、轮船和汽车等所作的预想设计，有些设想的运输工具的大小和速度仅在四年后就成了现实，这使他成了名噪一时的“未来学”的大师之一。在美国早期的工业设计师中，盖茨最精确地描述了他所从事的职业，他总是强调设计完全是一件思考性的工作。而视觉形象出现于设计的最终阶段。他的事务所所采用的设计程序是有典型意义的，在着手产品设计时，他考察如下几点：①确定产品所要求的精确性能；②研究厂家所采用的生产方法和设备；③把设计控制在经费预算之内；④向专家请教材料的使用；⑤研究竞争对手的情况；⑥对这一类型的现有产品进行周密的市场调查，在完成了这些调查研究工作之后，所设计的产品就会清晰地出现于头脑之中，设计师就可以进行下一步的工作，做出设计预想图。根据盖茨的说法，这种视觉形象化的工作是最后也是最快完成的部分。尽管盖茨的工业设计程序清晰明了，但他的设计却不像他的竞争对手那样容易为人接受，因为在实际的设计中他常过于强调自我意识。

图 6-8　海轮

盖茨不是流线型的发明者，但却是流线型风格的重要人物。1932 年，盖茨为标准煤气设备公司设计的煤气灶具（图 6-7）就是一件流线型的作品，同年他设计了全流线型的海轮（图 6-8）。他于 1939 年设计的双层公共汽车也是流线型的（图 6-9）。这一年，他还为纽约世界博览会通用汽车公司展览馆设计了 20 世纪 60 年代的未来景象，大受欢迎，达到了他在事业上的高峰。由于缺少设计委托和自己不善理财，盖茨的事务所在第二次

图 6-9　公共汽车

世界大战后不久便倒闭了。

图 6-10　贝尔电话公司设计的电话机

德雷夫斯（Henry Dreyfuss, 1903—1972）是与罗维、提革和盖茨同时代的人和竞争对手。在第一代工业设计师中，他在许多方面与众不同。他不追求时髦的流线型，尽量避免风格上的夸张，并拒绝出于商业上的利益而对先天不足的产品作纯粹的整容术。德雷夫斯对人机学很有兴趣。他的著作《为人民的设计》开创了关注于这一学科的传统。他出身于经营道具和戏装的世家，16 岁离开学校进入剧院，在那里结识了盖茨并共事多年。在 20 世纪 20 年代，许多舞美设计师和广告画家纷纷走出剧院和广告业，而进入更加广阔的工业舞台。当时的美国工业似乎为胸怀大志的年轻设计师提供了几乎是无限的机遇。德雷夫斯就是其中的一位。他于 1929 年开设了自己的设计事务所，其最有影响的设计之一是他为贝尔电话公司设计的电话机（图 6-10）。1930 年，贝尔电话公司为十位艺术家每人提供 1000 美元，以资助他们设计未来电话机的形式。德雷夫斯就是其中之一，他认为仅凭臆想的外观设计是行不通的，因而坚持与贝尔的工程师合作，“从内到外”地进行设计。贝尔公司开始认为这种方法可能会限制艺术性的发挥，但当发现提交的某些设计方案并不合适时，公司便改变了主意，而委托德雷夫斯以自己的方法进行设计。由于当时电话服务尚未受到市场的压力，这就要求电话机具有一种不会很快过时的形式、良好的使用性能和低廉的使用成本。1921 年，贝尔公司曾率先推出一种由该公司工程师设计的手机以取代老式的竖式机型。1937 年，这种手机又为德雷夫斯的“组合型”手机所取代，该机先是用金属制成的，20 世纪 40 年代早期改用塑料机壳。这种新型手机的设计毫不哗众取宠，因而适应于家庭、办公室等各种环境。机身的设计十分简练，只保留了必要的部件。反复的前期研究和实用测试保证了这种电话机易于使用。外形的简洁，方便了清洁和维修，并减小了损坏的可能性。由于这一设计获得了很大的成功，使贝尔公司聘请德雷夫斯作为设计顾问负责设计公司的全部产品，他设计的产品在 20 世纪 50 年代就达到 100 余种。

1935 年，德雷夫斯为胡佛吸尘器公司设计了一种新型吸尘器（图 6-11）， 同样取得了成功。早期的胡佛吸尘器使用效率高，但外观粗陋，表面饰有类似缝纫机花纹的图案，表明它是为家庭主妇设计的。德雷夫斯的设计把电机包容于一个简洁的外壳之中，与圆滑的吸尘罩水平相接，两者浑然一体。与其他厂家的吸尘器相比，他的设计是极为克制的，这反映了设计师一贯严谨的设计态度。当时不少吸尘器刻意模仿科幻电影中仿生太空船的形状，并采用闪闪发光的镀铬材料，借以取悦于消费者。

图 6-11　德雷夫斯设计的新型吸尘器

德雷夫斯成功的核心在于他对于人的关注，他认为适应于人的机器才是最有效率的机器。多年来他一直潜心研究有关人体的数据以及人体的比例和功能等，这些研究工作总结在他于 1961 年出版的《人的度量》一书中，这本书帮助建立了作为设计师基本工具的人机学体系。他的研究成果也体现于他为约翰·第尔公司 1955 年以来开发的一系列拖拉机，以及为海斯特公司的工程机械所作的设计之中。所有这些设计都围绕建立舒适的、以人机学计算为基础的驾驶员工作条件这一中心，外部造型采用清晰、平衡的块体组合，创造了一种有力而高效的形象。

第三节　欧洲的工业设计师

尽管欧洲工业设计的发展与美国有平行关系，但欧洲工业设计职业化的模式和美国并不完全相同，不同的条件和对设计不同的态度提供了不同的机会与限制。虽然美国式的咨询设计师在欧洲迟至第二次世界大战后才出现，但工业设计的潜力在更加专业化的生产体系中还是得到了进一步的发挥。

参与批量生产的最有名的德国设计师之一是华根菲尔德（Wilhem Wagenfeld）。他曾就学并任教于包豪斯，在包豪斯的金属车间中他设计了著名的镀铬钢管台灯（图 6-12），迄今仍有生产。华根菲尔德反对自我中心的设计观念，他声称工业中的设计是一种协作的活动，与艺术家的工作毫无共同之处。他否认把功能作为形式的决定性因素，认为功能并不是最终目的，而是良好设计的先决条件。这种观念的改变和他适应于工业生产的能力，使他得以作为一位主要的设计师在第三帝国期间继续工作，这在他先前的包豪斯同行中是少见的。1929 年，他开始从家具、陶瓷、玻璃等工业中获得设计委托，这些早期工作的成功使他于 1935 年被聘为劳西兹玻璃公司的艺术指导。由于改善了产品质量，他设计的特制精美玻璃制品使他获得了国际声誉。但是，他主要的作品都是模压玻璃器皿，如供餐馆、酒家所用的酒杯，商业上使用的瓶、罐、家用器皿以及采用模数系列的厨房容器和盘子等（图 6-13）。所有这些产品都没有装饰，而是强调简洁的线条和微妙的体型变化，有克制地探索了玻璃可塑的特性。战后，华根菲尔德成了独立开业的设计师，设计了不少优秀的灯具。在这些设计中，灯泡刻板的几何形态被较为有机形态的塑料灯罩所缓和。

图 6-12　镀铬钢管台灯

图 6-13　厨房容器

克尔斯汀（Walter M.Kersting）也是德国工业设计的一位重要先驱。他在设计教学中追求将美学形式的考虑和商业与技术方面的因素统一起来。他在 1939 年出版的《活的形式》一书中指出：“设计师应创造简单而价廉的物品，而不应夸张，使这些产品能随处买到，能成批在手工艺工场和大量性生产的工厂中制造。”他认为机器应是简单的，以使得它们能直接为不了解机械的人所理解，从而防止错误的操作。这种方法体现于 1928 年他所设计的收音机上，该设计无论在构思、形式还是在材料方面都是很富有新意的。模压成型的塑料外壳将收音机的零部件形成一个整体，控制旋钮清晰而简洁，整个机身朴实无华，没有任何装饰，这种收音机很快得到广泛使用。克尔斯汀反对纳粹统治的立场，这使他的才华在第二次世界大战结束前没有引起足够的注意。然而这并不动摇政府使用他的收音机设计作为由政府资助生产的宣传工具——廉价的标准化“人民收音机”的基础。1933 年开始，“人民收音机”大量生产，为了消除人们把国外电台作为消息来源，这种收音机只能收到邻近的地方电台，至 1939 年，它已经售出 1250 万台。克尔斯汀的收音机在国外也有影响，1938 年布莱克（Misha Blark）为英国依柯公司设计的 UAW78 型收音机（图 6-14）就是一例。战争结束后，克尔斯汀的多才多艺和创新精神终于在广泛的设计领域得以发挥，包括灯具、电话、缝纫机、工业机器及家用电器等。

20 世纪 30 年代，德国一些工厂自己的设计师也进行了不少的设计工作，如西门子公司 1936 年设计的如图 6-15 所示的这种电话机于 1939 年被德国帝国邮局验收而作为标准电话机，并先后为挪威、英国等国广泛采用，它的关键部位造型直到 1960 年以后才得以改变。

图 6-14　依柯公司设计的收音机

图 6-15　西门子公司设计的电话机

在许多欧洲国家，建筑师常常有机会在工业中工作，并为设计做出了主要贡献。芬兰的阿尔托就是一例。他不仅是一位极为成功的建筑师，同时又为家具、玻璃等工业设计了大量优秀产品。

在意大利，设计领域中最活跃、最富有才干的建筑师是庞蒂。1928 年，他成了设计杂志《多姆斯》的编辑，通过这份杂志，他发展了一种“真实形式”的概念，即抛弃所有传统形式，根据功能来重新塑造形态，以获得“真实形式”，采用这种设计方法可以避免一成不变的僵化风格。庞蒂的工作范围包括陶瓷、金属制品、灯具、家具以及各种家用及商用五金件等的设计，在战后，他的作品甚丰，影响也很大。

两次大战之间，设计观念和设计师的交流使许多新思潮很快就在国际上流行开来，例如包豪斯的理想就随着格罗皮乌斯和布劳耶 1934 年由德国流亡而带到了英国，并受到热衷于包豪斯思想的人的热烈欢迎。此外，出生于加拿大的柯特斯 （Wells Coates ）和俄国人谢苗耶夫（Serge Chermayeff ）也对英国设计产生了影响。他们两人都是由建筑师转入设计的，为依柯公司设计收音机，为 BBC 公司设计播音室和办公室等。英国政府非常重视工业设计，早在 1914 年就成立了英国工业美术协会（British Institute of Industrial Art），这是一个促进工业设计发展而从事组织性工作的机关。1915 年，英国设计与工业协会（The Design and Industries Association）成立，进一步推动了工业产品的设计。英国政府还率先把工业设计职业化，这就是工业设计师登记制度。美国的工业设计师职业化较早，但工业设计师只是民间职称，政府并未正式认可。而英国政府确认了工业设计师的社会地位与作用，并通过工业设计师登记制度将其正式职业化，这体现了英国政府对工业设计的重视与扶持。根据存档资料，英国 1938 年共有通过考核在贸易部注册的设计师 425 人，其中 200 人自己开业，其余为驻厂设计师。第二次世界大战后，英国工业设计发展迅速，通过注册登记制度向厂家提供设计的作用已渐消失，登记制度不久便也终止。

两次大战之间对促进英国工业设计做出很大贡献的人物是皮克（Frank Pick，1878—1941 ）。皮克长期从事工业设计及其普及与宣传工作，曾任设计与工业协会主席。他主要的成就之一是对伦敦的公共交通系统进行整体设计。伦敦早在 19 世纪 90 年代初就引进了电力机车，但每家公司各自为政，拥有自己的营运系统和车辆。这些公司后来被合并，并采用了标准化的车厢，这种车厢有气动门和舒适的沿窗布置的靠椅。 1933 年，伦敦公共运输局成立，统一管理公共汽车和地铁服务，皮克被任命为局长。皮克上任后立即对整个公共交通系统的建筑、标志、装修乃至车票进行统一设计。建立了一种现代化的形象，还对地铁车厢和公共汽车进行了标准设计，使其具有系列化的外观。车厢色彩也有明确区分，如公共汽车用红色、电车用绿色等。这些都是现代设计中的视觉识别概念用于工业设计的较早范例，对其他英联邦国家的公共交通工具设计很有影响。

大批优秀的设计师在战前、战后一段时间内成长起来，他们工作的重要性和范围各不相同。正是他们多方面的才干，以及在不同条件下解决特殊问题的能力，他们获得了成功。第二次世界大战后，工业化国家的不少企业已经认识到，战争前和战争中通过聘任设计师所做的开创性工作的重要性，无论是直接聘用还是咨询都是如此。

7

第七章　后现代对现代性的反思

第一节　后现代哲学观

一、后现代对启蒙运动的反思

启蒙运动塑造了现代性社会，推动了人类社会的巨大发展。然而，备受现代人崇敬的启蒙运动在后现代思想家那里却受到质疑。将上帝拖下神坛、被后现代思想家奉为鼻祖的尼采以“重估一切价值”的作风，不能容忍启蒙运动将另外一个上帝——理性送上神坛。他说：“思想启蒙运动使人变得更无主见、更无意志、更需要成帮结伙。简而言之，在人们中间促进畜群的发展。这也就是过去一切伟大的统治艺术家，在以往统治本能的极盛时期，他们也利用过思想启蒙的原因。在‘进步’的幌子下，会使人变得更卑贱，使人变得更顺从统治。”尼采认为启蒙运动和宗教一样，仍然要人们抛弃自身，顺从外在的虚拟物（上帝和理性），人还是没有被允许支配自己的行为。法兰克福学派认为：“就进步思想的最一般意义而言，启蒙的根本目标就是要使人们摆脱恐惧，树立自主，但是，被彻底启蒙的世界却笼罩在一片因胜利而招致的灾难之中。”

这种对启蒙运动所宣扬的理性的质疑必然殃及理性工具——知识。尼采首先赞成现代知识能造福人类，但认为这并非是基于知识的正确，而是由于知识的错误，“从来知识分子只是在制造错误，而有些错误经事实证明对于人类是有用的。他或者与那些错误采取一致的步调，或者承袭它们，以更进一步的成功为自己与后世子孙而奋斗。”接着，他认为知识（尽管是错误的）的力量是一定时期的生命表现，“各种知识的力量，不在于其真理的程度，而在于它的年代，在于它们的体现，在于它们作为生命的条件的特征。”“那些错误作为最初具体化的认识成为人类生活的一部分。但是，知识在形成后反而想限制生机勃勃的生命。”“知识乃成为生命自身的一部分，而生命则变成一种不断增长的力量，直到最后，认知作用便和那些原始、根本的错误相互冲突。”尼采的这种观点独辟蹊径地指出来知识不断被更新换代，从而持续发展的原因，而对启蒙运动的做法——把“制造错误”的知识作为处置世界的有效的、唯一的工具，并以它来评判真假是非——却是持批判态度的。

海德格尔就认为，把知识当作可以行之有效地改造世界的论点只是人类的“骄狂”。他说：“渴求知识和说明从不引向思的询问。求知欲永远是自我意识的掩盖着的骄狂，这一骄狂所依栖之所就是自己发明出来的理性。求知意志无志于居留于对值得思考之事的希望之中。”

理性和现代知识是以数学为基础对世界进行同一性筹划的。以同一性原则之单一化的性质规定世界的做法，从20世纪中期开始，遭到越来越多的批评，而后现代学说都是在反对同一性视角的基础上确立起来的。法兰克福学派干将阿多诺指出，“同一性的圆圈是由一种不宽容自身之外的任何东西的思维画出来的。”他认为，现代知识把不同的质进行量化并不是十分可怕的，让人担心的是在同一化过程中，非同一的质被“打发”掉了。他提出“在所有定量化中保持着质的要素作为应被定量化的东西的基底”。也就是说，阿多诺主张不脱离质的有限的量的同一性。但是，当同一性作为思维方式时，这种“理智”行为却很难做到。在同一性的思想中，一旦人的认知失去了对具体内容的关注，方法就成了唯一值得追求的东西。这样就会发生没有内容的形式与形式之间的推论和整合，出现以方法同化内容的僵化局面，而这种局面却是启蒙运动所提倡的，并且仍然在现代社会中大行其道。其实，启蒙运动及其建立的现代性社会的成功也恰恰是由于同一性的贯彻。真是“成也萧何，败也萧何”。

二、后现代对同一性原则的抛弃

1.“同一性”是对世界的理想化

海德格尔认为，“如果一个人总是说着同一的东西他就是在同语反复。”然而这种反复却被人们所看重。“按照一种流行的公式，同一律就是：A=A，这一规律被认为是最高的思维规则。”因为只有在这种“同语反复”有效的前提下，符号、公式和规则等才有效。等号的一边才可以在对方缺席的情况下仍然有意义。而以数学为马前卒的技术社会就是建立在同一性的基础上。世界万物全可以在等号的另一边找到替代物。结果，世界的生动性失去了，取而代之的是一个不变的外壳。由于我们对世界的认识贯穿在概念和概念间的运作中，所以概念在认识世界的框架结构中作为构架的基础元素，首先表现出对同一性原则的执著。概念就是依靠排他性原则建立起来的，它遵循的逻辑是：非此即彼，两者不能兼容，也就是说，它有一个区分性的界限。所以，每一个概念都意味着否定和外化，概念是对具体经验中某些特点有侧重的强调，而特点的选择又与研究者的主观兴趣相联系，因此，从不同的目标出发，同一对象本身便可形成不同的含义。

现象学家胡塞尔本着“回到事物本身”的原则，对概念的同一性提出置疑。他认为，在概念中“对象永远不会与含义完全一致”，因为对事物“含义分析经常容易不为人注意地受语法分析的左右，尽管语法分析能带来积极的帮助，但它一旦取代了真正的含义分析，由此而带来的欺骗性要比它带来的积极性要大得多。”在现实生活中，由于我们的同一个直观可以充实不同的表述意义，我们将会看到，表述与它的含义意向在认识联系中不仅使自己符合直观，而且也使自己符合各种理性形式，通过这些形式，单纯被直观到的客观才成为合乎理智地被规定的、相互联系的客体。然而直观的模糊和不确定性注定会质疑到合理性的形式。这就是为什么即使在讲究概念清晰严密的自然科学中，概念也都在不断变化和完善的原因。维根特斯坦针对这种状况指出：“一个形式概念是随着属于它的任何一个对象的给定而立即给定的，因此，不能把属于一个形式概念的启蒙和这个形式概念本身一起作为初始观念引入。”

在后现代哲学中，脱离了现实事物真实性的同一性原则饱受哲学家们攻击，解构哲学家德里达认为：“空间的同一性仅仅是作为差异才可能的，时间的同一性仅仅是作为一连串的点才可能的，其中每一个都不同于另一个。这样，差异便被放到了根据的、本源的位置上了，差异是一个过程，差异并不是某种自我封闭的实体性的东西，而是一种永远不能完成的功能。一切事物都存在着差异，都处于差异的作用中，并且不断再生出差异。“德里达对同一性思维的解构试图昭示人们，在同一中内在地存在着差异、非连续性和断裂。同样，一种理论也不能排除异质性。同质性要建立在异质性基础上，取消了异质性，理论便完结了。当德里达被提问“是否找到共同体”时，他说：“从未找到，人们永远不知道它是否存在。要思考的是，人们找到的共同体不仅会有神秘的倾向，而且也几乎立刻会导致人们对它的遗失和破坏。”

在我们的现实生活中，我们对事物的分析所面向的往往是假定不动的东西。我们以抽象的概念为认识和实践世界的工具。概念虽然作为满足于我们生活的实用目的的工具是有用的，但要想通过它们达到事物最内在的本质则是不可能的，因为它们只能变动为静，变个别为一般，变杂多为单一，变生动为僵化。韦伯在《社会科学方法论》中指出，同一性原则是一种理想化认识观。同一性在严格意义上是排斥差别，包括状况的差别。它是通过单方面地突出一个或更多的观点，通过综合许多弥漫的、无联系的，或多或少存在、偶尔又不存在的具体的个别的现象而成的，这些现象根据那些被单方面地强调的观点而被整理在一个统一的分析结构中。

2. 非同一性的设计概念的出现

“设计”Design 一词起源于文艺复兴时的设计单词 disegno。它早期是指“合理安排视觉元素以及这种合理安排的基本原则”，是一个用于绘画和雕塑等艺术领域的专业术语。到了工业大生产时期，设计的内涵发生了变化，由纯粹艺术性行为转变成一种涉及工业产品制造的创造行为。

对“设计”概念的界定早先体现在“工业设计”概念的阐述上。1936 年，西尔顿 · 切利和摩萨 · 凯德尔 · 切利合著了《艺术和机械》一书。在绪言中说：“工业设计是艺术家在三维造型领域对工业大生产所做的贡献。”它主要是工程设计，艺术家提供能够经受住审美判断的外观。1964 年，国际工业设计协会受联合国教科文组织的委托，阐述工业设计的含义为：“工业设计是一种创造性的活动，它的目的是决定工业产品的造型质量，这些质量不但是外部特征，而且主要是结构和功能的关系，它从生产者和使用者的观点把一个系数变成连贯的统一。”工业设计扩大到包括人类环境的一切方面。1980 年，在约翰 · 赫斯凯特的《工业设计》中，工业设计的定义是：“工业设计是一个和生产方式相区分的创造、发明和确定的过程。它把复杂多变的互动共生且又互异相斗的因素融入一种三维形式的概念中，其物质实现能够通过工业手段大量地进行再生产。”

在上面举的设计概念的例子中，我们能看到一种对工业设计活动的相似的描述，即这些概念道出了设计在工业活动领域相似的角色和作用。另外，我们还发现这三个“工业设计”概念随着时间的推移呈现出具体化和精确化的倾向。第一个概念认为工业设计是“艺术家在三维造型领域”为产品“提供能够经受住审美判断的外观”；第二个概念提及设计的“结构和功能的关系”，深入各方面“连贯的统一”；第三个则把工业设计的一切行为提炼为把复杂多变的互动共生且又互异相斗的因素融入一种三维形式的概念中，并且适应工业化生产。工业设计的概念在此体现出科学化、理想化的探索，力求使概念达到逻辑上的完善。虽然设计作为专业性研究起始于 19 世纪后叶，并因此对概念的完善并没有太多历史的包袱，再加上设计始终与艺术交往甚密，更使得它对理性概念的强调要少于其他学科。尽管如此，我们从“设计”概念仍然可以看出诞生于工业生产并由于阵前倒戈进而推进工业进程的设计，有着很深的形式逻辑的印记，即对同一性原则的强调。

从上述对工业设计不同的界定，我们还能够看出对一个事物或事态给予恰当概念是困难的。席勒在《人本主义研究》中就写道：“真正的定义，对一切必须从事于处理它们的人，不论是逻辑学家还是科学家，都是一种经常的闲难。”难怪辩证哲学家避而远之，情愿搬弄他们的词句上的赝品，并且如果他们对一个词的获得意义的分析，能够不经过对一个事物的行为的麻烦调查而获得合格的话，他们就认为自己幸运了。因为，一个真正的定义要恰如其分，确乎牵涉到对被定义事物的性质的全面认识。在科学感兴趣的题材之中，有哪一个我们能自诩具有全面的认识呢？

此外，当我们必须从事那些我们的认识或它们的性质，在迅速发展以至于我们的定义刚下定便过了时的题材的时候，恰如其分地下定义的困难便无限增加。就如同席勒所言，对于概念，我们经常“避而远之，情愿搬弄词句上的赝品”，因为主体和客体之间永远不可能等同，永远存在差异，所以作为联系主体与客体之间的概念在不同的情境中，需要不断地变化、调整。但这样以来，概念自身就陷入一个悖论中，“概念的内在要求是它想始终不变地建立秩序，并以这种不变性来反对它所包含的东西的变化”。从此可见，作为“同一性”马前卒的概念尚难以真正执行同一性的号令。德国当代哲学家曼弗雷德 · 弗兰克提到概念时说：“这里——而且看起来只有这里——在最严格的词义上才会出现不可区分者的同一性。此同一性是每一个概念的本质标志，而这些概念是在重复中保持它们的（语义学）同一性的。”而事实上，“这里”也靠不住。维根特斯坦的“家族相似性”把概念化解为语言用法、生活形式和情境世界三者组成的境域中。由于设计是一种形象思维，其语言用法的约束影响并不大。人们反而较注重生活形式和情境世界对它的作用，正是由于这一点，人们一直在辩论“设计是艺术行为还是技术行为”这一问题，打着无尽的笔墨官司，借助于“家族相似性”，我们明白了呈现出非同一性特征的约翰 · 沃克的“设计”概念。

约翰 · 沃克在《设计历史与历史的设计》一书中，给了设计这样的一个概念：“像所有的词语和概念一样，‘设计’获得其意义和价值并不仅仅因为它所意指的东西，它同样意指差异性的东西，即通过与其他的、邻近的术语，如‘艺术’‘工艺’‘工程’和‘大众传媒’进行比较。这就是为什么那种把设计压缩为一个本质性定义的做法不能令人满意的原因之一。还有像其他许多词语一 样，‘设计’因为它具有不止一个共同的意义而变得模棱两可。它可以指一个过程（设计行为或实践）；或者指那个过程的结果（一个设计、一个草图、计划或模型）；或指一件产品的外观或总体模式（我喜欢那件衣服的设计）。”

对设计进行整齐划一的规定是向来不为设计师所接受的。著名的意大利设计师索特萨斯说：“世界是凭感官发现的地方，我不谈及某一种形态，而只是提出各种姿态。所以，设计对于我来说，是种讨论生活、社会、政治、饮食，甚至于设计本身的途径。也就是说，设计就是设计一种新的生活方式，设计不是一个结论，而是种假设；不是一种宣言，而是一个步骤、一个瞬间。这里没有确定性，只有可能性；没有真实性，只有经验性；没有‘那是什么’，只有‘发生了什么’。”

沃克和索特萨斯都是在后现代的文化背景中提出关于设计的看法，所以他们的言论有着非同一性和反本质主义的文化特征。但是在我国，设计界并不了解同一性和设计的关系，因而对那些将设计“泛化”的做法无所适从，反而更愿意采纳简单、明确和可操作的同一性概念和理论。这其中一个很明显的表现就是在设计过程中对同一性原则的信赖。

第二节　后现代主义设计艺术化思维

“后现代主义对现代知识的批判主要还集中在对普遍性、总体性概念以及本质主义的批判上。”后现代主义以批判启蒙运动为开端，对现代主义框架之合法性以及知识的“权力”进行批判。他们认为，认识的目的不是寻找差异之下的共同因素，而是应当“有所差异地”理解必然差异的世界，由此，差异就不会被同一性所取代，人们才会避免在认识自身和世界过程中造成偏见。而所有上述观点的形成都是建立在与启蒙运动，即与现代主义完全不同的人的生存认识上。在后现代眼里，生存是“个别化”对世界各关系（场域）的领会和触动，能够进行同一化的只是由于框架的运作，而不是事实情况本身。后现代哲学家德勒兹认为：存在就是差异。

所以，后现代主义和现代主义设计不同的思维与表现是由于有着不同的生存观。现代主义设计是强调人类中心论和统治世界的技术理性，后现代主义则要求回归人在真实生存场域中的丰富多彩，而不是沉迷于同一性的框架中。

8

第八章　后现代主义设计

第一节　后现代主义的产生

20 世纪 60 年代，后现代主义设计以反对现代主义的姿态登上历史舞台。70 年代，美国的圣路易斯住宅区被炸毁以及德国乌尔姆设计学校被迫关闭，标志着后现代主义设计的胜利。后现代主义设计对现代主义热衷的理性机械技术规范如“功能主义”“国际主义风格”的攻击，使设计自觉地摆脱对技术框架的依赖和盲从。

当时的美国建筑界先锋批评家路易斯·芒福强烈地表达了他对机械化价值观的不满，他说：“机器不能像神庙之于希腊或宫殿之于文艺复兴那样代表我们的时代，在当今时代保持对机器的宗教崇拜显露出在阐明我们这个时代所面临的挑战和危险方面的无能。”后现代主义设计反对社会中的一切规范性和秩序性，反对建立任何模式，要求摆脱技术化和商品化对人的异化，追求更大的自由和解放。随着计算机和微处理技术在生产中的完善，设计师从庞大、复杂的机械部件的限制中解脱出来。设计师在产品外形的创造上获得更大的自由。此时的设计能够更加关注人及人的生活本身。后现代主义设计高呼“一切都已过去”。他们将设计看作是生活的展现。意大利设计团体 Super studio（超级工作室）对于设计的观点是：“从不涉及伟大的主题（指的是既定的口号、主义等规范化的东西），而是我们生活的基本主题。” 1969 年，*Abitare* 杂志这样描绘索特萨斯设计的 Valentine 打字机：“开发这一产品可以用在除了办公室以外的任何地方，它不会提醒任何人那些无聊的工作日。相反，它让人想到一个业余诗人在一个安静的星期天带着它去乡下写诗，或者是一件放在公寓桌上的色彩鲜艳、具有装饰性的产品。”

后现代设计追求设计对生活的回归。这种情况虽然也是得益于技术进步，可他们却不像他们的先辈那样在设计中体现出对技术的崇拜，因为他们明白了技术和框架的区别。但这并不是说后现代主义是否定理性的。理性不是传统思想的别号，而是一种思维方式。存在是理性的本源。人在世上生存以对世界的领会为依托，不是无为，而是要有所作为，具体做法就是在设计关系中运用理性，而不是僵化地把理性独立当作工具使用，而现代主义恰恰把理性变成具体的手段和工具，理性脱离世界，被独立对待了。

理性最大的一个特点就是它的条理化和清晰化。理性这种思想方式上的特点，无疑是对现实世界存在基础的一种支持。现实世界得以展现的基础就是得善于理性。但是如果理性只表现为同一性，即只表现为工具理性，而遮蔽存在其差别化的显现的话，它就成了存在的瓶颈。阿尔托倡议在设计中，“要将理性的方法从技术领域转向人文和心理学领域。”这种使理性的工具化得以削弱的做法，也算是现代主义设计实践中的变通措施。

设计的发展确实得益于理性和技术，但设计师在设计过程的同时，更多地运用了个人对世界的领会，并在创造中以取得与生存关系的和谐为目的。设计史上许多把设计作为技术性运用而非创造性的做法都失败了，而且给人和生活带来了混乱和破坏性影响。例如，遭到用户抵制，最后不得不炸掉的日裔美国设计师山歧实的作品——圣路易斯住宅区，是按照当时现代主义最先进的设计理论进行设计的，并且还因此获得了美国建筑师协会的嘉奖。这个设计的失败就是它“脱离了当时当地的具体条件，生硬套用现代建筑抽象的脱离实际的建筑理论”。德国著名设计师冈特 · 兰堡设计的《仅有知识并不能创造艺术》一书很形象地揭示了工具理性的局限。

后现代主义者对理性的审视指出了传统理性主义者的弊端，但由于很多人在介绍和分析后现代主义设计时，仍以现代主义的理性（工具）思维去理解它，结果使人们造成了这样的感觉，后现代主义设计对现代主义的反叛只是形式上的反叛，在思维方法上也只是在同一性中寻求变化，即在根本上还保持着对旧有规范的继承。在他们的误解下，后现代主义者在颠覆现实世界的同时，从现实世界的颠覆者成了现实世界新的保卫者，从而跟旧理性主义者一样堕入了框架的陷阱。这种情况通过一些设计师执着于各种后现代设计思潮和主义表现出来。

这样做的后果就失去了后现代主义强调对人的真实存在进行本源领会的本质，结果又回到了现代主义的技术框架中。也正是由于人们对后现代主义的误解，孟菲斯发起人之一索特萨斯反对人们将“孟菲斯”归入后现代主义设计。他说：“从某种程度上讲，我认为后现代主义也是一种理性主义运动，它基于某些美国青年建筑师的意愿，我认为后现代是一次科技运动，我并不认为‘孟菲斯’小组和后现代有任何关系，我们不像美国的后现代主义者那样沿用历史建筑成分来赋予作品以同一性。”

其实索特萨斯所坚持的正是后现代主义的精髓。索特萨斯从来不提什么宣言和口号，他在创立该组织后不久，就离开了它。他说：“我喜欢复制品，因为它们毁灭了我并又以某种方式使我得到新生，我离开孟菲斯，因为我已经被程式化了，我已经被复制品淹没了。”

在现代技术思维湮没存在场域的其他显示途径的背景下，后现代主义设计对现代技术的讨伐逐渐显现出自己独特的面貌，这主要表现为反对功能主义的设计思维的艺术性取向。

第二节　后现代主义的特点

后现代设计师们通过强调“功能”的非决定性，提倡色彩和装饰的艺术效果，执行着设计艺术化的路线。20 世纪 60 年代开始，设计艺术化的主张盛极一时，设计师大多有建筑领域的背景，所以设计的风格也首先在建筑界流行。随着 50、60 年代建筑界对功能的反思，后现代开始涉足设计舞台，对功能主义设计的批评成了刺穿现代主义的标枪。

1958 年，美国建筑设计评论家布莱克对功能主义提出质疑，他在文章中提出：“形式跟从功能，真是这样吗？”1965 年，西奥多 · 阿多诺在“今日的功能主义” 演讲中，批评功能主义是意识形态上的教条理论，功能主义产生的产品只是实用，但并不友善。1967 年，乌尔姆设计学院年轻的教师阿勃拉姆 · 莫莱斯提出了对功能主义的批判，他说：“功能主义是困难时期的文化，在今天的繁荣社会中，它已经进入受批判的阶段，因为，功能主义导致了产品的千篇一律，功能主义的目标是企图在生产和需要之间造成一种最美满的互适关系，而一个进入繁荣阶段的社会所实行的原则恰恰相反：要用五花八门、不拘一格的产品包围在生活的周围，形成一个新奇的、色彩缤纷的环境。”因此他认为：“必须批判功能主义”。1977 年，乌尔姆设计学院在功能主义的批判中关闭。1977 年，美国设计评论家彼得 · 布莱克针对“形式遵循功能”发表了他的著作《形式跟着失败走》，他主张设计要适应人的各种要求，而拒绝同一的风格。著名的德国青蛙公司提出“形式服从情感”。青蛙公司创始人哈特莫特 · 斯林格认为，设计的目的是创造更为人性化的环境。他认为，消费者购买的不应只是用具，而应是生活的价值。而孟菲斯则提出新的观点：“设计师的责任不是去实现功能，而是去发现功能。”反对功能主义并不是反对产品的功能性，只是不赞成把功能作为产品存在和设计理由及设计指导原则。片面地强调功能甚至不为一些设计大师所取，如赖特认为，“只有我们说或写‘形式和功能合一’时才有意义”。当后现代设计对功能主义设计的抨击落实到设计实践之时，功能主义设计才真正受到重创，才让大家看到了新时代的来临。后现代设计师们为了“棒喝”沉浸在功能主义迷梦中的人们，更是强化了对产品功能性的“轻蔑”。虽然他们的有些设计显得矫枉过正，但却能使人们醍醐灌顶，豁然清醒。传统的价值在这里被重新评估，人们在受到启示和震动时，开始重新考虑近百年来形成的功能主义设计观念。

作品功能的模糊性是后现代主义设计的一个显明特点。如椅子设计所表现出来的那样：它们完全让人们对坐在上面是否感到可靠和舒适的功能因素产生怀疑，但是它们看起来轻松活泼、乐观愉快，能让人摆脱各种规范框架的限制和压抑，体验存在的不可度量性。索特萨斯谈到灯具设计时，透露出设计展现生存的观点。他说：“灯不只是简单的照明，它还告诉一个故事，给予一种意义，为喜剧性的生活舞台提供隐喻和式样。”灯在这里成了从新的角度沟通存在场域中关系的催化剂。功能主义设计所遗忘的人性化，在后现代设计中得到恢复和弘扬。后现代设计师们不希望产品只是在使用时才通过功能现实它的价值，他们希望产品本身就是生活的一个组成部分，并且能为人的生活创造出新的“活法”。

索特萨斯说：“功能并不是某种尺度，它是产品与生活之间的一种关系。”他认为，设计就是设计一种新的生活方式。这些看法完全否决了功能左右设计，即“形式遵循功能”的设计观点，设计直接和生活方式亲密相联。“当查尔斯 · 依姆斯设计出他的椅子之时，他其实并不是设计一把椅子，而是设计了一种坐的方式。也就是说，他设计了一种功能，而不是为了一种功能而设计。他认为功能不是一种生理的、物理的系统，而是一种文化系统。”设计和生活一样是不可度量性的，充满了自由的生机。索特萨斯反对发表设计宣言或宗旨，他认为，在设计中，没有自己的形态和标志的百科全书，但却有通过它的能力与生命描绘了打破过去、走向未来的百科全书。他说：“我倾向于把设计看作是由机遇促成的一系列偶发事件，我们把它看成一种可能性结果，而不是不可避免的事件。”而在这种偶发事件中，装饰被索特萨斯赋予重任，“装饰就像我们常忽视的支撑结构那样是设计的基本构成”。将装饰作为设计的基本，无疑是反驳了认为赞成“装饰是罪恶”的功能主义，同时也清楚地表达了后现代设计的艺术取向。其实，后现代主义设计的奠基人之一美国设计师文丘里早在 1972 年就认为“建筑就是装饰”。

设计和技术的密切关系无须赘言，技术本质上是存在的去蔽方式，但当技术由于其功用性的节节胜利而傲慢地堵塞了或规范了存在的展现，它自身内部就孕育了革命的力量。技术的每一次进步都是对其框架的打击。技术的高速发展导致技术框架的消解和重组。技术的任何一次革新都是由于其观察方法和基础概念的更替，而观察方法的变化恰恰来自对存在的领会。这种对存在的领会直接地说就是艺术的精神。

后现代主义设计对现代主义的反叛是受到后现代艺术的点拨，是受到 50 年代“反艺术”思潮和英国波普艺术的启发。后现代主义设计遵循的艺术是怎样的艺术？在回答这个问题之前，我们必须了解艺术和世界的关系，这样才能有说服力地阐述后现代艺术的思想，从而了解后现代主义设计艺术取向的实质。另外，有一点要指出：了解后现代艺术的思想必须要了解后现代主义之父——杜尚的艺术观。

后现代主义是旨在反抗现代主义纯而又纯的方法论的一场运动，它广泛地体现于文学、哲学、批评理论、建筑及设计领域中。所谓“后现代”并不是指时间上处于“现代”之后，而是针对艺术风格的发展演变而言的。

图 8-1　“工作室 65”设计的椅子

后现代主义对环境的影响首先体现于建筑界，而后迅速波及其他设计领域。1966 年，美国建筑师文丘里出版了《建筑的复杂性与矛盾性》一书。这本书成了后现代主义最早的宣言。文丘里的建筑理论是与现代主义“少就是多”的信条针锋相对的，提出了“少就是乏味”的口号，鼓吹一种杂乱的、复杂的、含混的、折中的、象征主义和历史主义的建筑。他认为，“现代建筑”是按少数人的爱好设计的，群众不了解，因此必须重视公众的通俗口味与喜爱。 1972 年他出版了《向拉斯维加斯学习》一书，把赌城中光怪陆离、 五光十色的市俗建筑与设计奉为流行文化的杰出代表。在这一点上他与波普运动一脉相承。后来的一些美国建筑师如格雷夫斯 （Michael Groves，1934—）、穆尔（Charles Moore，1925—）等人又把目光转向传统的建筑风格上，特别是古典主义。以简化、变形、夸张的手法借鉴历史建筑的部件和装饰，如柱式、山花等，并把其与波普艺术的艳丽色彩与玩世不恭的手法主义结合起来。穆尔 1975—1978 年设计的美国新奥尔良意大利广场就是后现代主义建筑的名作，它由各种历史式样的建筑片段构成。1977 年，美国建筑评论家詹克斯（Charles Jencks，1939—）出版了《后现代建筑的语言》一书，系统地分析了那些与现代主义理论相悖的建筑，明确地提出了后现代的概念，使先前各自为阵的反现代主义运动有了统一的名称和确切的内涵，并为后现代主义奠定了理论基础。另一位后现代主义的发言人斯特恩（Robert A. M. Stern）把后现代主义的主要特征归结为三点，即文脉主义（Contextualism）、引喻主义（Allusionism）和装饰主义（Arnamentation）。他强调建筑的历史文化内涵、建筑与环境的关系和建筑的象征性，并把装饰作为建筑不可分割的部分。后现代主义源于 20 世纪 60 年代，在 70—80 年代的建筑界和设计界掀起了轩然大波。

与现代主义的建筑师一样，后现代主义的建筑师也乐意充当设计师的角色，他们的设计作品对设计界的后现代主义起了推波助澜的作用，并且使后现代主义的家具和其他产品的设计带上了浓重的后现代主义建筑的气息。1971 年，意大利名为“工作室 65”的设计师小组为古弗拉蒙公司设计了一只模压发泡成型的椅子（图 8-1），就采用了古典的爱奥尼克柱式，展示了古典主义与波普风格的融汇。1979—1983 年，文丘里受意大利阿勒西公司之邀设计了一套咖啡具，这套咖啡具融合了不同时代的设计特征，以体现后现代主义所宣扬的“复杂性”。1984 年，他又为先前美国现代主义设计的中心——诺尔家具公司设计了一套包括

9 种历史风格的椅子（图 8-2），这些椅子采用层积木模压成型，表面饰有怪异的色彩和纹样，靠背上的镂空图案以一种灰谐的手法使人联想到某一历史样式。格雷夫斯也涉足设计界，他 1981 年设计的梳妆台是一件典型的"建筑式"设计作品。设计师将新古典的庄重与"艺术装饰"风格的豪华结合起来，产生了一种好莱坞式的梦幻情调。1985 年，格雷夫斯为阿勒西公司设计了一种自鸣式不锈钢开水壶（图 8-3），为了强调幽默感，他将壶嘴的自鸣哨做成小鸟式样。这种壶每年的销量为 4 万只。意大利著名建筑师罗西（Aldo Rossi，1931 —）也为阿勒西公司设计了一些"微型建筑式"的产品（图 8-4）。这些建筑师的设计都体现了后现代主义的一些基本特征，即强调设计的隐喻意义，通过借用历史风格来增加设计的文化内涵，同时又反映出一种幽默与风趣之感，唯独功能上的要求被忽视了。

图 8-2　文丘里设计的历史风格椅之一

图 8-3　格雷夫斯的自鸣式水壶

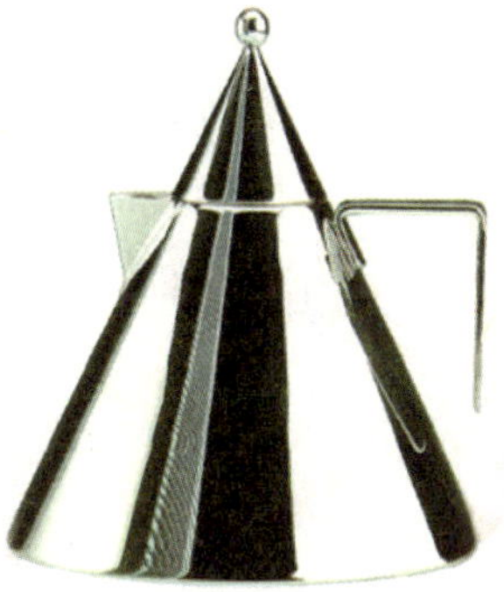

图 8-4　罗西 1981 年设计的银质咖啡具

后现代主义在设计界最有影响的组织是意大利一个名为"孟菲斯"（Memphis）的设计师集团。"孟菲斯"成立于 1980 年 12 月，由著名设计师索特萨斯和 7 名年轻设计师组成。孟菲斯原是埃及的一个古城，也是美国一个以摇滚乐而著名的城市。设计集团以此为名含有将传统文明与流行文化相结合的意思。"孟菲斯"成立后，队伍逐渐扩大，除了意大利外，还有美国、奥地利、西班牙及日本等国的设计师参加。1981 年 9 月，"孟菲斯"在米兰举行了一次设计展览，使国际设计界大为震惊。"孟菲斯"反对一切固有观念，反对将生活铸成固定模式。索特萨斯本人就是如此，他早年设计了许多正统的工业产品；60 年代他又转而与波普运动为伍，并崇尚东方的神秘主义。

到 80 年代他又老当益壮，充当了后现代主义的急先锋。索特萨斯认为，设计就是设计一种生活方式，因而设计没有确定性，只有可能性；没有永恒，只有瞬间。这样，"孟菲斯"开创了一种无视一切模式和突破所有清规戒律的开放性设计思想，从而刺激了丰富多彩的意大利新潮设计。

"孟菲斯"对功能有自己的全新解释，即功能不是绝对的，而是有生命的、发展的，它是产品与生活之间一种可能的关系。这样功能的含义就不只是物质上的，也是文化上的、精神上的。产品不仅要有使用价值，更要表达一种特定的文化内涵，使设计成为某一文化系统的隐喻或符号。"孟菲斯"的设计都尽力去表现各种富于个性的文化意义，表达了从天真滑稽直到怪诞、离奇等不同的情趣，也派生出关于材料、装饰及色彩等方面的一系列新观念。

"孟菲斯"的设计不少是家具一类的家用产品，其材料大多是纤维材料、塑料一类廉价材料，表面饰有抽象的图案，而且布满产品整个表面。设色上常常故意打破配色的常规，喜欢用一些明快、风趣、彩度高的明亮色调，特别是粉红、粉绿之类艳俗的色彩。1981 年，索特萨斯设计的一件博古架（图 8-5）是孟菲斯设计的典型。这件家具色彩艳丽，造型古怪，上部看上去像一个机器人。

图 8-5　索特萨斯设计的博古架

1983 年，扎尼尼（Marco Zanini）为孟菲斯设计的一件陶瓷茶壶看上去像一件幼儿玩具，色彩极为粗俗。这些设计与现代主义“优良设计”趣味大相径庭，因而又被称为“反设计”。

“孟菲斯”的设计在很大程度上是试验性的，多作为博物馆的藏品。但它们已对工业设计和理论界产生了具体的影响，给人们以新的启迪。许多有关色彩、装饰和表现的语言已为意大利设计的产品所采用，使意大利的设计在 80 年代获得了更高的声誉。“孟菲斯”也在国际上得到了反响，日本的“生活型”设计就是一例。

第九章　解构主义

9

第一节　解构主义的产生

进入 20 世纪以来，随着工业化大生产的迅猛发展，新技术、新材料、新工艺涌现出来，为现代艺术形式的突破提供了客观条件。现代主义艺术是大工业生产与现代艺术思潮相结合的产物，它打破了艺术服务于贵族的传统格局，它代表了新的时代精神，无论意识形态还是形式特征，现代主义艺术都与传统艺术形式格格不入，因而代表了时代进步性。现代主义艺术趋于理性主义，经常采用简约的几何形体和抽象化的艺术表达形式，与工业化生产的理性与严谨保持着默契的关系。艺术家对于时代发展带来的变化最为敏感，在绘画领域，塞尚把物体的造型归纳成圆球、圆柱等各种几何体，尝试以理性的分析去认识客观事物，并总结出一套相应的绘画理论。受他的影响，后续的立体主义画派和抽象主义画派都开始进行各种相关尝试和探求。立体主义代表画家毕加索作品中的各种事物分割、组合，呈现出明显的几何形态的意味。抽象主义在此道路上走得更远，也更纯粹。代表人物康定斯基的画作充斥着各种形态的几何形，绘画特征极为理性，在系统化、结构化的表象当中隐藏着某种理性的规则。

现代主义同样影响到了建筑领域，在初期最典型的代表就是荷兰的“风格派”与俄国的“构成主义”。荷兰的“风格派”强调：在设计中无论是平面的还是立体的都要严格遵循几何样式，颜色使用带有大工业生产风格的黑白灰等中性色彩，设计风格带有强烈的机器风格。俄国的“构成主义”怀着对工业化大生产的赞美和崇敬，追求理性和严谨的设计风格，对机器的结构美感表达出了强烈的兴趣，努力探索与之相吻合的设计形式和设计语言。荷兰的“风格派”与俄国的“构成主义”对现代主义建筑的发展作出于巨大贡献，使现代主义建筑风格得以确立和推广。20 世纪中期，欧洲战事频发，大量艺术家和建筑师涌向当时环境相对安宁和富足的美国，现代主义建筑在美国得到了蓬勃发展。现代主义建筑强调功能大于形式，建筑造型简洁，反对多余装饰，奉行“少即是多”的原则作为设计和创作的依据，这与工业化大生产的内在要求相趋同，在现代主义发展的初期代表着一种进步的新理念。

在现代主义建筑大师赖特、密斯 · 凡 · 德罗等人的影响下，现代主义建筑形式波及全球，“国际主义”成了现代主义建筑的代名词。但是，现代主义经过几十年的发展，其风格上的单调性、功能主义至上的排他性，无不制约着建筑的进一步发展。人们开始对现代主义冰冷的、缺少感情的风格感到厌倦，一些先锋设计师开始追求更加富于人情味的、装饰化的、多变的、折中的形式，这无疑为解构主义建筑的产生提供了舞台。

1966 年，美国建筑师文丘里写了一本被称作后现代建筑宣言的书《建筑的复杂性和矛盾性》，他在书中旗帜鲜明提出反对传统的建筑理论，如已广为人知的现代主义的“少即是多”“装饰是罪恶”等观点。

他论述了建筑的复杂性和矛盾性对于人的意义和身体鲜活的体验感受，强调要用折中的装饰设计手法来修正现代主义、国际主义那种单调的、呆板的、毫无生气的建筑形式，使建筑呈现出新鲜的活力。文丘里的这一著作立即引起建筑学界的强烈反响，特别是对于不满足于现状的年轻一代建筑师而言，影响更为深刻。文丘里著作中所提到的新的建筑理念改变了人们对现代主义的美学原则的看法，被认为是奠定了后现代主义建筑理论的开山之作，在很大程度上推动了后现代主义建筑的发展。1972 年，文丘里发表了一篇极具分量的文章《向拉斯维加斯学习》（Learning from Las Vegas）。在文章里，现代主义继续成为反对和批判的对象，提出应该大胆借鉴古典建筑的装饰风格，用来丰富现代建筑的样式。同时他还对现代主义建筑彰显的“英雄主义”予以批判，认为那导致了现代主义建筑流于平庸，他提倡在建筑中融入商业文化和大众文化的一些因素，强调建筑风格的个人化和多样化。

第二节　解构主义的特点

一、解构主义艺术的兴起及对建筑的影响

雕塑艺术作为三维的作品形式与建筑有很多的共同点。首先，它们都是立体的形式存在，在空间构成、表现语言、材质使用、表意传达等诸多方面都有相通之处。其次，建筑在审美特质上与雕塑别无二致，只不过建筑具有可供人“使用、居住”的功能而已。雕塑的形体语言注重对自然与客观世界的模仿、再现，可以进行细腻的刻画和塑造，在运用手段上相比建筑而言更有自由性和能动性，因此雕塑的语言更加纯粹，更加贴近人的精神层面。而传统建筑多运用抽象化、几何化的形体语言，注重物质性与人的关系的体现，具有双重性，即物质性与精神性的统一。

20 世纪中期，雕塑的发展逐渐出现了大众化的审美趋势，它开始抛弃现代主义雕塑精英式的审美情趣，在雕塑中融入戏谑成分和娱乐因素，强调作品应具有临时性和现场性，将作品纳入人们日常生活的场景当中去。在这个过程中，最早也是最著名的作品当属马歇尔 · 杜尚（Marcel Duchamp）的《泉》。杜尚宣称此件作品所具有的光洁的质感与结构的明暗转换形式与古希腊雕塑大师普拉克希特列斯的大理石雕刻一般无二。法国新古典主义大师安格尔的名作《泉》是普遍公认的极具唯美风格的作品，而杜尚的《泉》实际上就是在商店买来的普通的瓷质小便器，二者相比，杜尚的《泉》粉碎了人们对“美”的定义。将这么一件有悖传统审美观念的物品作为艺术品看待，消解了人们对美的传统认识。杜尚的《泉》表现出的时代意义还在于对传统艺术形式的否定和批判，并且在此基础上为艺术作品提供了一种新的审美角度。

弗兰克 · 盖里对建筑与雕塑的关系格外关注，并且毫不掩饰雕塑对自己设计的影响。2000 年，落成于美国西雅图的“体验音乐”博物馆的形式来源是 14 世纪艺术家克劳斯 · 司拉特（Claus Sluter）的雕塑风格，他的雕塑以从石头中雕出织物般流动的形式而著称。既然是纪念美国摇滚音乐创始人吉米 · 亨德里克的音乐主题博物馆，弗兰克 · 盖里自然对这位音乐人做了研究和梳理，当年亨德里克在演出期间曾将电吉他狂挥在地，以此来宣泄某种欲望和反叛，给人留下深刻的印象，这也成了弗兰克 · 盖里设计的另一个灵感，他仔细研究了吉他的形式结构，并用在了对“体验音乐”博物馆的设计上。

另外，波普艺术风格的雕塑也对弗兰克 · 盖里的建筑设计产生过影响。波普艺术创作的对象大多是生活中常见的物品，如汤匙、晾衣架、夹子等，当这些不起眼却被人熟知的物品经过波普艺术家的艺术加工，以某种夸张的、艺术化的形象出现在人们面前的时候，人们无不感到惊奇与震撼。盖里正是看中了这一 点。

他在设计“恰特戴广告公司总部”时，曾大胆地与雕塑艺术家欧登伯格合作，把一个巨大的望远镜雕塑的形态融入建筑设计中来，使它成为建筑的一部分。虽然看上去有些像盖里给大家开的一个玩笑，但这个巨大的望远镜雕塑却具有真正的建筑功能：“镜筒”是个小型会议室等。在这个作品中雕塑与建筑结合得十分巧妙，也明显借用了雕塑的造型手法。国家尼德兰大厦最引人瞩目的部分就是两座相连的柱形楼，它们高大、扭曲，周身充满不规则的曲线，极具动感。设计师对待两座楼体在体量上、质感上、扭曲程度上做了不同的处理，一虚一实、一刚一柔，两座楼体的中间部位都不同程度地做了束腰处理，形式意味像极了。

20 世纪 30 年代，美国百老汇男女舞者的形象深入人心。男女舞者是雕塑经常表现的对象，舞者本身就具有极强的形式美感，雕塑家会采用各种形式去表现，但用建筑的形式去表现类似这样的题材却是没有过的。在巴黎的拉维莱特公园中，建筑设计师屈米将整个公园网格化，在网格的节点部位设计了不同形态的红色建筑物，一共 26 个。这些鲜红的建筑物除了作为节点标志物或特殊的用途外，它们本身也是实用建筑，有些被用来做书报亭、小卖部、咖啡吧、手工艺室、医务室之用。但是，人们在看到这些大小不一、形态各异的建筑物时，并不好将它们归类，它们具有建筑的功能，而外观看上去更像是雕塑作品，连设计师屈米都戏称这些红色建筑物为“folie”（疯狂物）。出色的建筑师都能绘制出色的建筑画，用于艺术化地记录或建筑表现。但是绘画与建筑不同，建筑必须以一种立体的形态呈现在大家面前，它必须具有体积，有体积才会有内部空间与外部空间的存在，才会有彼此之间的空间关系出现。而绘画却是始终处于平面上的创作，二者的交集似乎只存在于建筑创作的前期草图的绘制方面。实际上，单从绘画与建筑的表面特征上不足以说明二者之间的内在联系。一直以来，建筑和绘画就是两个相互独立又相互影响的领域，彼得 · 艾森曼曾经说过：建筑应开始于图像功能，图像功能是建筑存在的条件之一，而将其摒弃后，建筑就只能表现其自身的结构功能，画家对绘画的研究与创新和建筑设计师对建筑的研究与创新在很多层面上是相通的，在同一个大的时代背景下，绘画语言与建筑形式语言甚至会有十分相似的暗合。例如：生于法国的美国画家马歇尔 · 杜尚（Marcel Duchamp），是 20 世纪艺术史上最著名的观念艺术家，曾被某些评论家称为后现代主义艺术鼻祖。通过他的作品我们可以看到，杜尚对艺术的本质和表现形式提出了质疑， 以及由此表现出对传统艺术观念的消解。他的作品从来不依从既有的审美原则和标准，就像他在蒙娜丽莎画像上添上一撇小胡子，使人们对艺术的传统艺术创作理念一触即溃，从而消解了艺术与非艺术的界限。

杜尚在《走下楼梯的裸女》一画中对物体在运动状态下如何表现进行了探索。杜尚引入了“时间”的概念，用抽象的、重叠的表现手法把人物的肢体分解成大小不等的块面，重新进行组合和排列，这种构成是在传统的三维视觉基础上拓展出的，具有动态的、分裂的、多重空间的表现形式。与解构主义建筑的形式语言的破除二元对立、强调“过程”的重要性以及建筑平面空间是连续的、运动的等诸多特点相类似。

解构主义建筑与俄国构成主义有着密切的血缘关系，是受到俄国构成主义影响的后续发展。从解构主义建筑的建筑语言上看，解构主义反对的是传统的、一成不变的、呆板的、对称式的建筑语言形式，强调的是更加自由的造型手法、形与形之间的穿插与叠压带来的更灵活的空间状态。我们看一下康定斯基的抽象绘画，把它们看作解构建筑的平面图和立体造型似乎并没有什么不妥。因此，只要弄清此类绘画和雕塑艺术的造型风格特征和手法，对解构建筑的种种造型手段就不会再感到稀奇了。

电影诞生于 19 世纪末期，是科学与艺术的完美结合体，它的出现大大拓展了人对周围世界的感知能力和审美领域，使人们获得了一种新的图像思维方式，可以说是人类文明史上的一次革命。在 20 世纪，电影逐渐发展成为普及全球的综合性艺术形式，对世界的影响无疑是巨大的。解构主义建筑师在探索建筑的形态语言方面，电影所蕴含的美学观念及造型语言都是其关注的范畴。

弗兰克 · 盖里对电影艺术的理解和领悟渗透到了建筑设计中，他曾经指出：“电影中的奇思妙想对于建筑是有用的，不仅仅是提高捕捉空间效果的能力，还能增强技术储备。我曾经认真思考过电影的基本制作技术，一套连贯的活动艺术行为被分解成一系列构成电影动态画面的静止画面。对于建筑艺术和经过一系列精确技术手段建构起来的东西来说，这是一种能够找到动态画面最基本元素需要使用的不可思议的隐喻手法。没有任何理论能比埃德维尔 · 马步瑞奇的摄影作品更能清晰地概括出建筑艺术与动态理念之间的关系。在建筑创作中，这些理念不是去创造动态，而是去停止它、分解它、解构它，去精确地添加必要的平衡，去展现动态，去分析并最终重构。”

建筑虽是静态的，被人称为凝固的艺术，但是建筑的形式语言却可以借鉴电影中物体在时间维度表现的形态。比如：形的律动或重复在解构主义建筑师眼里，这种律动或重复是对形的分解与重组，去除时间维度的图像，如同丧失了运行的轨道，它们以某种形式的叠加与重构就像一堆无意识的碎片，正是这种无意识才是建筑师所看中的，成为建筑创作的途径之一。

二、解构主义的设计策略

20 世纪 80 年代，随着后现代主义的浪潮走向式微，一种重视个体、部件本身，反对总体统一的所谓解构主义（Deconstruction）哲学开始被一些理论家和设计师所认识和接受，在世纪末的设计界产生了较大的影响。解构主义是从构成主义的字眼中演化出来的，解构主义和构成主义在视觉元素上也有些相似之处，两者都试图强调设计的结构要素。不过构成主义强调的是结构完整性、统一性，个体的构件是为总体的结构服务的；而解构主义则认为个体构件本身就是重要的， 因而对单独个体的研究比对于整体结构的研究更重要。解构主义是对正统原则、正统秩序的批判与否定。解构主义不仅否定了现代主义的重要组成部分之一的构成主义，而且也对古典的美学原则如和谐、统一、完美等提出了挑战。在这一点上，解构主义与意大利 16—17 世纪转折时期的巴洛克风格有异曲同工之妙，巴洛克以是以突破庄严、含蓄、均衡等古典艺术的常规 , 强调或夸张建筑的部件为其特色。

20 世纪 80 年代，一位西方艺术家来华演出的一出哑剧，形象地说明了什么是解构主义。这位艺术家在用一把中提琴演奏了一段古典音乐之后，突然起身猛地将琴摔到地上，并狠狠地踩了一脚，然后他又很快地用提琴碎片在一块画布上粘贴出一幅抽象的绘画，一幅提琴解构重组的绘画。这样 , 原来完美、和谐的提琴造型已不复存在，而它留下的碎片在另一种艺术形式中得以重生。解构主义，作为一种设计风格的探索兴起于 20 世纪 80 年代，但它的哲学渊源则可以追溯到 1967 年。当时，一位哲学家德里达（Jacques Derride, 1930—2004）基于对语言学中的结构主义（structuralism）的批判，提出了“解构主义”的理论。他的理论的核心是对于结构本身的反感，认为符号本身已经能够反映真实，对于单独个体的研究比对于整体结构的研究更重要。在反对国际式风格的探索中，一些设计师认为解构主义是一种具有强烈个性的新理论，而被应用到不同的设计领域 , 特别是建筑学。

盖里被认为是解构主义最有影响力的建筑师，特别是他在 20 世纪 90 年代末完成的毕尔巴鄂—古根海姆博物馆（图 9-1）引起了很大的轰动。盖里生于加拿大，后迁居美国，曾获哈佛大学的城市规划硕士学位。1892 年，他成立了自己的建筑事务所，并逐步将解构主义的哲学观点融入其建筑之中。他的设计反映出对整体的否定和对于部件的关注。盖里的设计手法似乎是将建筑的整体肢解，然后重新组合，形成不完整，甚至支离破碎的空间造型。这种破碎产生了一种新的形式，具有更加丰富也更为独特的表现力。与别的解构主义建筑师注重空间框架结构重组的手法不同，盖里的建筑更倾向于体块的分割与重构。他的毕尔巴鄂—古根海姆博物馆就是由几个粗重的体块相互碰撞、穿插而成，并形成了扭曲而极富力感的空间。在工业设计中，解构主义也有一定的影响，德国设计师英戈 · 莫端尔（Ingo Maurer ）设计了一盏名为波卡米塞里亚的吊灯，以瓷器爆炸的慢动作影片为蓝本，将瓷器“解构”成了灯罩，别具一格（图 9-2）。解构主义并不是随心所欲地设计，尽管不少的解构主义的建筑貌似零乱，但它们都必须考虑到结构因素的可能性和室内外空间的功能要求，从这个意义上来说，解构主义不过是另一种形式的构成主义。

图 9-1 古根海姆博物馆

图 9-2 波卡米塞里亚吊灯

10 第十章 波普风格

第一节 波普风格的产生

波普风格又称流行风格，它代表着 20 世纪 60 年代工业设计追求形式上的异化及娱乐化的表现主义倾向。“波普”是一场广泛的艺术运动，反映了战后成长起来的青年一代的社会与文化价值观，力图表现自我、追求标新立异的心理。因此，波普风格主要体现于与年轻人有关的生活用品或活动方面，如古怪的家具、迷你裙、流行音乐会等。从设计上来说，波普风格并不是一种单纯的、一致性的风格，而是多种风格的混杂。它追求大众化的、通俗的趣味，反对现代主义自命不凡的清高。在设计中强调新奇与独特，并大胆采用艳俗的色彩。波普设计在 20 世纪 60 年代的设计界引起了强烈震动。并对后来的后现代主义产生了重要影响。

波普风格的中心是英国。早在战后初期，伦敦当代艺术学院的一些理论家就开始分析大众文化，这种文化强调消费产品的像征意义而不是其形式上和美学上的质量。这些理论家认为，“优良设计”之类的概念太注重自我意识，而应该根据消费者的爱好和趣味进行设计，以适合于流行的象征性要求。对这些理论家而言，消费产品与广告、通俗小说及科幻电影一样，都是大众文化的组成部分，因此可以用同样的标准来衡量。他们的文化定义是“生活方式的总和”，并把这一概念应用到了批量生产物品的设计之中。在寻求具有高度象征意义的产品的过程中，将目光转向了美国，对 20 世纪 50 年代美国商业性设计，特别是汽车设计中体现出来的权力、性别、速度等象征性特征大加推崇。

第二节 波普风格的特点

到 20 世纪 60 年代初，一些英国企业和设计师开始对公众的需求直接作出反应，生产出了一些与新兴的大众价值观呼应的消费性产品，以探索设计中的象征性与趣味性，并开拓在年轻人中的市场。这些产品专注于形式的表现和纯粹的表面装饰，功能、合理的生产一类现代主义的观念被冷落了。波普设计十分强调灵活性与可消费性，即产品的寿命应是短暂的，以适应多变的社会、文化条件，就像此起彼伏的流行歌曲一样。1964 年，英国设计师穆多什（Peter Murdoch）设计了一种“用后即弃”的儿童椅（图 10-1），它是用纸板折叠而成的，表面饰以字母，十分新奇。与此同时，纸质的耳环、手镯，甚至纸质的服装都风行一时。克拉克（Paul Clark）在同一年设计了一系列一时性的波普消费品，包括钟、杯盘、手套及小饰物等。克拉克将英联邦的米字旗图案用到了所有的产品之上，而不

图 10-1 穆多什设计的儿童椅

管其功能如何。设计的重点是表面图案，并强调暂时感和幽默感。这一系列产品在60年代中期成了伦敦摇滚乐队的标志，并在一些商店里出售。到60年代末，英国波普设计走向了形式主义的极端，如琼斯（Allen Jones）在1969年设计了一张桌子，它由一个极为逼真的半裸女塑像跪着背负玻璃桌面。

波普风格在不同国家有不同的形式。如美国电话公司就采用了美国最流行的米老鼠形象来设计电话机。意大利的波普设计则体现出软雕塑的特点，家具的设计在体型上含混不清，并通过视觉上与别的物体的联想来强调其非功能性，如把沙发设计成嘴唇状，或者做成一只大手套（图10-2）的样式。

图10-2 波普风格家具

“波普”基本上是一场自发的运动，它没有系统的理论来指导设计，也没有找到一种有效的手段来填平个性自由与批量生产之间的鸿沟。许多波普设计出自年轻人之手，也只有追求新奇的年轻人乐意一试。但新奇一过，它们也就被抛弃了。这也许正是波普设计的目标之一。波普设计的本质是形式主义的，它违背了工业生产中的经济法则、人机工程学原理等工业设计的基本原则，因而昙花一现便销声匿迹了。但波普设计的影响是广泛的，特别是在利用色彩和表现形式方面为设计领域吹进了一股新鲜空气，由此刺激了这方面的探索。

11 第十一章　绿色设计

如果说 19 世纪末的设计师们是以对传统风格的扬弃和对新世纪的渴望与激情，用充满生命活力的新艺术风格来迎接 20 世纪，那么 20 世纪末的设计师们则更多地以冷静、理性的思维来反省一个世纪以来工业设计的历史进程，展望新世纪的发展方向，而不只是追求形式上的创新。实际上，进入 20 世纪 90 年代，风格上的花样翻新似乎已经走到了尽头，后现代已成昨日黄花，解构主义依旧是曲高和寡，工业设计需要理论上的突破。于是不少设计师转向从深层次上探索工业设计与人类可持续发展的关系，力图通过设计活动，在人一社会一环境之间建立起一种协调发展的机制，这标志着工业设计发展的一次重大转变，绿色设计的概念应运而生，成了当今工业设计发展的主要趋势之一。

第一节　绿色设计观念的产生

绿色设计源于人们对于现代技术文化所引起的环境及生态破坏的反思，体现了设计师的道德和社会责任心的回归。在很长一段时间内，工业设计在为人类创造了现代生活方式和生活环境的同时，也加速了资源、能源的消耗，并对地球的生态平衡造成了巨大的破坏。特别是工业设计的过度商业化，使设计成了鼓励人们无节制消费的重要介质。“有计划的商品废止制”就是这种现象的极端表现，因而招制了许多的批评和责难，设计师们不得不重新思考工业设计的职责与作用。绿色设计着眼于人与自然的生态平衡关系．在设计过程的每一个决策中都充分考虑到环境效益，尽量减少对环境的破坏。对工业设计而言，绿色设计的核心是“3R”，即 Reduce,Reuse,Recycle。不仅要尽量减少物质和能源的消耗、减少有害物质的排放，而且要使产品及零部件能够方便地分类回收并再生循环或重新利用。绿色设计不仅是一种技术层面的考量，更重要的是一种观念上的变革， 要求设计师放弃那种过分强调产品在外观上标新立异的做法，而将重点放在真正意义上的创新上面，以一种更为负责的方法去创造产品的形态，用更简洁、长久的造型使产品尽可能地延长其使用寿命。

对于绿色设计产生直接影响的是美国设计理论家维克多 · 巴巴纳克（Victor Papanek ）。早在 20 世纪 60 年代末，他就出版了一部引起极大争议的著作《为真实世界而设计》(Design for the real world)，该书专注于设计师面临的人类需求的最紧迫的问题，强调设计师的社会及伦理价值。巴巴纳克认为，设计的最大作用并不是创造商业价值，也不是在包装及风格方面的竞争，而是一种适当的社会变革过程中的元素。他强调，设计应认真考虑有限的地球资源的使用问题，并为保护地球的环境服务。对于他的观点，当时能了解的人不多。但是，自从 70 年代“能源危机”爆发，他的“有限资源论”得到了普遍的认同。

就像现代主义所追求的乌托邦式的社会理想与资本主义社会的经济现实难以协调一样，绿色设计在一定程度上也具有理想主义的色彩，要达到舒适生活与资源消耗的平衡以及短期经济利益与长期环保目标的平衡并非易事。这不仅需要消费者有自觉的环保意识，也需要政府从法律、法规方面予以推进。当然，设计师努力也是必不可少的。尽管绿色设计并不注重美学表现或狭义的设计语言，但绿色设计强调尽量减少无谓的材料消耗，重视再生材料使用的原则在产品的外观上也有所体现。在绿色设计中，“小就是美”“少就是多”具有了新的含义。从 20 世纪 80 年代开始，一种追求极端简单的设计流派兴起，将产品的造型化简到极致，这就是所谓的“减约主义”（Minimalism）。

法国著名设计师菲利普·斯塔克（Philip Starck，1949—）是减约主义的代表人物。菲利普是一位全才，设计领域涉及建筑设计、室内设计、电器产品设计、家具设计等。他的家具设计异常简洁，基本上将造型简化到了最单纯但又十分典雅的形态，从视觉上和材料的使用上都体现了“少就是多”的原则。如图 11-1 所示是斯塔克设计的路易椅及圆桌，椅子的前腿、座位及靠背由塑料一体化成型，就好像靠在铸铝后腿上的人体，简洁而又幽默。1994 年，斯塔克为沙巴法国公司设计的一台电视机采用了一种用可回收的材料——高密度纤维模压成型的机壳，同时也为家用电器创造了一种“绿色”的新视觉。在不少国家和地区，交通工具不仅是空气和噪声污染的主要来源，并且消耗了大量宝贵的能源和资源，因此交通工具特别是汽车的绿色设计备受设计师们的关注。新技术、新能源和新工艺的不断出现，为设计出对环境友善的汽车开辟了崭新的前景。不少工业设计师在这方面进行了积极的探索，在努力解决环境问题的同时，也创造了新颖、独特的产品形象。绿色设计不仅成了企业塑造完美企业形象的一种公关策略，也迎合了消费者日益增强的环保意识，减少污染排放是汽车绿色设计最主要的问题。以技术而言，减少尾气污染的方法主要有两个方面，一是提高效率从而减少排污量，二是采用新的清洁能源。另外，还需要从外观造型上加强整体性，减少风阻。美国通用汽车公司的 EV1 是最早的电动汽车（图 11-2），也是世界上节能效果最好的汽车之一。它采用全铝合金结构，流线造型，一次充电可行驶 112 ～ 144km。进入 21 世纪，人类社会的可持续发展将是一项极为紧迫的课题，绿色设计必然会在重建人类良性的生态家园的过程中发挥关键性的作用。

图 11-1　斯塔克设计的路易椅及圆桌

图 11-2　最早的电动汽车

一、人类文明的双刃剑

“什么是柄双刃剑”或“什么是柄时刻悬在人类头上的达摩克利斯之剑”，我们经常会听到这样的说法，然而试想在当代社会的物质体系中，还有什么不是“双刃剑”，还有什么不是“达摩克利斯之剑”？核武器、塑料、汽车、农药如敌敌畏、电池、克隆技术、互联网等。我们来看一个典型的案例：德国物理化学家弗里茨·哈伯曾在 1906 年发明了氨的合成法，1908 年又发明了合成氨的催化剂，为工业化生产奠定了基础，使人类摆脱了农业肥料只能使用天然氮肥的困难局面。哈伯关于合成氨的发明，是具有世界意义的人工固氮技术的重大成就，是化工生产实现高温、高压、催化反应的第一个里程碑。合成氨的原料来自空气、煤和水，因此是最经济的人工固氮法，从而结束了人类完全依靠天然氮肥的历史，给世界农业发展带来了福音。然而，1918 年，瑞典皇家科学院因哈伯在合成氨发明上的杰出贡献，决定授予其诺贝尔化学奖时，却引起了英、法等国的强烈抗议，原因何在？

这是由于氨的发明使其含氮化合物自给自足，解决了军工需要的大量硝酸、炸药等原料问题，这是人们始料未及的。此外，受极端爱国主义影响驱使的哈伯，在一战爆发后，开始了化学武器的研究。作为合成氨工业的奠基人，哈伯深受当时德国统治者的青睐，他数次被德皇威廉二世召见，委以重任，1914 年，第一次世界大战爆发时，哈伯参与设计的多家合成氨工厂已在德国建成，当时德国掌握并垄断了合成氨技术，这也促成了德皇威廉二世的开战决心。哈伯明知他的研究结果已经被直接用于战争，但一种偏狭的爱国热情战胜了科学家的道德良知，在遭到妻子等多人的斥责后，他仍然不遗余力，他的妻子甚至因此和丈夫反目。而具讽刺意味的是，疯狂的“爱国主义者”哈伯 1933 年因为希特勒上台后的反对犹太科学家的纳粹政策而离开了德国，1934 年在瑞士逝世。正如阿伯特 · 济慈所说：“人们恰恰很难辨认自己创造出的魔鬼。”

从这个案例中我们能看到，一位科学家，如果被偏激的政治、宗教或利益蒙上眼睛，就会如哈伯一样，助纣为虐并使科学技术的效用走向反面。这样的结果一方面说明了科学家、设计师的职业操守与道德伦理观念在设计的过程中难免要受到考验，也说明了几乎任何技术发明都具有两面性（或者说“双刃剑”）。当我们对设计中的两面性进行分析和判断的时候，不可能将其简单地看成技术问题或经济问题，因为它很少局限于某一个具体学科。如雷切尔 · 卡森在《寂静的春天》中所证明的那样，用技术上的“快速修复”的心态来看严重的环境问题，毫无疑问是狭隘而片面的。这样，我们就需要一种全面的而不是狭隘的，深入的而不是肤浅的理论视角来探讨人类和自然环境之间、人类和社会组织之间的道德关系。设计伦理学假设人类对自然界的行为能够而且也一直被道德规范约束着，设计伦理学的理论必须：（1）解释这些规范；（2）解释谁或哪些人有责任；（3）这些责任如何被论证。

二、以废止为核心的商业设计观

“人类也许是被迫走向文明之路的，只因为需要某种程度的社会组织来区分适当的阶级结构，以应付日渐堆积如山的垃圾。”这虽然是一句略带调侃的话，但垃圾正是和生产相对应的社会组织和社会制度的另一种反映。生产活动体现了人类的文明发展，同样，垃圾的处理也体现了人类的文明进程。在这个意义上，人类文明史也可以说是一部垃圾发展史。

垃圾的问题并非今天才出现，奴隶社会中产生的食物和日常器皿垃圾直到今天仍然大量存在于地下。但在抛弃型社会出现以前，垃圾的生产速度相对缓慢，垃圾的材料也主要是有机物质。当物质生产的方式发生了革命性的变化后，垃圾世界的构成和形成也发生了翻天覆地的变化。以美国为例，尽管其千方百计向第三世界国家转移各种垃圾，但其自身的垃圾储量仍然在世界上名列前茅。

考古学家丹尼尔 · 英格索尔认为“抛弃型”世界的时代并非从 20 世纪才开始，而是从 19 世纪就开始。但是在 20 世纪 50 年代之后，“抛弃型”社会才真正引起人们的注意。1950 年以前，只要神经没有毛病，谁也不会把只用了一次的剃须刀或照相机随手丢掉；而今天，这样的事已屡见不鲜。正是在这个时代，人类制造了罐头、瓦楞纸盒、成衣、商业包装材料、锯木厂切割的木材以及其他多种大量生产的建筑材料，而这些都是今天一次性商品的前身。事实上，一次性产品的方便性使得忙碌的消费者乐于使用。产品在简短使用后的抛弃和产品包装的抛弃，给使用者带来了很多益处：省却了对一些消费品清洗、再装填等维护活动所需的时间。1987 年，强生公司开发的艾可牌一次性隐形眼镜的巨大成功就很能说明问题，它不像传统的硬式或软式隐形眼镜那样戴着不舒适且要经常清洗。正因为如此，强生公司在周抛型隐形眼镜的基础上又开发了日抛型。

抛弃成为商业成功的法宝，1923 年，通用汽车公司总裁阿尔佛里德·斯隆为了和福特汽车公司的 T 型车竞争，成立了外形式样设计部门，并且委任厄尔担任设计部的领导。世界上第一个专职汽车设计师厄尔与通用汽车公司总裁斯隆一起创造了汽车设计的新模式，即“有计划的废止制度”。按照他们的主张，在设计新的汽车式样的时候，必须有计划地考虑以后几年不断更换部分设计。基本造成一种制度，使汽车的式样最少每两年一小变，三到四年一大变，造成有计划的样式老化，形成一种促使消费者为追逐新的潮流而放弃旧式样的积极的市场促销方式。美国广告界先驱克里斯蒂娜·弗雷德里克曾提出一个和厄尔相近的营销策略——“逐步废止”：“在旧产品被用坏之前就购入足够的新产品”。虽然她这个观点在美国 1929 年的经济大萧条中受到了极大嘲笑，但显然不论是 20 世纪 30 年代的购买力短缺，还是二战中物质产品的短缺，都不能阻止消费文化对日常生活的加速控制。

在“有计划的废止制度”下，企业仅仅通过造型设计，往往就能达到促进销售的目的，保持一个庞大的销售市场，这对美国的企业是非常有吸引力的，也在相当长的时间内发挥了刺激消费的作用。在获得了巨大的商业成功后，由于其人为地对产品生命周期进行缩短，不可避免地带来资源的浪费和环境的污染。因为虽然产品的生命周期本身就有一定的限制，甚至在一些特殊情况下允许出现刻意地对产品寿命进行缩短的情况，但为了促销而人为缩短耐用消费品的产品生命周期，无疑是一种对资源的极大浪费，同时加速了环境的污染。

因此，对产品生命周期的评估便显得特别重要，这种评估用于评价产品在其整个生命周期中，即从原材料的获取、产品的生产、使用直至产品使用后的处理过程中，对环境产生影响的技术和方法。这种方法被认为是一种“从摇篮到坟墓”的方法。美国环境地理和化学学会将其定义为“考察与一个产品从摇篮到坟墓的生命周期相联系的环境后果”。按国际标准化组织的定义：“生命周期分析是对一个产品系统的生命周期的输入、输出及潜在环境影响的综合评价”。

如果一个人的一生可以像一轴画一样清晰地展露在我们的面前，我们就可以知道这一生什么时候风平浪静，什么时候图穷匕现，在哪里走弯路，哪里有个解不开的死结。然而在摇篮和坟墓之间，人类无法预测自己的命运，因为人实在是太过于复杂了。但是，工业产品的生命是可以预测的。产品生命周期的评价有利于了解产品整个生命周期过程中的环境影响，从而权衡产品生产中的利弊得失，并通过提高生产效率和使用替代材料等方法，来保护资源和环境。这种评价导致对产品的整个生命周期过程有一个全面的环境认识，鼓励企业在每个环节（设计、采购、生产、营销和服务乃至产品的回收与最后处置）都考虑到环境影响，并且帮助企业在各个生产环节最大限度地解决环境问题，哪些原材料可以减少污染？什么能源耗能较少？什么样的生产程序能在生产过程中减少能源消耗和对环境的影响？这些问题的解决均有赖于产品生命周期的评价。

产品的生命周期分为：技术生命周期（产品性能完好的时间）、美学生命周期（产品外观具有吸引力的时间）和产品的初始生命周期（产品可靠性、耐久性、维修性的设定）。前面所说的有计划的废止制度策略导致的后果是，技术生命周期还没结束的时候产品的美学生命周期却被人为地结束了，这无疑是对资源的极大浪费。

三、从摇篮到摇篮的设计观

考古学家布赖恩 · 海顿在与澳洲、北美、近东与远东地区的原住民共同生活过后写道："我可以明确断定，我接触过的'所有'文化中，所有人都向往身边可见之工业产品的好处。我因此相信'非物质文化'只是个神话。……我们所有人都是崇尚物质的。"尽管人类对物质的崇尚难以在整体上改变，但设计师可以通过对产品体系和消费过程的改变来对资源进行调控。对"从摇篮到坟墓"这一过程的了解，便有利于新的消费模式的设计。20 世纪 80 年代中期，瑞士工业分析家瓦尔特 · 斯泰海尔和德国化学家米切尔 · 布朗格阿特分别提出了一个新的工业模型。这个模型就是以"租借"而不是"购买"为特征的"服务经济"。他们的目标不是企业出售具体的产品，而是出售产品的服务即产品的使用结果。例如，消费者可以交纳一定的月租费获得清洁衣服的服务而不是购买洗衣机。这种工业模式是对传统的"购买—使用—抛弃"模式的扬弃，由于它强调产品能被反复修理和反复使用从而不断焕发出新的生命力，斯泰海尔将其称为"从摇篮到摇篮"，也有人将其称为"共享原则"。在"从摇篮到摇篮"理论的基础上提出了一个智能材料聚合系统。这是一种管理工业新陈代谢的协作式方式。在这个系统中，合作伙伴同意接入共同的高科技、高质量材料，共享汇集的信息和购买能力以带来一个健康的材料流闭合回路系统。因此，发展出一个共享的承诺：在它们所有生产出来的产品中使用最健康、最高质量的材料。它们在一起形成了一个基于价值的商业群体，它们将关注于从生产环节中消除废物，并且 最终使智能材料聚合成为可持续发展业务的重要的生命支持系统。无论是在生物新陈代谢还是技术新陈代谢的循环中，该系统都把材料看作是营养成分。技术新陈代谢如果也能被设计成一种可以反映自然营养循环的系统，那么就可以形成一个在生产、回收和再利用的无穷循环中将高科技人工合成材料和矿物资源进行流通的封闭式环路。

"从摇篮到摇篮"这个概念将其放到现实中来，或并不像理论中那么完美， 但这种方式确实是对待资源的一种严肃而认真的态度。米切尔 · 布朗格阿特对他的设计思路有一个很形象的比喻，那就是"钓鲑鱼"。当他在冰岛的小溪里钓鱼时发现，他的朋友轻轻地把鱼钩从刚刚捉到的鲑鱼身上拔掉，又把鲑鱼放回到水里，鱼在水面上游动了片刻后迅速地游离，加入其他十几条潜伏在小溪底部健康的鲑鱼群体中。他认为，在太阳能聚集器中所使用的镉就是类似鲑鱼的高质量技术材料的资源，是稀有和珍贵的。我们对自然资源的使用和丢弃就是在抵押我们的未来，就好像我们捕捉和吃掉鲑鱼就是在地球上扼杀它们的未来。但是如果材料是在一个模仿"捕捉鱼又释放掉"的系统中被使用的话，它们就会在一个确定的期限内被使用然后又回收，为下一代的产品提供技术资源。在这样的系统中， 鲑鱼永远是健康的，它们的栖息地永远是富饶的，我们将可以享受持久的鲑鱼种群的健康，并且还可以享用一顿鲑鱼午餐。

城市固体垃圾有大约三分之一是产品包装。夸张、精美而可能非理性的产品包装产生于复杂的设计目的。这其中既包括商业化促销的动机，也包含着丰富的社会关系要求。以礼物的包装为例，人类的馈赠习俗决定了包装在购买和交往中的重要社会作用。在这个意义上，礼品的包装价值有时候甚至超出了礼品本身的内容。美丽的包装"并不仅仅是简单地为了在运输过程中保护商品，而是它的真正的外观（countenance），它替代商品的躯体（body）"，首先呈现在潜在的购买者眼前。就像童话中的公主通过霓裳羽衣摇身一变，商品也生产和改变自己的外观，并以这种方式在市场上追逐自己的运气。

对于设计师来讲，不仅产品的包装存在浪费的趋势，即便是一些产品本身的存在价值也值得怀疑。人们都认识到"功能"是产品的第一要素，问题的关键在于，有些被制造出来的功能，他们对于人类的价值究竟如何？产品是人体的延伸，这种延伸的依据是产品的功能。在手工业时代，由于产品带来的人体延伸还处于相对狭小的区域，人类还持有来源于原始生活的身体的自足。在时间和空间尚未被剥离的年代，人类还广泛地保持着公共领域的完整与常态。然而，“今天的人类何以被现代文明‘逼迫’着退到了一入夜便只能干守着一台电视机闭门独坐的程度，不仅如此，连立起来拨动一下开关的‘运动’动机也要被剥夺，让一切都只归作‘弹指之功’呢？”

也许因为技术人员总想设计那些能让人无事可做的产品。比如幻想对住宅进行遥控：“在开车回家的途中，打一个电话，住宅内的各种设备就开始自动运转：启动电暖器或空调，开始往浴缸里注水等。这些过分的自动化听起来就有些让人不寒而栗，慢慢的人们会与真实的生活相脱离，人们得到的只有结果，对于过程和真相毫不知情。

其次，这种功能的意义究竟何在？人的手臂的进一步延伸会带来原先媒介即四肢的萎缩。例如：2001年12月3日早上6点，一台被美国总统小布什、苹果电脑公司总裁 Steven Jobs 和亚马逊书店创办人 Jeff Bezos 等人称作“比互联网更加伟大”的机器被正式宣布诞生，它被称作“赛革威”。这是一种装有复杂陀螺结构能够自我平衡的滑板车。《时代》杂志的记者试用过这部小车，据介绍，在车上没有开关和控制按钮，但你站在上面，想要向前走，它就会往前滑行，想停下来的时候，它就会戛然而止，还不会出现翻车的情况。据发明人迪恩 · 卡曼声称，这是由于采用了特殊的控制结构的缘故。其实，这是因为我们想让小车向前走的时候，身体会略微向前倾斜，想停车的时候，身体会略微向后倾斜，而且身体其他部位也会作出相应的反应，Segway 复杂的动力装置能够感知这些变化，并将其转化为机械运动，这就是 Segway 的基本控制原理。迪恩 · 卡曼认为，Segway 能够把人和机器融合，让机器成为人类身体的延伸。使用电作为动力的 Segway 充电一次，能够以 20 公里的最高时速行进 28 公里，是在拥挤的城市中替代汽车的一种选择，因为它不会造成废气污染。然而，问题是 Segway 虽然能让环保专家们满意（其实它每小时 20 公里的速度并不比更加环保的自行车快多少），但一方面它根本无法替代汽车，另一方面它虽然可以代步，但毫无疑问将剥夺现代人本已很少的锻炼机会。

“赛革威”确实是一个相当了不起的发明，尤其是它智能化的运动方式是交通工具设计的一个突破。它或许在某些场合可以替代电动自行车，他也可以满足时尚青年的娱乐，但是指望它成为代步工具，恐怕只会让现代人的四肢进一步退化。不仅如此，类似的设计还有很多，他们涉及生活的方方面面，这些并没有实现通过使用材料的减少产生环保的效果，反而由于产品的进一步细分造成了进一步的浪费。

那么从根本上讲，绿色设计的方法应该是建立在增加产品使用寿命、减少资源的消耗和垃圾的产生上。

第二节　绿色设计方法

一、　产品的缩小化设计

产品的绿色设计强调材料使用的经济性，用尽可能少的材料实现功能的最大化。通过同一产品的合理变化不仅可以实现一物多用，还可以增加产品使用的乐趣。所以绿色设计不是以产品外观上标新立异为宗旨，而是一种设计思维的变革，设计创新的历练，要求设计师将设计的重心真正放到功能的创新、产品与环境的和谐创新上，以一种更为负责的态度创造最新的产品形态，用更科学、合理的造型结构使产品真正做到物尽其材，材尽其用，并且在不牺牲产品使用性能的舒适与完美的前提下，将产品的功能最大化，以延长产品的使用寿命，也起到环保的作用。

浓缩即为缩小化设计，是一种节约型的设计观念，通过缩小或减少设计作品的体积与材料来实现经济上和资源上的节约，同时也包含着“以小为美”的审美心态。在垃圾研究界，这种减少“未来垃圾”的方法被称为“减少垃圾源”。1883年，著名的英国诗人、作家与批评家奥斯卡·王尔德来到美国参观。回国之后，他进行了一个题为“美国印象”的演讲。在演讲中，他这样说道：“在美国，我有一个虽然深刻但却不那么愉快的印象，那就是每件东西的超凡尺度。这个国家看起来试图用它那逼人的巨大来让人仰慕它的力量”。在这之后的一百多年里，美国经济和设计的发展证明了王尔德的感受是真实的，无论是住宅还是汽车，美国的设计都以宽敞气派而著称，美国鼓励以高速公路为基础的汽车交通方式，带来了汽车制造业的蓬勃兴趣。据美国《工业设计》杂志统计，19世纪 50年代，历史上最成功的企业几乎都在生产汽车。1953年，汽车的总销售量更是达到了空前的100.28亿美元。在这种环境下，“对一个国家汽车产量的评判就成了对一个国家灵魂的评判。” 1968年，美国汽车发动机的平均马力由1950年时速的100增加到250。为此，发动机被重新设计，缸压比增加了50%。简单说来，美国汽车公司战后建造大车体、大马力车辆的决定对环境构成了新的危害。 排出更多的有毒烟尘，增加市区儿童的血液铅含量，导致儿童智力迟钝；导致酸雨大增，从而使无数湖泊的鱼量减少，并对森林的生存构成广泛威胁；此外，也带来了更为严峻的交通问题。美国文化对“大”和“力量”的追求与日本文化 对“小”和“精致”的偏向形成了鲜明的对比。日本文化中有以小为美的审美心态。例如，在日本曾有这样的设计作品：世界上最小的飞机模型长1.6厘米、翅膀宽度只有1厘米，而且上面带有各种配件，并能很好地飞行；世界上最小的摩托车，长17.5厘米、重1.7公斤，用转椅的轮子制成车轮，并能载人行驶。此外，还有在一粒米上写了600个字，一粒芝麻上写了160个字，一粒大豆上写了3000个字等等微缩工艺的行为。这种奇技淫巧并非只在日本存在，但日本文化中对小的偏爱却极大地影响了设计文化。随身听这样的“微缩产品”诞生在日本也就不足为奇了。“随身听从某种意义上来说，是一个口袋大小的身体补充物，它标志着回到了外化进程以前‘皮肤标准’的阶段。如果小型化再继续下去，产品在家庭中所占的空间将越来越小。它们可以（事实上是很可能要）融合于家的环境中，把空间留给更有意义的物品，既把记忆、现实和文化予以重新表现，把空间腾出来给可能属于某个亲人或祖先的家当、椅子或图画。”外化是指工具变得越来越大，越来越复杂，而内化是指产品的微型化，这种微型化不仅节约了空间，也节省了制造产品所需要的材料，并减少了未来的垃圾体积。

这种文化与审美上的差异在现今延伸为生产方式的差异，即以美国企业为代表的“批量生产方式”与以日本企业为代表的“精益生产方式”的较量。美国汽车王国的缔造者亨利·福特在1926年为大不列颠百科全书撰写的文章中提出了“批量生产方式”这一名词，亦被称为“福特主义”。它改变了“手工生产方式”低效率与低产量的生产状况，而在汽车设计中实现了对制造和使用两方面的统筹安排与提升，对工人进行合理的分工，让每个人只完成单一的工作；以及在1913年8月推出的连续移动的装配线使生产效率得到了极大的提高；同时，零件的互换、结构的简单以及组装的便利使得每个人都可以成为驾驶员兼维修工，“以一种历史上前所未有的速度和前所未有的目的意识、以迄今为止最大的集体努力，在创造一种新型的工人和新型的人，使之适应于新的工作和生产过程”。这样的生产方式使福特汽车公司获得了巨大的成功，并迅速传播到美国和整个欧洲，一直到日本汽车工业的崛起。

曾于1950年前往底特律参观福特工厂的丰田英二，在回到名古屋后得出结论：批量生产方式不适用于日本。丰田汽车还没有如此大的产量来负担批量生产方式中所出现的浪费，丰田英二走出了一条通过快速更换模具而进行小规模生产的道路，一方面节省了西方工厂中所用的几百台压床，一方面小批量零件生产使冲压中产生的问题可以得到迅速的解决。这就是从丰田生产体制中发展出来的“精益生产方式”，也被称为“后福特主义”。在丰田车间的生产线上，每个工序的上方都有一根拉线，每个人都可以随时停止组装线，“工人们不再是在一个快速变化的过程中重复性地劳作的个体，而是作为团队的一员与一个快速变化的过程保持着灵活多变的关系”。

日本的“精益生产方式”有效地节省了生产资源，也带来了经济的繁荣。但在这个资源匮乏的时代，越来越多的人开始注意到“浓缩”化的设计思路。正如韩国学者李御宁在《日本人的缩小意识》中所说：“欧美型产业的殖民主义走向末路，节约备受重视的目前，日本的‘缩小意识’之经济暂时还持有生命力。”西方国家意识到“普罗米修斯式的英雄扩展，以占领世界和太空为目的，这样的技术时代过去了，随之而来，我们的技术时代，想要深度地切入世界之中去运作”。“在一个以延展、扩张、空间化为特色的文明里，迷你化的倾向似乎显得吊诡。实际上，它既是理想的达成，又是矛盾的表达。因为这个技术文明的特点也在于都会的限制和空间的匮乏。”

例如丹麦铁路公司（简称 DSB ）便采取“浓缩”式的设计思路对铁路运输和环境之间的关系进行改善。他们的环境政策是：“DSB 的目标是以一种和环境之间友好的方式来发展铁路交通，总之，DSB 要积极投身于减少乘客坐车时平均每公里对环境所带来的危害。”这一目标将在低环境危害的交通竞争中实现。为了实现这一目标，丹麦铁路公司通过多种方式调节机车的设计策略，包括减少火车消耗的电力，减少其排放的污染等。而小型化、缩小化的设计方针也成为哥本哈根的小火车获得成功的重要原因。该计划是由丹麦铁路公司和西门子联合开发的。

1992 年，当开始开发新的火车时，为了生产与环境友好的火车，公司决定减轻火车的重量。这是因为牵引所需的能源是火车生命周期中带给环境影响最大的因素。另外，在火车网络中，因为火车经常要启动和停车，而两个火车站之间的平均距离只有 3 英里，这样如果减少了车重，就减少了启动和停车时所需的大量能源。通过材料的变化，以及把传统的双车盘改为单车盘，火车重量极大地减少。因为车盘的总重量占整个火车的 28%，使用尽量少的车盘明显减少了火车的重量。而每个座位减轻的重量是 45%。火车的总重量从 1986 年 的 160t 减少到约 120t。

家庭马桶的节水也一直是设计师所考虑的问题。家庭用水中大约有 30% 左右消耗在厕所冲洗上，这很显然浪费了处理过的饮用水。虽然已经出现了不用水的马桶，但节水马桶的主流还是依靠缩减与合理分配马桶的用水量来实现节约。 在冲水马桶中放一块砖头（或者放一个橡皮块、灌满水的可乐瓶等），是家庭节约用水的常见手段。还有一种做法是在水塔中插入一个控制器，隔开水塔中的部分水，使它们在冲马桶的时候，并不一起流出。当然前提是要保证水流足够把马桶冲洗干净，否则二次冲刷会更加浪费水。这样的设计思路也是“浓缩”的一种应用。

瑞典的 Altered 致力于开发节水型马桶，目标是节水三分之一。但是，仅仅通过减少水箱中冲洗水的数量还不能够完全解决问题，需要综合考虑便池边缘的设计、水流速度和重力系统的性能。通过使用一个特殊的双分流冲洗管实现了六升单冲洗系统，双分流冲洗管保证了节水的有效性。此外产品机械系统在设计的同时也进行了更加富有吸引力的外观设计，以求能够拥有经典和长久的吸引力，来延长寿命。

丹麦的 Knud Holscher 工业设计公司开发了满足上述需求的马桶。 上釉使得马桶内壁更为光滑，再加之更加宽大的边缘更为方便，也不会由于长期使用而造成马桶内部的水渍的堆积，也考虑到了维修的便捷性，修理时不需要破坏部件。紧凑的、随意固定的设计能适用于不同用户的有效使用空间。

在印刷品设计中，通过字体的减小来合理地减少资源的浪费。当然，这里字体的减小必须符合使用需求，而不是为了版式美观的需要而一味地缩小。例如，英国通讯行业每年要制造约 2400 万册电话册，消耗大约 8 万棵树。如果把这些电话册首尾相连可以节省 8% 的空间，同时又增加可读性。同时，每页中的三列被设计成了四列，同时去除了重复的“姓”。此外，英国通讯簿通过选择合适的字体来避免字体较小和墨汁太淡所带来的识别问题。设计的结果是最后实现纸张节省超过 10%。市场研究表明 80% 的使用者喜欢新产品。这是一个非常好的实际贡献，证明好的图形设计也可以有效地改善环境影响，降低成本并提高顾客满意度。

二、产品集成化设计

在时代发展的今天，用户的需求是多元化的，人们在购买并使用产品时常常希望该产品能与其他的产品有强大兼容性。因此，设计时应根据产品特点、使用环境与要求等充分满足用户的需求。比如，很多家具设计都是可以拆分的组装产品，产品分成不同模块，分块设计。同时，有些模块在不同家具间也可通用，这样不仅减少材料的使用，简化制造工艺过程，包括运输所消耗的能源也得到降低，归根结底实现了绿色设计 3R 原则中 Reduce 要求。

设计师在对产品功能和经济性进行分析的基础上，采用各种先进的设计理论和工具，使设计的产品能满足当前，乃至将来相当长一段时间内的市场需求。最大限度地减少产品过时，也就减少了报废处理和过时产品的数量，当然也就节约了能源和资源，减轻了环境的压力。

压缩即为集中化设计，是指通过对产品功能和形式进行压缩与集中，从而在效果上达到了节约、便携等作用的一种设计方法。日本的盒饭便是“压缩”设计的一个例子。在日本，仅车站盒饭就 1800 多种，用被誉为车站盒饭“三神器”的煎鸡蛋糕、南瓜、鱼这三种东西为基本材料填装的普通盒饭为 700 种。对于这种饮食方式，韩国学者李御宁将其解释为：“日本人无论看到什么东西，都马上会采取行动：扇子，要把它折起来；散乱的东西，要填入套匣内；女孩的人偶要去掉手脚使它简单化，否则就不罢休。”日本由于资源状况和生活方式决定了产品必须具有“便携”的能力。其实，压缩的意识是人类先天的设计意识之一，几乎每一个设计都包含着集中化的内容。只不过由于环境的需要，一些设计行为特别强调集中化。一位清晨起来卖早点的师傅，为了能够一次性地将所需工具运到工作场所，不得不将车上每一寸面积都进行利用，车上物品虽然堆积如山却也井井有条，显然是经过一番精心设计的。中国民间的馄饨担，把锅、灶、碗、碟等巧妙地分开放置，而且还可以比较舒服地将这一堆东西背在身上走街串巷。后者和前者在本质上是一样的，但却更进一步，这倒不是因为后者更加漂亮（虽然这也是一个标准），而是因为馄饨担形成了一个固定的合理结构，可以由一些匠人进行专业的制造，更接近狭义上所说的“设计”。

产品的包装行业中蕴涵着极大的“Reduce”空间。包装的形状对运输过程中使用能源有很大影响。如对运输牛奶这样的产品来说，长方形的包装就比圆柱体的包装更加有效，因为长方形更加容易堆砌，可以占用更少的体积。以至于日本曾有农场尝试生产正方形的西瓜，也是为了减少运输负担，而一个八角形的比萨饼盒子比传统的正方形包装节省 10% 的材料。

在城市规划和建筑设计中，“集中化”的原则被广泛运用，总体规划小到局部城市空间的功能安排都可以实现上述目标。例如工业区、商业区和居住区的过度分离，将带来交通运输尤其是上下班时间道路的拥挤和能源浪费，而对它们进行适当的集中和划分则有利于形成多个小规模的成熟的多功能区域。将工作、娱乐、消费等不同的行为集中在同一个区域中，减少不必要的交通量。比如在城市中的一些区域里，通过办公楼等工作区域，公寓等住宅区域和咖啡馆、商店、酒吧等娱乐区域的结合，使每个城市区域即使有一定的分工，也能在各个方面自给自足，减少生活上的不方便，并降低在这种不方便上所耗费的能源。而在局部的建筑单体中，对功能区域的设计则可以达到相类似的目的。例如在英国伦敦的港口区中，即通过咖啡馆、商店、办公楼和公寓紧密相间的布局有效地降低了能源的需求量。

“压缩”产品的优点除了节约空间之外就是便携。“压缩饼干”“罐头”等食 品牺牲了营养和口味，无非是为了方便携带。部分“集中化”的产品，例如笔记本电脑，除了有利于使用者携带外，也节约了材料和空间（但在性能和价格上又受到影响）。埃米利奥 · 艾姆巴茨所设计的颜料盒就是一个非常好的例子。该设计将传统的颜料盒进行重新组合，将其折叠后体积非常小，打开后颜料盒变得高低错落，用起来非常方便。最上面一层则是相当宽敞的调色板。该产品中，设计最巧妙的当属颜料盒的外壳，打开后可以当作水桶来使用。

在上面的一些例子中能够看到集中化设计思路中的一些优点。除此之外，也有一些设计作品把“浓缩”的方法当成是一种设计观念，例如飞利浦和利奥 · 路克斯合作的“新物品、新媒体、旧墙壁”系列设计将家用电器和家具结合在一起，把外观冷漠的现代电子产品隐藏在家具之中，它们被称为“插电家具”在它们设计的“讽刺设计”系列中，音响部分被设计成一个坚固的书架， 两边装有固定的书挡，在下方中间的位置有一个小橱柜，书挡中有扬声器，橱柜里隐藏着音响设备。

三、产品功能的再利用设计

产品的生命周期由产品的使用功能等因素来决定其长短，使用功能失效后也就意味着产品生命周期的终结。但是如果通过合理的产品设计，使其主要功能完成后，通过原材料的回收重新利用，将功能进行拓展和延伸，实现其他的辅助功能，从而大大减小了材料的废弃机率，并延长了产品的使用寿命，使产品的使用价值得到延续和再利用。

消费者在购买鞋子后常常觉得鞋盒随意丢弃是一种对资源的浪费，但是要充分利用起来却又没有切实可行的方法。而浙江大学产品创新与品牌战略实验室设计的 KeepIt 鞋盒包装设计很好地解决了这一问题，设计师在普通鞋盒的模板上设置标准化的折痕，使用者可按需改变包装盒，鞋盒摇身一变成为一组轻便的鞋架，这样产品的功能便得到了延伸与拓展。

一个产品在被使用之后。是否就成为所谓“垃圾”？人类学家玛丽 · 道格拉斯曾这样分析什么样的东西可以称为是“脏”。她认为“脏”是主观的，是“不在其位的某种东西”。比如“鞋子本身不脏，但如果把它放在餐桌上时它就是脏的; 食品本身不脏，但当它离开厨房出现在卧室或者被溅在衣服上的时候它就是脏的; 同理，浴室的东西出现在客厅、衣服耷拉在椅子上、室外的东西放在室内、楼上的东西放在楼下、里面的衣服穿在外面等都可能会让人感到脏”。“垃圾”的出现和“脏”的概念非常类似：“垃圾”并非完全失去了功用而成为无用之物，而是因为它离开了原先所存在的场合、所表演的舞台而被暂时性地抛弃，这些离开舞台的木偶在另一个舞台上完全可以焕发出新的光彩。

这种空间环境的转换被称为“Reuse”，它是“重新使用”的意思，即将本来已脱离产品消费轨道的零部件返回到合适的结构中，让其继续发挥作用；也可以指由于更换整体性能的零部件而使整个产品返回到使用过程中这一原则，可以称为“再利用设计原则”。这个过程，也可称为“生命周期末端系统的优化”。

20 世纪 70 年代，美国的考古学家在弗吉尼亚的一个叫做“百花露”的庄园进行挖掘。一个考古志愿者发现了一个 17 世纪 20 年代的粗瓷瓶子的瓶颈。这个瓶颈恰好和庄园博物馆中的一个大德国水壶的底部相吻合，但这两个部件又出土于完全不同的两个地方。这个不大不小的发现吸引了很多人的注意，考古学家詹姆斯·迪特茨（James Deetz）提供了一个较有说服力的解释：在这个粗瓷水壶破裂后，使用者并没有抛弃它，而是将瓶底当作碗，而瓶颈当作漏斗来使用。

在农业社会中，除了维修以外，产品的再利用是非常普遍的现象。即便是在 20 世纪 80 年代初的中国，由于商品的匮乏，普通人仍然保持着这方面的技巧。如刚刚在国内市场出现的易拉罐包装在使用后并没有被抛弃，而被制成了电视天线、烟灰缸甚至台灯等产品。但是在一个成熟的工业社会中，并不是所有的产品都有再使用的必要。易拉罐已经有了完整的材料回收再利用生产体系，繁忙的现代人也大多没有了农业社会的手工艺情结。所以，在工业社会中，“Reuse”的实现主要依靠设计师在设计之初为再利用所预留的空间。设计师与企业必须思考以下问题：该产品是否值得回收和再利用？产品的哪些部分可以再利用？产品经过再利用可以有什么样的效益？产品是否应该采取模块化建造与生产？简而言之，为产品留一条后路。

虽然下面谈的例子中一次性的设计并不值得提倡，但企业通过对整个产品流通系统的设计，避免了巨大的浪费。在这个系统中，最初产品的部分外壳和零件被重新使用，部分零部件被继续使用或投入二手市场，部分材料被循环使用，并且该企业和其他企业间建立了互相回收的合作网络，是一种非常出色的销售和回收策略。

这个产品就是柯达一次性相机。一次性相机往往带来巨大的浪费，但柯达通过与全世界照片冲洗商建立联系，对已取出胶卷的一次性相机进行回收，使得“一次性”这个词只是相对于消费者而言，在生产流程中则失去其“一次性”的本义。实际上，一次性相机的再制造率在美国达到 70%，在全世界达到 60%，与铝罐的再循环率相当（1997 年，美国铝罐的再循环率为 66.5%）。用重量来衡量，柯达一次性相机 77%～86% 可以再循环或者再使用。从 1990 年柯达开始实施这个计划以来，已经再循环使用了 2 亿个以上的相机。

柯达的再制造和再循环过程包括以下几个阶段：

回收：每月几百万的照相机从世界各地的照片冲洗商运到三个收集厂。柯达与富士、柯尼卡以及其他的制造商建立了行业层面的互换合作伙伴关系。通过这种合作，各个竞争者互相接受其他公司的相机。

处理：柯达相机运到转包商处进行处理，在那里，所有的包装与前后盖以及电池一起被拿走；为了保证质量，旧反光镜和镜头被新的替换；为了闪光效果，插入新的电池；许多小的部件得到重新使用，包括推动胶卷的拇指轮和确定走距的记数轮。

组装：半装配件运到柯达一次性相机制造厂，在这里完成最后的装配，具体过程包括安装柯达胶卷、添加新电池以及安装用再循环材料制成的外层包装（包括 35% 的再循环成分）。

同时，塑料相机盖被运到一个中心重新处理成薄片，它们将被重新压制成相机或者其他产品。丢弃的相机包装送到纸张再循环中心。2001 年，柯达为完全再循环的一次性相机设计了新的特殊商标；这些商标可以与前后盖一起再碾磨、制粒和再循环，这样商标就能够完全与再循环流兼容。另外，从再循环相机取出的电池如果性能良好，还可以在其他方面继续使用。大多数在柯达内部使用，如用在员工的寻呼机中；其他还作为实物捐赠给一些公司；一些通过批发或者零售第三方作为再循环电池出售。

佛教里有个词——“轮回”——用来翻译“Reuse”非常合适。它指人的生命可以在世界中不断循环。不管这种循环在人类身上是否存在，但在产品制造中循环是完全可以实现的。

四、产品的多功能设计

2003 年 6 月 13 日的《金陵晚报》上，有这样的一则新闻：《火星探测使用 了“中国筷子”》。文章报道了在第二颗美国探测卫星“勇气”号上，采用了中国香港理工大学学生设计的岩芯取样器——“中国筷子”。黄河清接受记者采访时说道，负责在火星上探取样本的“中国筷子”功能的关键工具，它的设计充分利用中国筷子的特点，挖和抓取土质，而且比同类仪器更为轻巧，仅重 370 克。在航天器方面，欧美发达国家对于飞行器的核心较看重，除非万不得已，他们是不会采用别的技术的，这次能采用我们研制的技术说明我们的技术是先进的。

物理学家李政道曾说道：“中国人早在春秋战时代就发明了筷子，如此简单的两根东西，却高妙绝伦地应用上杠杆原理。筷子是人类手指的延伸，手指能做的事它都能做，且不怕高热，不怕寒冻，真是高明极了。比较起来大概到 16 世纪、 17 世纪才发明了刀叉，但刀叉哪能和筷子相比呢？ ”在中国人的厨房里，筷子是必备的餐具，它除了吃饭时被使用以外，还可以在厨房作为打蛋器、搅拌棒、热锅垫屉、切菜时某些刀法的辅助工具、吃烫玉米时的穿插、调料时的引流棒、 端热锅时的把手等。如果这些劳作都要有相应的器具来完成，那么，人们不仅要花费大量的钱，而且会使本来就容易杂乱的厨房变得像一个堆满了各种器械的实验室。在西方的餐桌上，由于很多在中国由厨师做的工作转移给了用餐者，所以不得不形成了复杂的餐具分工。

罗兰巴特说：“在所有这些公用中，在所有这些动作中，筷子都与我们的刀子截然相反。筷子不用于切、扎、截、转动；由于使用筷子，食物不再成为人们暴力之下的猎物，而是成为和谐地被传送的物质……”在这里他只从文化方面注意到了筷子“母性”化的传送作用，而忽视了筷子在功能上的优势和对资源的节省。多种功能集中在一个设计作品之中，相互间保持共生与和谐的关系，从而达到对资源的节省和产品使用价值的倍增。多功能的设计原则被运用于从城市规划、建筑设计到产品设计等各个领域，用来实现资源的节约。

例如英国魏德伍德公司的乳白色实用器具被用于夜间的卧室或者病人的保育室，在油灯给碗或者茶壶、小锅等加热的同时，油灯还同时起到照明的作用。它的光线透过白色器皿上被凿出的枝叶装饰，以微弱摇曳的光亮起到了夜灯的作用。这件双重功能的夜灯还可以通过加热容器的选择实现功能的进一步延伸。

再如世界供热行业的著名公司德国菲斯曼所设计的太阳能阳台栏杆，便将多种功能巧妙地集成于一个阳台。该产品曾获得 1996 年 IF 产品设计奖的前十名。这种太阳能阳台栏杆是一种真空管收集器，它可用于取代大的太阳能嵌板，这种供热阳台栏杆由带有光电太阳能电池的管制成。这一创新将阳台栏杆和太阳能收集器结合在一起，使得两者不再需要独立的附件，节省了材料和能源，也使得建筑中太阳能供热系统变得更加美观。此外，真空管收集器比平板收集器的传播效率高大约 30%，因为单个管可以直接最有效地面向太阳，使用平板收集器由于所带来的设计问题而妨碍了它的应用，但新开发的阳台栏杆系统则鼓励使用太阳能。

以上多功能的设计更多的是指使某种产品的使用方式更为灵活，从而能够实现具有同样使用方式的其他功能，这样的产品形式往往都非常简单并且减少了过多的产品种类，从而实现了绿色设计中的减少原则。

参考文献

[1] 许喜华．工业设计概论 [M]. 北京：北京理工大学出版社，,2008.

[2] 赵真．工业设计市场营销学 [M]. 北京：北京理工大学出版社，2008.

[3] 李乐山．设计调查 [M]. 北京：中国建筑工业出版社，2007.

[4] 马春东．生态·设计 [M]. 北京：高等教育出版社，2007.

[5] 柳冠中．事理学论纲 [M]. 长沙：中南大学出版社，2006.

[6] 王受之．世界现代设计史 [M]. 北京：中国青年出版社，2002.

[7] 张乃仁．设计辞典 [M]. 北京：北京理工大学出版社 ,2002.

[8] 李乐山．工业设计思想基础 [M]. 北京：中国建筑工业出版社，2001.

[9] 简召全．工业设计方法学 [M]. 北京：北京理工大学出版社，2000.

[10] 申永胜．机械原理教程 [M]. 北京：清华大学出版社，1999.

[11] 耿兴隆．工业设计史 [M]. 西安：西安交通大学出版社，2015.

[12] 何人可．工业设计史 [M]. 北京：北京理工大学出版社，1991.

[13] 宋佳玮．新媒体环境下工业设计发展趋势及展望 [J]. 中国报业，2015(12).

[14] 侯茂章，胡琳娜，阳志清，范群．我国工业设计创新现状、存在问题与对策 [J]. 中南林业科技大学学报（社会科学版），2014(01).

[15] 胡江．工业设计发展趋势 [J]. 艺术与设计（理论），2010(10).

[16] 罗仕鉴，朱上上．工业设计中基于本体的产品族设计 DNA[J]. 计算机集成制造系统，2009(02).

[17] 卢兆麟，汤文成．工业设计中的人机工程学理论、技术与应用研究进展 [J]. 工程图学学报，2009(06).

[18] 谭浩，赵江洪，王巍，张军．基于案例的工业设计情境模型及其应用 [J]. 机械工程学报，2006(12).

[19] 魏长增，张品．工业设计与产品语义学 [J]. 包装工程，2003(02).

[20] 杨明朗，蔡克中．工业设计的未来之路——绿色设计 [J]. 包装工程，2001(03).

[21] 潘云鹤，孙守迁，包恩伟．计算机辅助工业设计技术发展状况与趋势 [J]. 计算机辅助设计与图形学学报，1999(03).